高职高专“十四五”规划教材

固体废物处理与资源化技术

主　编　谢伟雪
副主编　吕敬文　何碧红　吴晓英

扫描二维码查看
本书数字资源

北　京
冶　金　工　业　出　版　社
2022

内 容 提 要

本书共分五大模块，主要内容包括固体废物处理基础、固体废物的预处理技术、固体废物的处理与处置技术、典型固体废物处理与资源化、固体废物处理技术技能实训。

本书可作为职业院校环境监测技术、环境工程技术、生态环境技术等专业的教材，也可供从事环境保护、环境卫生、固体废物处理的工程技术人员和管理人员参考。

图书在版编目(CIP)数据

固体废物处理与资源化技术/谢伟雪主编．—北京：冶金工业出版社，2022.7

高职高专“十四五”规划教材

ISBN 978-7-5024-9240-3

Ⅰ.①固…　Ⅱ.①谢…　Ⅲ.①固体废物利用—高等职业教育—教材　Ⅳ.①X705

中国版本图书馆CIP数据核字(2022)第157563号

固体废物处理与资源化技术

出版发行　冶金工业出版社　　**电　话**　(010)64027926

地　址　北京市东城区嵩祝院北巷39号　　**邮　编**　100009

网　址　www.mip1953.com　　**电子信箱**　service@mip1953.com

责任编辑　刘林烨　俞跃春　美术编辑　彭子赫　版式设计　郑小利

责任校对　梁江凤　责任印制　禹　蕊

北京捷迅佳彩印刷有限公司印刷

2022年7月第1版，2022年7月第1次印刷

787mm×1092mm　1/16；19印张；421千字；283页

定价 59.00 元

投稿电话　(010)64027932　投稿信箱　tougao@cnmip.com.cn

营销中心电话　(010)64044283

冶金工业出版社天猫旗舰店　yjgycbs.tmall.com

(本书如有印装质量问题，本社营销中心负责退换)

前言

本书是在总结了作者多年教学实践和科研成果的基础上，以模块任务的形式编写的教学用书。本书内容循序递进，突出职业教育特色，将典型案例和数字资源融入教材中，是一本知识性、系统性和应用性都很强的新型活页式数字教材。

本书在编排上，改变了以知识理论为体系框架，并有机结合了三方面的内容：融入数字化资源，增加了信息化资源和手段，提高了教材的质量；融入“小贴士”内容，对重难点内容进行解释，并进行一定的拓展学习；整合内容并以模块任务的形式进行编写，每个模块中包含若干个任务，增加了教材的说服力，能够激发学生学习兴趣。例如，将固体废物处理与资源化技术分解为5个模块及相对独立的学习任务，充分体现了工作过程的完整性，每个任务完成后附任务学习思考题。

本书以固体废物处理与资源化技术所需的知识和技能为中心，分5大模块论述。模块一为固体废物处理基础，包括2个任务，主要介绍固体废物的分类与污染控制、概念资源化利用及管理；模块二为固体废物的预处理技术，包括4个任务，主要介绍固体废物的压实技术、破碎技术、分选技术、浓缩与脱水技术；模块三为固体废物的处理与处置技术，包括5个任务，主要介绍固体废物的焚烧技术与资源化、热解技术与资源化、堆肥技术与资源化、厌氧消化与资源化、卫生处置场的运行与管理；模块四为典型固体废物处理与资源化，包括5个任务，主要介绍生活垃圾的分类收运与资源化、餐厨垃圾的处理与资源化、工业固体废物的处理与资源化、农业固体废物的处理与资源化、危险废物的处理与处置技术；模块五为固体废物处理技术技能实训，包括12个技能实训项目，主要包括固体废物特性调查与分析、固体废物破碎机的破碎实验、生活垃圾分选机的分选实验、污泥含水率的测定、污泥比阻实验、焚烧厂3D软件的操作与运行、热解管式炉的操作与运行、生物降解度的测定、生活垃圾堆肥工艺软件的操作与运行、垃圾填埋场3D软件的操作与运行、生活垃圾智能垃圾房的使用与操作、餐厨垃圾油水分离实验。

本书由兰州资源环境职业技术大学谢伟雪担任主编，兰州资源环境职业技术大学吕敬文、何碧红、吴晓英担任副主编。具体编写分工如下：谢伟雪对全书进行统稿，并编写了前言、模块一（部分内容）、模块三（任务7～任务10）、模块四（任务12、任务13和任务15）、模块五和配套资源；吴晓英编写模块一；吕敬文编写模块二；何碧红编写模块三中任务11和模块四中任务14和任务16。

本书内容大部分源自作者多年来的教研和科研应用成果，在编写过程中，作者参考了有关文献资料，在此对文献作者表示感谢。

由于编者水平所限，书中不妥之处，希望读者批评指正。

谢伟雪

2022年3月

目　录

模块一　固体废物处理基础

模块二　固体废物的预处理技术

模块四　典型固体废物处理与资源化

模块五　固体废物处理技术技能实训

模块一

固体废物处理基础

1. 熟悉固体废物的危害与分类；
2. 理解固体废物的污染途径和控制方法；
3. 理解固体废物资源化的必要性和途径。

1. 能胜任固体废物污染知识的普及工作；
2. 会结合不同固体废物提出减量化、无害化、资源化的合理建议。

任务1　固体废物的分类与污染控制

1.1　固体废物的概念

《中华人民共和国固体废物污染环境防治法》于1995年颁布，1996年4月1日实施，2004年12月予以修订，已于2005年4月1日起开始正式施行，2013年进行了修正，2015年4月进行了第二次修正，2016年1月进行了第3次修正，2020年4月进行了修订，2020年9月1日起施行。《中华人民共和国固体废物污染环境防治法》明确规定：固体废物是指在生产、生活和其他活动中产生的丧失原有利用价值或者虽未丧失利用价值但被抛弃或者放弃的固态、半固态和置于容器中的气态的物品、物质以及法律、行政法规规定纳入固体废物管理的物品、物质。

广义而言，废物按其形态可划分为气态、液态、固态三种。固体废物在一定的条件下会发生化学的、物理的或生物的转化，对周围环境造成一定的影响，如果采取的处理方法不当，有害物质即将通过水、气、土壤、食物链等途径危害环境与人体健康。一般工业、矿业等废物所含的化学成分会形成化学物质型污染，人畜粪便和有机垃圾是各种病原微生物的滋生地和繁殖场，形成病原体型污染，如图1-1所示。

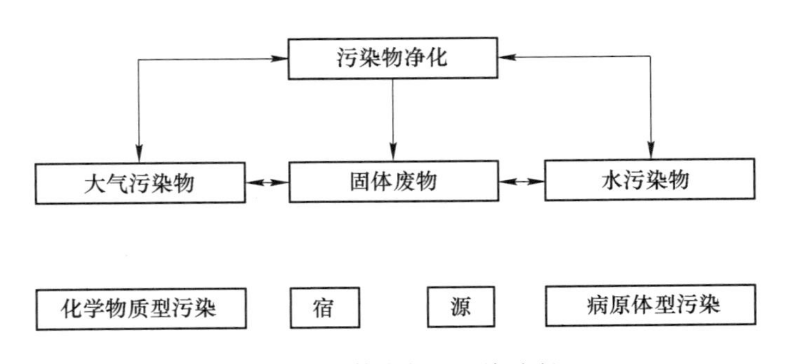

图1-1　固体废物的污染途径

动画：固体废物的分类与特性

1.2　固体废物的分类

固体废物的种类繁多，性质各异。为了便于处理、处置及管理，需要对固体废物加以分类。固体废物的分类是根据其产生的途径与性质而定的。按其组成可分为有机废物和无机废物；按其形态可分为固态废物、半固态废物、液态废物和气态废物；按其对环境和人类健康的危害程度可分为一般废物和危险废物；通常按其来源的不同分为城市生活垃圾、工业固体废物、危险废物和农业固体废物。

小贴士

可回收垃圾主要包括废纸、塑料、玻璃、金属和布料五大类；废纸主要包括报纸、期刊、图书、各种包装纸、办公用纸、广告纸、纸盒等，但是要注意纸巾和厕所纸由于水溶性太强不可回收；玻璃主要包括各种玻璃瓶、碎玻璃片、镜子、灯泡、暖瓶等；金属物主要包括易拉罐、罐头盒、牙膏皮等；布料主要包括废弃衣服、桌布、洗脸巾、书包、鞋等。

通过综合处理回收利用，可以减少污染，节省资源。如每回收1t废纸可造好纸850kg，节省木材300kg，比等量生产减少污染74%；每回收1t塑料饮料瓶可获得0.7t二级原料；每回收1t废钢铁可炼好钢0.9t，比用矿石冶炼节约成本47%，减少空气污染75%，减少97%的水污染和固体废物。

不可回收垃圾是指除可回收垃圾之外的垃圾，常见的有在自然条件下易分解的垃圾，如果皮、菜叶、剩菜剩饭、花草树枝树叶等，还包括烟头、煤渣、建筑垃圾、油漆颜料、食品残留物等废弃后没有多大利用价值的物品。厨余垃圾、有毒有害垃圾和其他垃圾都属于可回收垃圾厨余垃圾包括果皮、菜叶、剩菜剩饭、饭后垃圾等。厨余垃圾回收后可以用来当作化肥，变废为宝（但它们也是不可回收垃圾）。有毒有害垃圾包括油漆颜料、废弃电池、废弃灯管等。这些物品如果随意丢弃会严重影响环境，产生危险，我们应该及时地将此类垃圾丢进有毒有害垃圾桶。

1.2.1　工业固体废物

工业固体废物是指在工业、交通等生产活动中产生的固体废物。工业固体废物主要是来自各个工业生产部门的生产和加工过程及流通中所产生的粉尘、碎屑、污泥等。产生废物的主要行业有冶金工业、矿业、石油与化学工业、轻工业、机械电子工业、建筑业、能源工业和其他工业行业等。典型的工业固体废物包括冶炼渣、化工渣、燃煤灰渣、废矿石、尾矿、金属、塑料、橡胶、化学药剂、陶瓷、沥青。

1.2.2　城市生活垃圾

城市生活垃圾又称为城市固体废物，指人们生活活动中所产生的固体废物，主要有居民生活垃圾、商业垃圾和清扫垃圾，另外还有粪便和污水厂污泥。城市生活垃圾中除了易腐烂的有机物和炉灰、灰土外，各种废品基本上可以回收利用。

1.2.3　农业固体废物

农业固体废物是指农林牧副渔各项生活中丢弃的固体废物，主要成分是农作物秸秆、枯枝落叶、木屑、动物尸体、大量家禽家畜粪便，以及农业所用废物（肥料袋、农用膜）。

1.2.4　危险废物

根据《中华人民共和国固体废物污染环境防治法》的规定，危险废物是指列入国家危险废物名录或者根据国家规定的危险废物鉴别标准和鉴别方法认定的具有危险特性的固体废物。随着工业的发展，工业生产过程排放的危险废物日益增多。

1.3　固体废物的危害

微课：固体废物的污染及控制

固体废物对环境造成污染的危害一般有以下几种。

1.3.1　污染水体环境

不少国家把固体废物直接倾倒于河流、湖泊、海洋，甚至以海洋投弃作为一种处置方法。固体废物进入水体，不仅减少江湖面积，而且影响水生生物的生存和水资源的利用，投弃在海洋的废物会在一定海域造成生物的死亡。

动画：固体废物的污染及控制

1.3.2　污染大气环境

固体灰渣中的细粒、粉末受风吹日晒产生扬尘，污染周围大气环境。粉煤灰、尾矿粉尘可剥离1~41.5cm，灰尘飞扬高度达20~50m，在多风季节平均视程降低30%~70%。固体废物中的有害物质经长期堆放发生自燃，散发出大量有害气体。长期堆放的煤矸石中如含硫（质量分数）达1.5%即会自燃，达3%以上则会着火，散发大量的二氧化硫。多种固体废物本身或在焚烧时能散发有害气体和臭味，污染大气环境。

1.3.3　污染土壤环境

固体废物堆置或垃圾填埋处理，经雨水渗出液及渗滤液中含有的有害成分会改变土质和土壤结构，影响土壤中的微生物活动，妨碍周围植物的根系生长，或在周围机体内积蓄，危害食物链。各种固体废物露天堆存，经日晒、雨淋，有害成分向地下渗透而污染土壤。每堆放1万吨渣，需占地1亩（1亩=666.67m^2）多土地，受污染的土地面积往往大于堆渣占地的1~2倍。据不完全统计，我国历年堆渣达53亿吨，已占地84万亩（污染农田25万亩）。城市固体垃圾弃在城郊，使土壤碱度增高，重金属富集，过量施用后，会使土质和土壤结构遭到破坏。

1.3.4　影响环境卫生

目前我国不仅90%以上粪便、垃圾未经无害化处理，而且像医院，甚至传染病院的粪便、垃圾也混入普通粪便、垃圾之中，从而导致广泛传播肝炎、肠炎、痢疾以及各种蠕虫病（即寄生虫病）等，成为环境的严重污染源。另外，我国的垃圾中大部分是炉灰和脏土，用其来堆肥，不仅肥效不高，而且使土质板结，从而导致蔬菜作物减产。

1.3.5　处置不当的危害

据粗略统计，目前我国矿物资源利用率仅50%~60%，能源利用率仅为30%，这样既浪费了大量的资源、能源，又污染环境。另外，很多现有技术可以利用的废物未被利用，反而耗费大量的人力、物力去处置，造成很大的浪费。目前，有40%以上的钢渣、80%以上的粉煤灰和煤矸石消极堆弃。在目前，钢铁厂每堆存1t钢渣，约3~5元。有些电厂贮存1t粉煤灰，需建库投资4元，运输管理费6元，共10元。另外，粉煤灰输送到灰库，每吨约需10~30t水，每吨工业用水约需1kW·h。总之，消极堆渣造成资源、人力、物力和财力的浪费都是很惊人的。

1.3.6　有害固体废物泛滥

长期对有害固体废物未加严格管理与处置，污染事故时有发生，如20世纪50年代，锦州铁合金厂露天堆放铬渣10多万吨，数年后发现污染面积达70多平方千米，使该区域的1800眼井水不能饮用。全国已积存200多万吨的铬渣，而且城镇几乎都有电镀厂排出大量铬污泥，这些铬渣、污泥遇水都会浸出剧毒性正六价的铬，从而污染环境。全国有色金属冶炼企业一年约有5000t砷、500t镉和50t汞流失到环境中。20世纪60年代，某矿冶炼厂排出的含砷烟尘，长期露天堆放，随雨水渗透、污染了井水，致使308人中毒，6人死亡。目前，很多工厂企业对固体废物的处理和处置尚未采取有力措施，而乡镇企业迅速发展，如果任由有害废物长期泛滥，数年或数十年后，我国的土壤和地下水将普遍受到污染。

1.4　固体废物的污染控制

固体废物的污染主要从三个方面来进行控制。

1.4.1　从源头控制，少产生或不产生固体废物

其主要包括改进设计、做好环评、采用精料、延长使用寿命等方面。例如，采用清洁原料和能源，在生产过程中，对技术工艺、设备、过程控制、管理和员工等方面提出少产生或不产生固体废物的要求，同时对产生的固体废物进行循环回用后再排放，如图1-2所示。

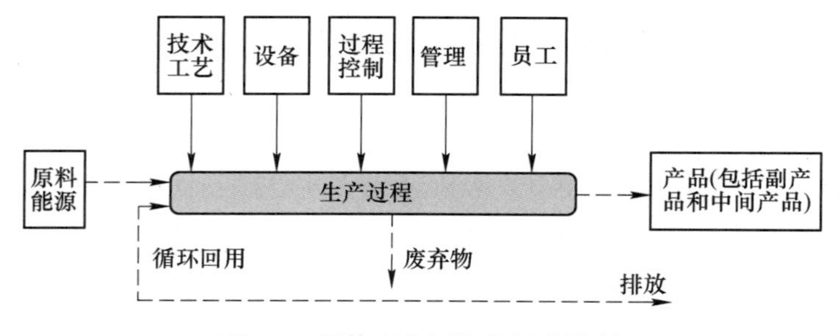

图1-2　固体废物污染的源头控制

小贴士

清洁生产是合理使用自然资源，提高物料和能源的利用率，减少以及消除废料的生成和排放，并保护环境的实用生产方法和技术。清洁生产具有以下四层含义：

（1）清洁生产的目标是节省能源、降低原材料消耗、减少污染物的产生量和排放量；

（2）清洁生产的基本手段是改进工艺技术、强化企业管理，最大限度地提高资源、能源的利用水平和改变产品体系，更新设计观念，争取废物最少排放及将环境因素纳入服务中去；

（3）清洁生产的方法是排污审核，通过审核发现排污部位、排污原因，筛选消除或减少污染物的措施及进行产品生命周期分析；

（4）清洁生产的终极目标是保护人类与环境，提高企业经济效益。

1.4.2　引导宣传生活服务中循环经济意识

加强有关固体废物污染环境知识的全民普及教育工作，宣传好居民在生活服务中的循环经济意识，积极推进分类收集，引导居民形成合理的消费观和消费结构，实现固体废物的减量化、无害化和资源化过程，如图1-3所示。

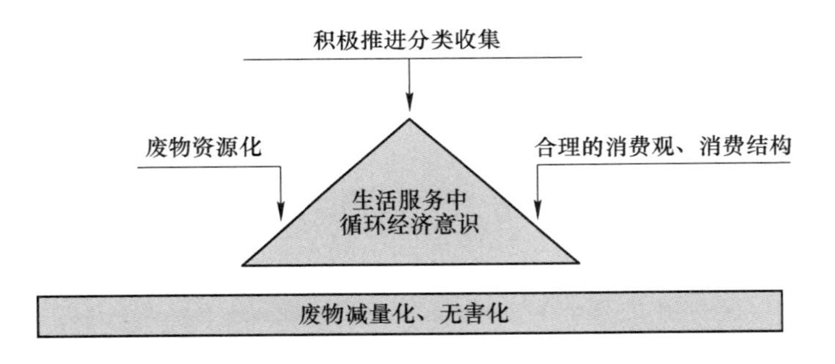

图1-3　引导宣传生活服务中循环经济意识

小贴士

循环经济以资源利用最大化和污染排放最小化为主线，把清洁生产、资源综合利用、生态设计和可持续消费融为一体，运用生态学规律把经济活动组织成一个“资源-产品-再生资源”的反馈式流程，实现“低开采、高利用、低排放”，是一种“促进人与自然的协调与和谐”的经济发展模式。

1.4.3　进行无害化处理与处置

固体废物处理基本上主要有填埋处理、焚烧处理、堆肥处理等处理方法，如图1-4所示。

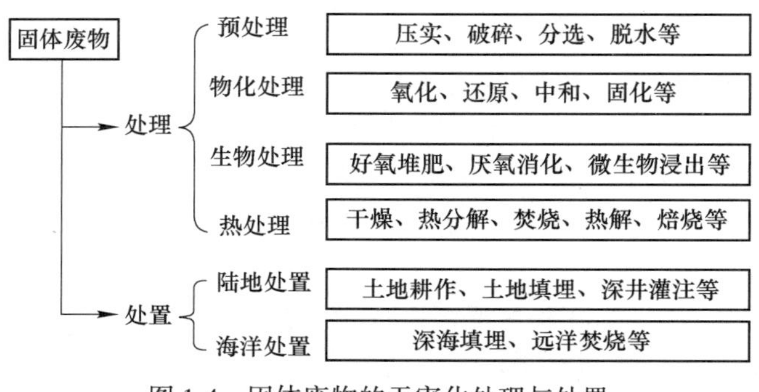

图 1-4　固体废物的无害化处理与处置

1.4.3.1　填埋处理

填埋是大量消纳固体废物的有效方法，也是所有垃圾处理工艺剩余物的最终处理方法，当下，我国普遍采用直接填埋法。

所谓直接填埋法是将垃圾填入已预备好的坑中盖上压实，使其发生生物、物理、化学变化，分解有机物，达到减量化和无害化的目的。

天津市在水上公园南侧用垃圾堆山，营造人工环境，变害为利，工程占地近 80 万平方米，以垃圾与工程废土按 1∶1 配合后作为堆山土源，对于渗滤液和发酵产生的沼气和山坡的稳定性等，都采取了必要的措施。

美国堪萨斯城是一个不大的城市，人口不多，城市周围是广阔的乡村，在远离城市的一块丘陵山地的低洼处选建填埋场，为了防止二次污染，采取如下措施：在底部和周围铺有防渗层；分层铺放，即堆放一层垃圾，而后盖土压实，根据介绍，有些垃圾堆放层还安装导气和导水管道，并利用产生的沼气。

填埋处理方法是一种最通用的垃圾处理方法，它的最大特点是处理费用低，方法简单，但容易造成地下水资源的二次污染。随着城市垃圾量的增加，靠近城市的适用的填埋场地越来越少，开辟远距离填埋场地又大大提高了垃圾排放费用，这样高昂的费用甚至无法承受。

1.4.3.2　焚烧处理

焚烧法是将垃圾置于高温炉中，使其中可燃成分充分氧化的一种方法，产生的热量用于发电和供暖。美国西屋公司和奥康诺公司联合研制的垃圾转化能源系统已获成功。该系统的焚烧炉在燃烧垃圾时可将湿度达 7%的垃圾变成干燥的固体进行焚烧，焚烧效率达 95%以上，同时焚烧炉表面的高温能将热能转化为蒸汽，可用于暖气、空调设备及蒸汽涡轮发电等方面。

我国石家庄市建造了焚化站、沈阳市环境科学研究所引进日本垃圾焚烧装置对医院等单位的特殊垃圾进行无害化处理，焚烧过程中产生的残灰（一般为优质磷肥）约占焚烧前生物垃圾重量的 5%。近几年我国对垃圾焚烧发电产生再生能源技术越来越给予重视。

焚烧处理的优点是减量效果好（焚烧后的残渣体积减小 90%以上，重量减少

80%以上），处理彻底。但是根据美国的报道，焚烧厂的建设和生产费用极为昂贵。在多数情况下，这些装备所产生的电能价值远远低于预期的销售额，给当地政府留下巨额经济亏损。由于垃圾含有某些金属，焚烧具有很高的毒性，产生二次环境危害。焚烧处理要求垃圾的热值大于3.35MJ/kg，否则必须添加助燃剂，这将使运行费用增高到一般城市难以承受的地步。

1.4.3.3　堆肥处理

将固体废物堆积成堆，保温至70℃储存、发酵，借助垃圾中微生物分解的能力，将有机物分解成无机养分。经过堆肥处理后，固体废物变成卫生的、无味的腐殖质。既解决垃圾的出路，又可达到再资源化的目的，但是固体废物堆肥量大，养分含量低，长期使用易造成土壤板结和地下水质变坏，所以，堆肥的规模不宜太大。

不论固体废物的填埋、焚烧或堆肥处理，都必须要有预处理。

小贴士

固体废物处理是指通过物理、化学、生物等不同方法，使固体废物转化成适于运输、储存、资源化利用以及最终处置的一个过程。随着对环境保护的日益重视以及正在出现的全球性的资源危机，工业发达国家开始从固体废物中回收资源和能源，并且将再生资源的开发利用视为“第二矿业”，给予高度重视。我国于20世纪80年代中期提出了“无害化、减量化、资源化”的控制固体废物污染的技术政策，今后的趋势也是从无害化走向资源化。

（1）无害化是指通过适当的技术对废物进行处理，使其不对环境产生污染，不至于对人体健康产生影响。目前，固体废物无害化处理技术有垃圾焚烧、卫生填埋、堆肥、粪便的厌氧发酵、有害废物的热处理和解毒处理等。

（2）减量化是指通过实施适当的技术，减少固体废物的产生量和容量。这需要从两方面着手：一是减少固体废物的产生（详情请参考国家标准物质网），这属于物质生产过程的前端，需从资源的综合开发和生产过程物质资料的综合利用着手；二是对固体废物进行处理利用，即固体废物资源化。另外，对固体废物采用压实、破碎、焚烧等处理方法，也可以达到减量和便于运输、处理的目的。

（3）资源化是指采取各种管理和技术措施，从固体废物中回收具有使用价值的物质和能源，作为新的原料或者能源投入使用。广义的资源化包括物质回收、物质转换和能量转换三个部分。资源化应遵循的原则是：资源化技术是可行的；资源化的经济效益比较好，有较强的生命力；废物应尽可能在排放源就近利用，以节省废物在储放、运输等过程的投资；资源化产品应当符合国家相应产品的质量标准，并具有与之相竞争的能力。

一、选择题

1. 我国第一部关于固体废物污染防治的法规《中华人民共和国固体废物污染环境防治法》于（　　）年10月30日正式公布。

A. 1996　　B. 1995　　C. 1979　　D. 1989

2. 我国将不能排入水体的液态废物和不能排入大气的气态废物，因其具有较大的危害性，将其纳入（　　）的管理体系。

A. 废水　　B. 废气　　C. 固体废物　　D. 城市环卫部门

3. 一般工业、矿业等废物所含的化学成分会形成（　　）。

A. 化学物质型污染　　B. 病原体型污染

C. 物理物质型污染　　D. 生物物质型污染

4. 人畜粪便和有机垃圾是各种病原微生物的滋生地和繁殖场，形成（　　）。

A. 化学物质型污染　　B. 病原体型污染

C. 物理物质型污染　　D. 生物物质型污染

5. 按照污染特性可将固体废物分为一般固体废物、（　　），以及放射性固体废物。

A. 特殊固体废物　　B. 危险固体废物

C. 有机固体废物　　D. 城市生活垃圾

二、填空题

1. 固体废物的特征为__________、__________、__________，它又有“放在错误地点的原料”之称。

2. 固体废物对环境的主要危害为__________、__________、__________、__________、__________及影响市容与环境卫生。

3. 危险废物常具有__________、__________、__________、__________、化学反应性、传染性、__________等一种或几种危害性，对人体和环境产生极大危害。

三、问答题

1. 什么是固体废物，它有哪些危害？

2. 固体废物按来源的不同可分为哪几类？

3. 简述固体废物污染控制的措施。

任务2　固体废物的资源化与管理

微课：固体废物的管理与政策

2.1　固体废物的资源化

固体废物可以采取管理和工艺措施从固体废物中回收有用的物质和能源，进行资源化。虽然在20世纪就有从煤焦油处理中提取苯及有机香料，从沥青铀矿中提取放射性化合物的重大发现；且从20世纪30年代起，中国化工学家侯德榜提出的侯氏制碱法也是从处理苏尔维法的大量氯化钙废渣着手的。这些已表现了化学对固体废物处理的重要意义，但是迄今文献中尚未见到化学与固废资源化关系的系统研究。

固体废物具有两重性，它虽占用大量土地、污染环境，但本身又含有多种有用物质，是一种资源。固体废物资源化是指采取工艺技术从固体废物中回收有用的物质和能源，就其广义来说，是资源的再循环。

随着工农业的迅速发展，固体废物的数量也惊人地增长，在这种情形下，对固体废物实行资源化，能变废为宝，必将减少原生资源的消耗，节省大量的投资，降低成本，减少固体废物的排出量、运输量和处理量，减少环境污染，具有可观的环境效益、经济效益和社会效益。

2.1.1　资源化的原则

为保证固体废物资源化利用能够取得良好的效益，固体废物的资源化必须遵循以下四个原则：

（1）资源化的技术必须是可行的；

（2）资源化的经济效益比较好，有较强的生命力；

（3）资源化所处理的固体废物应尽可能在排放源附近处理利用，以节省固体废物在存放和运输等方面的投资；

（4）资源化产品应当符合国家相应产品的质量标准，因而具有与之竞争的能力。

2.1.2　资源化的基本途径

固体废物资源化途径主要有以下三种：

（1）废物回收利用，包括分类收集、分选和回收，比如采用磁力分选可以回收利用铁等具有磁性的物质等；

（2）废物转换利用，即通过一定技术，利用废物中的某些组分制取新形态的物质。例如，利用垃圾微生物分解产生可堆腐有机物生产肥料；利用塑料裂解生产汽油或柴油等；

（3）废物转化能源，即通过化学或生物转换，释放废物中蕴藏的能量，并加以回收利用，如垃圾焚烧发电或填埋气体发电等。

小贴士

中国固体废物处理行业存在以下几个发展特点。

第一，2012 年固废处理行业政策频出，推动行业快速发展。《“十二五”全国城镇生活垃圾无害化处理设施建设规划》（国办发〔2012〕23 号）确立了固体废物处理产业“十二五”期间的主要发展目标。

第二，获益政策扶持，生活垃圾焚烧发电产业前景广阔。中国主要的城市垃圾处理技术有填埋、堆肥、焚烧三种，其中焚烧是最接近无害化、资源化和减量化原则的。而在现有的无害化处理设施中，仍以卫生填埋为主。2010 年，按生活垃圾无害化处理量统计分析，填埋、焚烧和堆肥处理的比例分别为 77.92%、18.81%和 1.47%。继 2012 年 3 月国家发展改革委发布了上调垃圾发电上网电价的利好政策后，4 月国务院办公厅印发《“十二五”全国城镇生活垃圾无害化处理设施建设规划》（国办发〔2012〕23 号），明确提出了提高城镇生活垃圾焚烧处理能力的新要求。根据规划，到 2015 年，全国城镇生活垃圾焚烧处理设施能力达到无害化处理总能力的 35%以上，其中东部地区达到 48%以上。

第三，产业链内企业相互渗透。从早期技术转让到向总承包商过渡并在 2008 年开始签订多个投资运营项目，新世纪能源在 2010 年也开始承包。杭州临安绿能并在 2011 年收购该项目进入运营领域，以总承包为主的桑德环境也陆续投资建设多地项目。以投资运营为主的光大国际、深能环保相继开建环保设备制造基地进入焚烧炉研发生产领域，以设备制造为主盛运股份 2012 年 10 月发布收购预案，拟收购中科通用 80.36%的股权，转型垃圾焚烧总包。

2.2　固体废物的管理

2.2.1　固体废物管理的背景

随着经济的快速发展，环境保护所面临的压力越来越大，环境质量问题日益受到关注，同时，由安全事故引发的环境风险日益突出。固体废物（尤其是危险废物）的管理工作由于起步晚，基础相对薄弱，由此产生的问题也日益突显。因此，加强对危险废物的管理工作成为地方各级环保部门亟待解决的问题。

固体废物管理是指运用环境管理的理论和方法，通过法律、经济、技术、教育和行政等手段，鼓励废物资源化利用和控制废物污染环境，促进经济与环境的可持续发展。

动画：固体废物的管理与政策

2.2.2 固体废物管理的原则

近年来，随着社会经济的迅速发展和人们生活水平的不断提高，中国的固体废物产生量在不断增加，大量的固体废物引发了严重的环境污染问题，对人类健康和环境安全带来了严重影响。因此，固体废物的管理研究已经引起了世界各国的广泛重视。我国在固体废物管理立法当中已经逐步开始引入国际上通行的原则，即固体废物处理的减量化、再利用、再循环和无害化原则。固体废物管理更为强调综合利用和全过程管理，必须通过立法建立科学完善的法律制度来加强固体废物的管理。城市固废处理无害化是基本前提，减量化是措施，产业化是途径，市场化是手段，政策与管理是保证，资源化是最终目的。

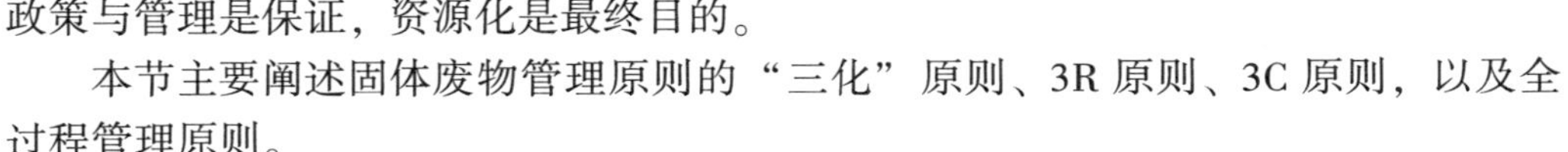

本节主要阐述固体废物管理原则的“三化”原则、3R原则、3C原则，以及全过程管理原则。

2.2.2.1 “三化”原则

减量化、资源化、无害化（以下简称“三化”）是我国固体废物管理遵循的基本原则。其通俗易懂、指向性强，且顺应了国际上固体废物管理的发展趋势，因此成为社会各界广泛接受和使用的概念，并在促进固体废物处理行业发展方面发挥了积极作用。

减量化技术是使固废的容积降到最低值，比如采用破碎和压实，压缩比可达到5~10。例如，在购物时，尽量选择精简包装的物品；购物时携带购物袋，少用塑料袋。减量化技术的基本任务是通过适当的手段减少固体废物的数量。

资源化技术是从固体废物中回收有用的物质和能源，加快物质循环，创造经济价值的广泛的技术和方法，故也有人将固体废物说成是“再生资源”或“二次资源”。广义的资源化包括物质回收、物质转换和能量转换三个部分。资源化技术的基本任务是采取工艺措施从固体废物中回收有用的物质和能源。

无害化技术对废物进行处理使其对环境不产生污染，不至于对人体健康产生影响。经处理后，达到不损害人体健康、不污染环境的目的。该技术可以通过焚烧、填埋、堆肥等方法实现。无害化技术的基本任务是将固体废物通过工程处理，达到不损害人体健康，不污染周围的自然环境（包括原生环境与次生环境）。

2.2.2.2 3R原则

3R原则是减量化（reducing）、再利用（reusing）和再循环（recycling）三种原则的简称。3R原则中各原则在循环经济中的重要性并不是并列的。按照1996年生效的德国《循环经济与废物管理法》，对待废物问题的优先顺序为避免产生（即减量化）、反复利用（即再利用）和最终处置（即再循环）。

A 减量化原则

减量化原则是指通过适当的方法和手段尽可能减少废物的产生和污染排放的过程，它是防止和减少污染最基础的途径。

减量化原则要求用较少的原料和能源投入来达到既定的生产目的或消费目的，

进而到从经济活动的源头就注意节约资源和减少污染。减量化原则有几种不同的表现，在生产中，减量化原则常常表现为要求产品小型化和轻型化。此外，减量化原则要求产品的包装应该追求简单朴实而不是豪华浪费，从而达到减少废物排放的目的。

小贴士

减少垃圾的源头产生量，即固体废物减量势在必行。目前许多国家都开始实施垃圾源头削减计划，提倡在垃圾产生源头通过减少过分包装，对企业排放垃圾数量进行限制以及垃圾收费等措施将垃圾的产生量削减至最低程度。

B　再利用原则

再利用原则是指尽可能多次及尽可能多种方式地使用物品，以防止物品过早地成为垃圾。

再利用原则要求制造产品和包装容器能够以初始的形式被反复使用，要求抵制当今世界一次性用品的泛滥，生产者应该将制品及其包装当作一种日常生活器具来设计，使其像餐具和背包一样可以被再三使用。再利用原则还要求制造商应该尽量延长产品的使用期，而不是非常快地更新换代。

C　再循环原则

再循环原则是把废物品返回工厂，作为原材料融入新产品生产之中。再循环原则要求生产出来的物品在完成其使用功能后能重新变成可以利用的资源，而不是不可恢复的垃圾。

小贴士

按照循环经济的思想，再循环有两种情况：一种是原级再循环，即废品被循环用来产生同种类型的新产品，比如报纸再生报纸、易拉罐再生易拉罐等；另一种是次级再循环，即将废物资源转化成其他产品的原料。原级再循环在减少原材料消耗上面达到的效率要比次级再循环高得多，是循环经济追求的理想境界。例如，根据垃圾箱上标明的相应回收标志，自觉进行垃圾分类，并鼓励邻居也这么做；对可回收垃圾分类处理，这样便于清洁工从其他垃圾中区别它们；亲戚朋友间进行衣物、用品交换，或把闲置不用的物品赠予他人；纸、硬纸板、易拉罐和瓶子等可以卖到附近的废品收购站。免费把有用的垃圾送给拾荒者，以鼓励他们持续回收。

2.2.2.3　3C 原则

3C 原则是避免产生(clean)、综合利用(cycle) 和妥善处置(control) 的简称。

A　避免产生 (clean)

该原则主要是大力提倡清洁生产技术，通过改变原材料、改进生产工艺或更换产品，力求减少或避免废物的产生。

B　综合利用（cycle）

该原则包括系统内部的回收利用和系统外的综合利用。系统内部的回收利用是对生产过程中产生的废物，应推行系统内的回收利用，尽量减少废物外排。系统外的综合利用是对于从生产过程中排出的废物，通过系统外的废物交换、物质转化、再加工等措施，实现其综合利用。

C　妥善处置（control）

该原则包括无害化/稳定化处理和最终处置与监控。无害化/稳定化处理对于那些不可避免且难以实现综合利用的废物，则通过无害化、稳定化处理，破坏或消除有害成分。为了便于后续管理，还应对废物进行压缩、脱水等减容减量处理。最终处置与监控作为固体废物的归宿，必须保证其安全、可靠，并应长期对其监控，确保不对环境和人类造成危害。

2. 2. 2. 4　全过程管理

固体废物本身往往是污染的“源头”，故需对其进行“产生—收集—运输—综合利用—处理—贮存—处置”全过程管理，并在每一环节都将其作为污染源进行严格的控制。

2. 3　固体废物的标准政策

我国固体废物国家标准基本由生态环境部和住房和城乡建设部在各自的管理范围内制定。住房和城乡建设部主要制定有关垃圾清运、处理处置方面的标准；生态环境部负责制定有关废物分类、污染控制、环境监测和废物利用方面的标准。经过多年的努力，我国已初步建立了固体废物标准体系，例如：《含多氯联苯废物污染控制标准》（GB 13015—2017），《生活垃圾填埋场污染控制标准》（GB 16889—2008），《国家危险废物名录（2021 年版）》，《危险废物鉴别标准》（GB 5085. 1—2007），《进口废物环境保护控制标准（试行）》（GB 16487—1996），《固体废物浸出毒性测定方法》（GB/T 15555—1995），以及《工业固体废物采样制样技术规范》（HJ/T 20—1998）。

固体废物标准具体主要分为固体废物分类标准、固体废物监测标准、固体废物污染控制标准和固体废物综合利用标准四大类。

2. 3. 1　固体废物分类标准

这类标准主要用于对固体废物进行分类，主要包括：《国家危险废物名录（2021 年版）》，《危险废物鉴别标准》（GB 5085. 1—2007），《城市生活垃圾产生源分类及垃圾排放》（CJ/T 368—2011），以及《进口废物环境保护控制标准（试行）》（GB 5085. 1—2007）等。

2. 3. 2　固体废物监测标准

这类标准主要用于对固体废物环境污染进行监测，它主要包括固体废物的样品采制、样品处理以及样品分析标准等。固体废物对环境的污染主要是通过渗滤液和散发的气体释放物进行的，因此，对这些释放物的监测还需按照废水和废气的有关监测方法进行。这些标准主要有：《固体废物浸出毒性测定方法》（GB 15555—1995），《固体废物检测技术规范》（HJ/T 20—1998），《城市生活垃圾采样和物理分析方法》（CJ/T 3039—1995），《工业固体废物采样制样技术规范》（HJ/T 20—1998），《危险废物鉴别标准通则》（GB 50857—2019），《生活垃圾填埋场环境监测技术标准》（CJ/T 3037—1995）等。固体废物还可通过渗滤液和散发气体对环境进行二次污染，因此对于这些释放物的监测还应该遵循相关的废水和废气的监测标准。

2.3.3　固体废物污染控制标准

这类标准是对固体废物污染环境进行控制的标准，它是进行环境影响评价、环境治理、排污收费等管理手段的基础，因而是所有固体废物标准中最重要的标准。固体废物污染控制标准分为两大类：一类是废物处理处置控制标准，即对某种特定废物的处理处置提出的控制标准和要求，比如：《含多氯苯废物污染控制标准》（GB 13015—2017），《有色金属工业固体废物污染控制标准》（GB 5085—1985），《建筑材料用工业废渣放射性限制标准》（GB 6763—1986），《农用粉煤灰中污染物控制标准》（GB 8173—1987）等；另一类是废物处理设施的控制标准，比如：《生活垃圾填埋场污染控制标准》（GB 16889—2008），《城市生活垃圾焚烧污染控制标准》（GB 18485—2014），《危险废物填埋污染控制标准》（GB 18598—2001），《一般工业固体废物贮存、处置场污染控制标准》（GB 18599—2013）等。

2.3.4　固体废物综合利用标准

固体废物资源化在固体废物管理中具有重要的地位。固体废物综合利用标准是我国对垃圾处理处置技术进行总体规划和指导的总纲，在一定程度上指导着处理处置技术的发展方向。为大力推行固体废物的综合利用技术，并避免在综合利用过程中产生二次污染，生态环境部正在制定一系列有关固体废物综合利用的规范、标准。首批要制定的综合利用标准包括有关电镀污泥、含铬废渣、磷石膏等废物综合利用的规范和技术标准，还将根据技术的成熟程度、环境保护的需要陆续制定各种固体废物综合利用的标准。

任务学习思考题

一、选择题

1. 固体废物管理的经济政策主要有：垃圾收费政策，生产者责任制政策，(　　)制度，税收、信贷优惠政策。

A. 超标排放付费　B. 排污收费　C. 不达标排放收费　D. 押金返还

2. 固体废物的（　　）是指通过各种技术方法对固体废物进行处理处置，使固体废物既不损害人体健康，同时对周围环境也不产生污染。

A. 减量化　B. 资源化　C. 无害化　D. 制度化

3. （　　）原则通过对固体废物实施减少产生、再利用、再循环策略实现节约资源、降低环境污染及资源永续利用的目的。

A. 3R　B. 3T　C. 3C　D. 3E

4. （　　）标准主要用于对固体废物进行分类。

A. 固体废物监测标准　B. 固体废物分类标准

C. 固体废物污染控制标准　D. 固体废物综合利用标准

5. （　　）标准是对固体废物污染环境进行控制的标准，它是进行环境影响评价、环境治理、排污收费等管理手段的基础，因而是所有固体废物标准中最重要的标准。

A. 固体废物监测标准　B. 固体废物分类标准

C. 固体废物污染控制标准　D. 固体废物综合利用标准

二、填空题

1. 我国固体废物管理的基本原则为__________、__________、__________。

2. 资源化的基本途径主要有__________、__________、__________。

3. ______________标准主要用于对固体废物环境污染进行监测。

4. 3C 原则指的是__________、__________、__________。

5. 3R 原则指的是__________、__________、__________。

三、问答题

1. 我国有哪些固体废物管理制度？

2. 试说明固体废物资源化利用的原则。

3. 简述固体废物的管理原则。

4. 简述固体废物的标准。

模块二

固体废物的预处理技术

微课：固体废物的处理概述

1. 了解压实、破碎、分选、浓缩与脱水技术的目的；
2. 掌握压实、破碎、分选、浓缩与脱水技术的原理和工艺方法；
3. 熟悉压实、破碎、分选、浓缩与脱水技术的常见设备及其应用范围。

1. 能依据固体废物的特性和处理的目的，提出合理的预处理技术方案；
2. 能够设计合理的预处理工艺并选择合适的设备。

任务 3　固体废物的压实技术

微课：固体废物的压实技术

3.1　压实的目的与原理

3.1.1　压实的目的和作用

压实又称压缩，是利用机械的方法增加固体废物的聚集程度，增大容重和减小体积，便于装卸、运输、贮存和填埋，不适用于某些较密实的固体和弹性废物。

以城市生活垃圾为例，压实前容重通常在 0.1～0.6t/m³，经过一般机械压实后，容重可提高到 1t/m³ 左右。如果通过高压压缩，垃圾容重可达 1.125～1.38t/m³，体积则可减少为原来体积的 1/3～1/10。因此固体废物填埋前常需进行压实处理，尤其对松散型废物或中空型废物事先压实更显必要。压实操作的具体压力大小可根据处理废物的物理性质（如易压缩性、脆性等）而定。一般开始阶段，随压力增加，物料容重迅速增加。以后这种变化会逐渐减弱且有一定限度，即使增加外压，并不能使废物容重无限增大（这是由于压实后垃圾会产生反弹力，类似于分子距离太近会使斥力大大增加的道理）。

小贴士

当固体废物受到外界压力时，各颗粒间相互挤压，变形或破碎，从而达到重新组合的效果。

固体废物压实主要目的如下。

（1）减少体积，便于装卸和运输。

（2）减轻环境污染。垃圾经过挤压和升温，大大降低了腐化性，不再滋生昆虫，可减少疾病传播与虫害，并有助于填埋场沉降均匀；垃圾块已成为一种均匀的类塑料结构的惰性材料，自然暴露在空气中 3 年，没有明显降解痕迹。

（3）可快速安全造地。

（4）节省填埋或贮存场地。

3.1.2　压实原理

压实的原理主要是减少孔隙率，将空气压掉。固体废物经过压实处理后体积的减小程度称为压实比，废物的压实比取决于其种类和施用的压力。压实技术主要用于生活垃圾。生活垃圾压实后，体积可减少 60%～70%。同时采用破碎与压实两种

处理技术，废物体积可减少到原来体积的 10%~20%。

大多数固体废物是由不同颗粒与颗粒间孔隙组成的集合体，一堆自然存放的固体废物，其表观体积是废物颗粒有效体积与孔隙占有体积之和，即：

$$V_m = V_S + V_V \tag{3-1}$$

式中 V_m——固体废物的表观体积；

V_S——固体颗粒体积（含水分）；

V_V——空隙体积。

当对固体废物实施压实操作时，随着压力强度的增大，孔隙体积减小，表观体积也随之减少，而容重增大。因此，压实可以看作是消耗一定的压力能，提高废物容重的过程。

3.2 压实程度的量度

3.2.1 孔隙比和孔隙率

压实前后固体废物密度值及其变化率的大小，是度量压实效果的重要参数。

孔隙比 e 的计算公式为：

$$e = \frac{V_V}{V_S} \tag{3-2}$$

孔隙率 ε 的计算公式为：

$$\varepsilon = \frac{V_V}{V_m} \tag{3-3}$$

3.2.2 湿密度和干密度

忽略固体废物空隙中的气体质量，则其总质量 m_m 等于固体物质质量 m_s 与水分质量 m_w 之和，即：

$$m_m = m_s + m_w \tag{3-4}$$

湿密度的计算公式为：

$$\rho_w = \frac{m_m}{V_m} \tag{3-5}$$

干密度的计算公式为：

$$\rho_d = \frac{m_s}{V_m} \tag{3-6}$$

压实前后固体废物密度值及其变化率大小，容易测定，比较实用。

小贴士

一般废物运输及处理过程中测定的物料质量通常包括水分密度，故密度一般是指湿密度。

3.2.3　体积减小百分比

固体废物体积减小百分比 R 的计算公式为：

$$R = \frac{V_i - V_f}{V_i} \times 100\% \tag{3-7}$$

式中　V_i ——废物压实前的原始体积；

V_f ——废物压实后的体积。

3.2.4　压缩比与压缩倍数

固体废物经压实处理后体积减小的程度称为压缩比 r，其计算公式为：

$$r = \frac{V_f}{V_i} \quad (r \leqslant 1) \tag{3-8}$$

式中，r 越小，压实效果越好。

固体废物经压实处理后体积压实的程度称为压缩倍数 n，其计算公式为：

$$n = \frac{V_i}{V_f} \quad (n \geqslant 1) \tag{3-9}$$

n 与 r 互为倒数，n 越大，说明废物的压实倍数越高，压实效果越好，工程上以压缩倍数 n 更为普遍。

小贴士

废物的压缩倍数取决于废物的种类和施加的压力，一般压缩倍数为3~5，同时采用破碎和压实两种技术可使压缩倍数增加到5~10。

实践证明，未经破碎的原状城市垃圾，压实容重极限值约为1.1t/m^3。比较经济的方法是先破碎再压实，可提高压实效率，即用较小的压力取得相同的增加容重效果。固体废物经压实处理，增加容重，减少体积后，可以提高收集容器与运输工具的装载效率，在填埋处置时可提高场地的利用率。

3.3　压实效果的影响因素

为了提高压实机械的生产率和保证固体废物压实质量，并以最小的功耗获得合格的压实度和最高的压实产量，必须合理选择压实的有关参数。影响压实作业的主要参数有压力、固体废物组分、含水率、废物层厚度、机械的行程次数、行驶速度和压实方向对斜坡作业的影响。

3.3.1　压力

压力越大，废物体压实度越大，减容的效果越好。增压过程包括塑性变形、固体废物不可逆蠕变和固体废物的范性变形三个阶段。

3.3.2　固体废物组成

不同组分自身特有的力学性质相互作用，共同影响了压实度的效果，具体表现如下：

（1）金属、橡胶、泡沫海绵等材料具有良好的弹性，在压实弹性形变过程中作用重大，纸类等物质易于折叠、变形性良好，对压实初期大孔隙填没贡献较大；

（2）竹木、纤维、胶带、纺织品等物件，因其本身的结构特点和韧性较好，起到骨架支撑的作用，是压实蠕变阶段的主要受力组分；

（3）厨房垃圾由于本身范性特征，其在范性变形阶段起到主导作用，成为对减容效果贡献较大的组分；

（4）玻璃、硬塑料、陶瓷和砖瓦等组分对压实减容的效果贡献微乎其微。

3.3.3　含水率

固体废物中除了含有内部结合水外，还有吸附水、膜状水、毛细水等。在低含水率情况下，组分间的内摩擦力和材料的内聚力阻碍着压实，所以提高含水率有利于减少阻力，使得压实过程更为容易。

小贴士

一般根据填埋场作业经验，当垃圾的含水率达到50%左右时，压实机械的压实效果最好。

3.3.4　废物层厚度

废物层厚度对压实效果和压实功能消耗的影响很大，根据土壤压实理论，废物层部位越深，所受的压实效果越差。

根据填埋现场作业经验，采用30t的重型压实机械碾压接近最佳含水率的固体废物时，废物层的适宜压实厚度在0.4~0.8m。

3.3.5　机械的行程次数

有研究对同一固体废物堆进行极限压实的实验结果表明，固体废物的压实度并非随着压实次数的增加呈现无限增长趋势，而是以对数曲线趋近某极限值，前几次压实对压实度的影响最大。

3.3.6　行驶速度

工程研究表明，一般压实机械行驶速度在5km/h左右比较理想，依据作业经验，建议在压实过程中，行驶速度应先慢后快，这是因为初始的垃圾颗粒松散，低速碾压可以较好地嵌入，使得压实机械行驶稳定；之后再提高速度，可显著提高生产率并保证碾压质量。

3.4　压实设备类型

3.4.1　压实设备

固体废物的压实设备称为压实器，压实器的种类很多，但原理基本相同，一般都由一个供料单元和一个压实单元组成，供料单元容纳固体废物原料并将其转入压实单元。压实单元的压头通过液压或气压提供动力，通过高压将废物压实。固体废物的压实器可以分为固定式压实器和移动式压实器两类，这两类压实器的工作原理大体相同。固定式压实器主要在工厂内部使用，一般设在中转站、高层住宅垃圾滑道底部以及需要压实废物的场合；移动式压实器一般安装在垃圾收集车上，接受废物后即行压缩，随后送往处理处置场地。压实器由于所压物品的差异又分为水平式、三向联合式及回转式。下面介绍几种常见的压实设备。

3.4.1.1　水平式压实器

水平式压实器结构如图3-1所示，其操作是靠做水平往复运动的压头将废物压到矩形或方形的钢制容器中，随着容器中的废物的增多，压头的行程逐渐变短，装满后压头呈完全收缩状。此时，可将铰接连接的容器更换。将另一空容器装好再进行下一次的压实操作。

动画：水平式压实器

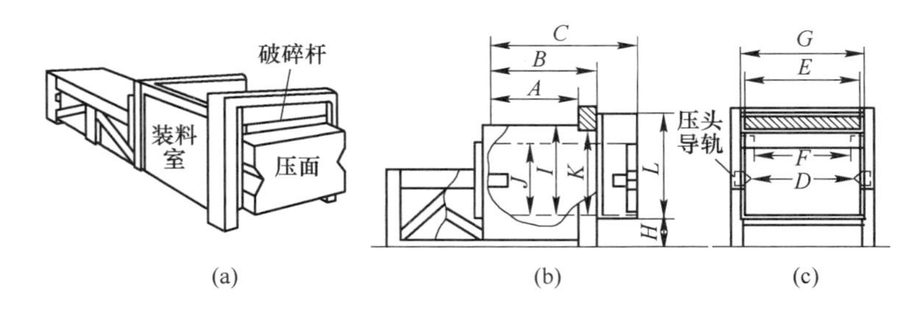

图3-1　水平式压实器

（a）全视图；（b）侧视图；（c）后视图

A—有效顶埠开口长度；*B*—装料室长度；*C*—压头行程；*D*—压头导轨宽度；*E*—装料室宽度；*F*—有效顶部开口宽度；*G*—出料口宽度；*H*—压面高度；*I*—装料室高度；*J*—压头高度；*K*—破碎杆高度；*L*—出料口高度

3.4.1.2　三向联合式压实器

三向联合式压实器结构如图3-2所示。该压实器装有3个相互垂直的压头，废物置于料斗后，三向压头1、2、3依次实施压缩将废物压实成密实的块体，该装置多用于松散金属类废物的压实。

仿真：三向联合式压实器

3.4.1.3　回转式压实器

回转式压实器结构如图3-3所示，平板型压头连接于容器一端，借助液压驱动。这种压实器适于压实体积小、质量轻的固体废物。

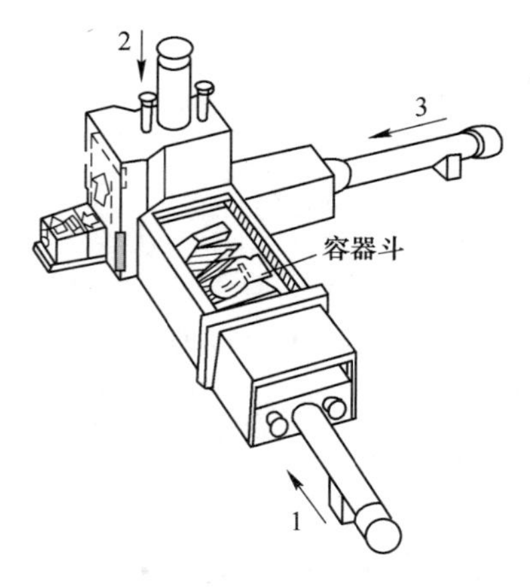

图 3-2　三向联合式压实器

1，2，3—压头

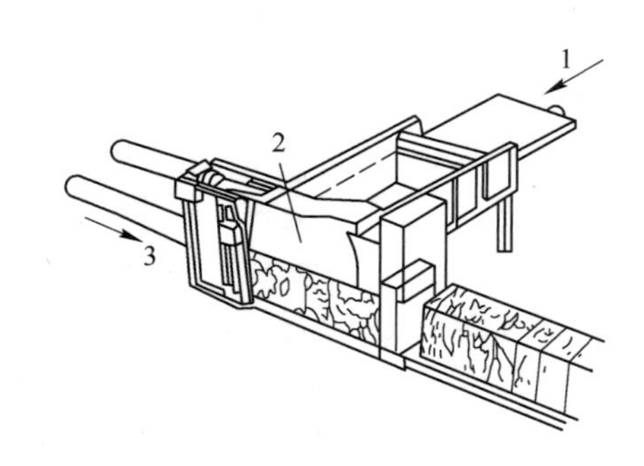

图 3-3　回转式压实器

1，3—压头；2—容器

3.4.1.4　固定式高层住宅垃圾压实器

固定式高层住宅垃圾压实器结构如图 3-4 所示，其工作过程为：图 3-4(a)为开始压缩，此时从滑道中落下的垃圾进入料斗；图 3-4(b)为压臂全部缩回处于起始状态，垃圾充入压缩室内；图 3-4(c)为压臂全部伸展，垃圾被压入容器中。如此反复，垃圾被不断充入，并在容器中压实。

3.4.1.5　水平式压实捆扎机

如图 3-5 所示，将物料放入压缩容器内，水平运输机将物料水平压送至压实室中，压缩构件将物料压实，最后推开动杆将物料推出并在捆扎室中捆扎。其特点是结构简单，效率较高，是一种中密度的机械。水平式压实捆扎机常用于城市生活垃圾的压实。

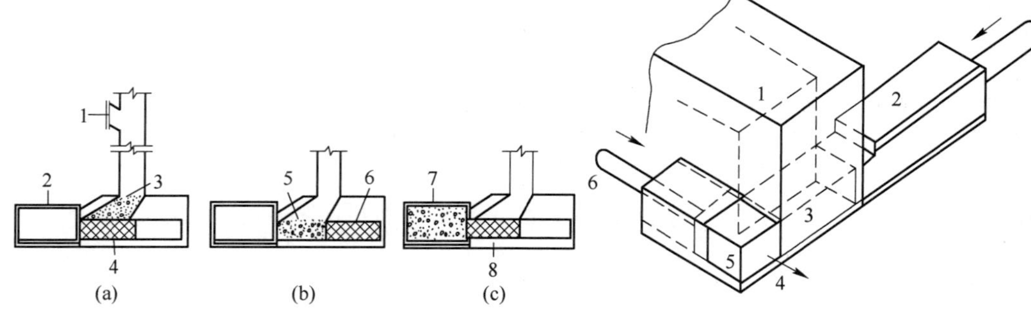

图 3-4　固定式高层住宅垃圾压实器

1—垃圾投入口；2—容器；3—垃圾；4，8—压臂；5—垃圾；6—压臂全部缩回；7—已压实的垃圾

图 3-5　水平式压实捆扎机

1—水平输送机；2—压缩构件；3—压实室；4—出料槽；5—捆扎室；6—推动杆

3.4.1.6　移动式压实器

移动式压实器是指在填埋现场使用的轮胎式或履带式压实机、钢轮式压实机及

其他专门设计的压实机具，其结构如图3-6所示。按压实过程工作原理，移动式压实器可分为碾（滚）压、夯实、振动三种，相应有碾（滚）压压实机、夯实压实机、振动压实机三大类。固体废物压实处理主要采用碾（滚）压方式。

(a)　　(b)

图3-6　填埋场常用压实机
（a）高履带压实机；（b）钢轮压实机

3.4.2　压实器的选择

为了最大限度减容，获得较高的压缩比，应尽可能选择适宜的压实器。影响压实器选择的因素有很多，除废物的性质外，主要应从压实器性能参数进行考虑。

3.4.2.1　装载面的尺寸

确定装料截面尺寸大小的原则是使所需压实的垃圾能毫无困难地被容纳。此外，选用压实器还必须考虑与预计使用地点的结构相适应。尺寸一般为0.765~9.18m^2。

3.4.2.2　循环时间

循环时间是指压头的压面从装料箱把废物压入容器，然后再回到原来完全缩回的位置，准备接受下一次装载废物所需的时间。循环时间的变化范围很大，通常为20~60s。如果压实系统需要有很快接收垃圾的能力，则循环时间应较短，但短的循环时间往往得不到高的压实比。

3.4.2.3　压面压力

压面压力是由压实器的额定作用力来确定的。额定作用力发生在压头的全部高度和全部宽度上，用来度量压实器产生的压力。压面压力一般为103~3432kPa。

3.4.2.4　压面的行程

压面的行程是指压面压入容器的深度。压面的形成长度越深，容器中装填废物的效率越高。实际进入深度为10.2~66.2cm。

3.4.2.5　体积排率

体积排率（即处理率）等于压头每次压入容器的可压缩废物体积与每小时机器的循环次数之积，用来度量废物可被压入容器的速率，通常要根据废物产生率来

确定。

3.4.2.6　压实器与容器匹配

压实器与容器最好由同一厂家制造，这样才能使压实器的压力行程、循环时间、体积排率以及其他参数相互协调。如果两者不相匹配，或选择不可能承受高压的轻型容器，在压实操作的较高压力下，容器很容易发生膨胀变形。

此外，在选择压实器时还应考虑与预计使用场所相适应，要保证轻型车辆容易进出装料区和达到容器装卸提升位置。

3.5　压实技术应用

图 3-7 为目前较为先进的城市垃圾压缩处理工艺流程。垃圾先装入四周垫有铁丝网的容器中，然后送入压缩机压缩，压力为 16~20MPa，压缩为 1/5。压块由上向推动活塞推出压缩腔，送入 180~200℃沥青渍池浸渍 10s，以涂浸沥青防漏，冷却后经运输皮带装入汽车运往垃圾填埋场。压缩污水经油水分离器进入活性污泥处理系统，处理水灭菌后排放。

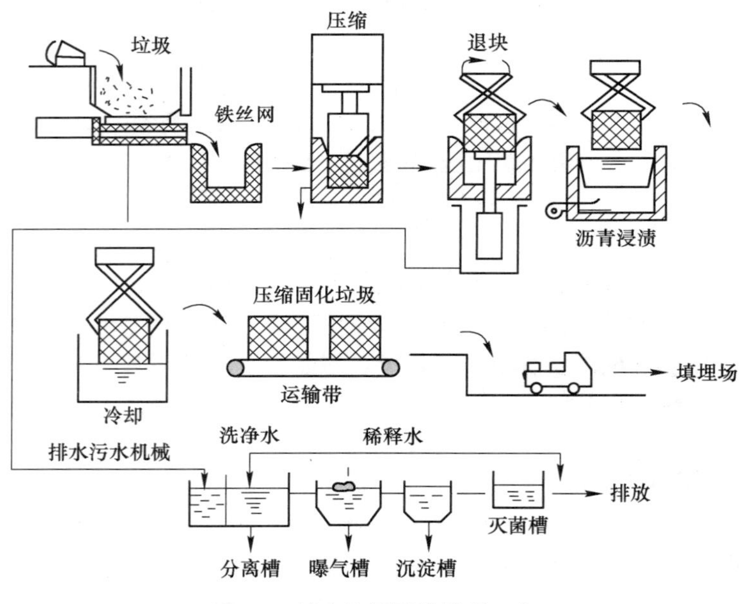

图 3-7　城市垃圾压缩处理工艺

一、名词解释

1. 压实
2. 压缩比

3. 压缩倍数
4. 循环时间
5. 容重

二、填空题

1. ________和________是组成压实器的两个根本局部。
2. 压实比越____，压缩倍数越______，说明压实效果越好。
3. 常用的固定压实设备有________、________、________、________和水平式压实捆扎机五种。
4. 常用的移动压实设备有____________、夯实压实机和____________。
5. 一般固体废物的压缩比为________。

三、简述题

1. 固体废物的预处理的目的是什么？
2. 简述固体废物压实的原理。
3. 固体废物压实效果的影响因素有哪些？
4. 试述三向联合式压实器的工作原理以及其适用范围。
5. 压实设备的选用需要考虑哪些因素？

任务 4　固体废物的破碎技术

通过人为或机械等外力的作用，破坏物体内部的凝聚力和分子间的作用力，使物体破裂变碎的操作过程统称为破碎。磨碎是指使小块的固体废物颗粒分裂成细粉的过程。破碎是最常用的预处理工艺之一。

4.1　破碎的目的

固体废物破碎作业的主要目的是：

（1）减小固体废物的容积，以便运输、焚烧、热解、熔化、压缩等操作能够或容易进行，更经济有效；

（2）为分选和进一步加工提供合适的粒度，有利于综合利用；

（3）增大比表面积，提高焚烧、热解、堆肥处理的效果；

（4）防止粗大、锋利的固体废物损坏分选、焚烧和热解等设备或炉膛；

（5）破碎使固体废物体积减小，便于运输、压缩和高密度填埋，加速土地还原利用。

4.2　破碎的影响因素

影响破碎效果的主要因素是物料机械强度及破碎力。

机械强度是指固体废物抗破碎的阻力，通常都用静载下测定的抗压强度、抗拉强度、抗剪强度和抗弯强度来表示。其中抗压强度最大，抗剪强度次之，抗弯强度较小，抗拉强度最小。

一般情况下，以固体废物的抗压强度为标准来衡量：

（1）抗压强度大于 250MPa 的为坚强固体废物；

（2）抗压强度为 40~250MPa 的为中硬固体废物；

（3）抗压强度小于 40MPa 的为软固体废物，机械强度越大的固体废物，破碎越困难。

小贴士

固体废物的机械强度与其颗粒粒度有关，粒度小的废物颗粒其宏观和微观裂隙比大粒度颗粒要小，破碎更困难。

机械强度是固体废物一系列力学性质所决定的综合指标，力学性质主要有韧性、硬度、结构缺陷及解理等。

（1）韧性是物料受切割、拉伸、压轧、弯曲、锤击等外力作用时所表现出的抵抗性能，包括挠性、延展性、脆性、弹性、柔性等力学性质。

（2）固体废物的硬度是指固体废物抵抗外力机械侵入的能力。

固体废物的硬度有两种表示方法：一种是对照矿物硬度确定；另一种是按废物破碎时的性状确定。

（3）结构缺陷对粗块物料破碎的影响较为显著，随着矿块粒度的变小，裂缝及裂纹逐渐消失，强度逐渐增大，力学的均匀性增大，因此细磨更为困难。

（4）物料在外力作用下，沿一定方向破裂成光滑平面的性质称为解理，解理是结晶物料特有的性质，所形成的平滑面称作解理面。

4.3　破碎的方法及适用范围

破碎方法有干式、湿式和半湿式三种。其中，干式破碎为通常所指的破碎，湿式破碎和半湿式破碎通常在破碎的同时兼有分组分选的功能。

4.3.1　干式破碎

根据所用外力不同可分为机械能破碎和非机械能破碎两种方法，目前广泛使用的是机械能破碎方法，非机械能破碎还属于新方法。机械能破碎是利用破碎工具，如破碎机的齿板、锤头、球磨机的钢球等对固体废物施力而将其破碎的方法，如图4-1所示。非机械能破碎是利用电能、热能等对固体废物进行破碎的新方法，如低温破碎、热力破碎、减压破碎及超声波破碎等。

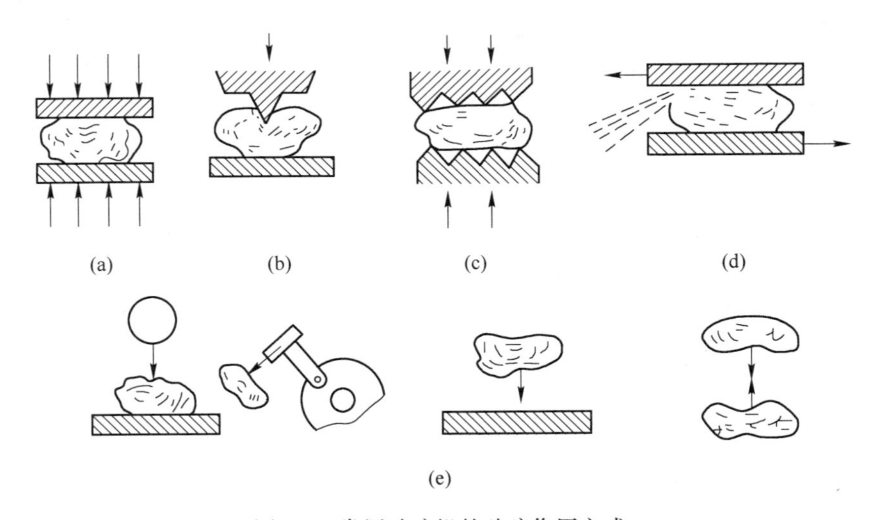

图4-1　常用破碎机的破碎作用方式

（a）压碎；（b）劈碎；（c）切断；（d）磨剥；（e）冲击破碎

挤压破碎是指废物在两个相对运动的硬面之间受挤压作用而发生的破碎。剪切破碎是指废物在剪切作用下发生的破碎，剪切作用包括劈开和折断等。冲击破碎有重力冲击和动冲击两种形式，重力冲击是废物落到一个坚硬的表面上而发生的破碎；动冲击是使废物获得足够的动能，并碰到一个比它坚硬的快速旋转的表面时产生冲击破碎作用。摩擦破碎是指废物在两个相对运动的硬面摩擦作用下破碎。

小贴士

破碎方法和破碎机的选择要根据固体废物的机械强度及硬度决定。

4.3.2　湿式破碎

湿式破碎是用湿式破碎机在水中将纸类废物通过剪切破碎和水力机械搅拌作用而成为浆液的过程，废纸变成均质浆状物，可按流体处理法处理。它是基于以回收城市垃圾中的大量纸类为目的而发展起来的一种破碎方法。

4.3.3　半湿式破碎

半湿式破碎是利用不同物质强度和脆性（耐冲击性、耐压缩性、耐剪切力）的差异，在一定的湿度下破碎成不同粒度的碎块，然后通过筛孔大小不同的筛网加以分离回收的过程，该过程同时兼有选择性破碎和筛分两种功能。

4.4　破碎的评价指标

4.4.1　破碎比

在破碎过程中，原废物粒度与破碎产物粒度的比值称为破碎比，表示废物粒度在破碎过程中减少的倍数，即表征废物被破碎的程度。破碎比的计算公式如下。

（1）适用于工程设计：

$$i_{极} = \frac{D_{max}}{d_{max}} \tag{4-1}$$

式中　$i_{极}$——极限破碎比；

D_{max}——原废物最大粒度；

d_{max}——破碎后最大粒度。

（2）适用于科研和理论：

$$i_{真} = \frac{D_{cp}}{d_{cp}} \tag{4-2}$$

式中　$i_{真}$——真实破碎比；

D_{cp}——原废物平均粒度；

d_{cp}——破碎后平均粒度。

4.4.2　破碎段

固体废物每经过一次破碎机（或磨碎机）称为一个破碎段。对固体废物进行多次（段）破碎，其总破碎比等于各段破碎比的乘积。

破碎段数是决定破碎流程的基本指标，它主要决定破碎废物的原始粒度和最终粒度。破碎段数越多，破碎流程就越复杂，工程投资相应增加。因此，如果条件允许的话，应尽量减少破碎段数。

4.5 破 碎 流 程

根据固体废物的性质、颗粒的大小、要求达到的破碎比和选用的破碎机类型，每段破碎流程可以有不同的组合方式，其基本工艺流程如图 4-2 所示。

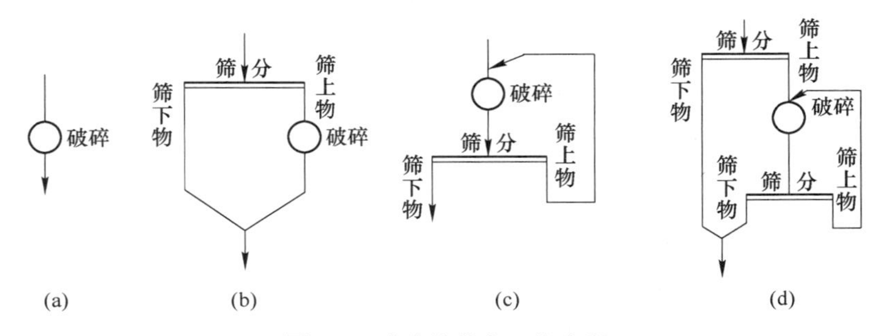

图 4-2　破碎的基本工艺流程

（a）单纯破碎工艺；（b）带预先筛分破碎工艺；（c）带检查筛分破碎工艺；（d）带预先筛分和检查筛分破碎工艺

微课：固体废物的破碎设备

4.6 破 碎 设 备

选择破碎设备时，必须综合考虑下列因素：

（1）所需要的破碎能力；

（2）固体废物的性质（如破碎特性、硬度、密度、含水率等）和颗粒的大小；

（3）对破碎产品粒径大小、粒度组成、形状的要求；

（4）供料方式；

（5）安装操作场所情况。

动画：颚式破碎机

破碎固体废物常用的破碎设备有颚式破碎机、冲击式破碎机、反击式破碎机、辊式破碎机、剪切式破碎机、球磨机及特殊破碎等。下面分别介绍几种比较典型和常用的破碎设备。

4.6.1　颚式破碎机

仿真：颚式破碎机

颚式破碎机构造简单、工作可靠、维修方便，至今仍获得广泛应用。颚式破碎机是利用两颚板对物料的挤压和弯曲作用，粗碎或中碎各种硬度物料的破碎机械。其破碎机构由固定颚板和可动颚板组成，当两颚板靠近时物料即被破碎，当两板离开时小于排料口的料块由底部排出。简单摆动颚式破碎机和复杂摆动颚式破碎机的工作原理示意图分别如图 4-3 和图 4-4 所示。前者在工作时动颚只作简单的圆弧摆

动，故又称简单摆动颚式破碎机（以下简称简摆颚式破碎机）；后者在做圆弧摆动的同时还作上下运动，故又称复杂摆动颚式破碎机（以下简称复摆颚式破碎机）。

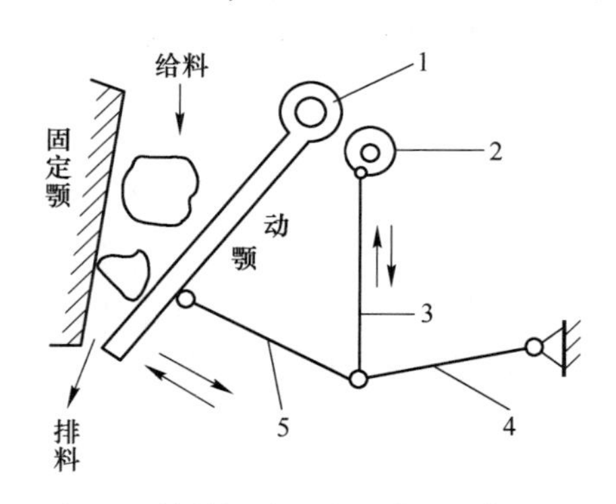

图 4-3　简单摆动颚式破碎机工作原理

1—心轴；2—偏心轴；3—连杆；4—后肘板；5—前肘板

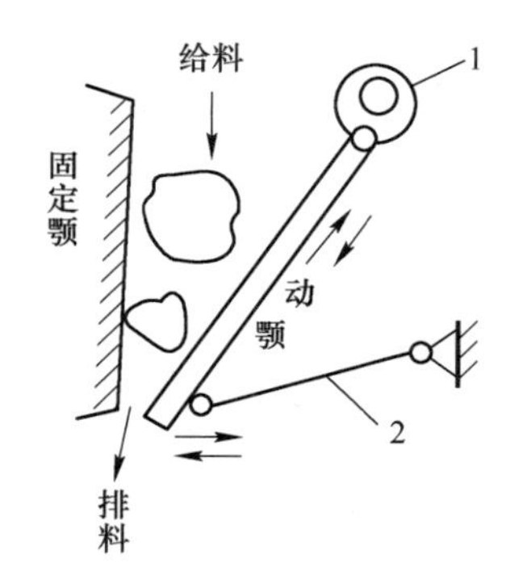

图 4-4　复杂摆动颚式破碎机工作原理

1—偏心轴；2—肘板

4.6.1.1　简摆颚式破碎机

简摆颚式破碎机主要由机架、工作机构传动机构、保险装置等部分组成。皮带轮带动偏心轴转动时，偏心定点牵动连杆上下运动，也就牵动前后推力板做舒张及收缩运动，从而使动颚时而靠近固定颚，时而又离开固定颚。动颚靠近固定颚时对破碎腔内的物料进行压碎、劈碎及折断。破碎后的物料在动颚后退时靠自重从破碎腔内落下。

4.6.1.2　复摆颚式破碎机

从构造上看，复摆颚式破碎机与简摆颚式破碎机的区别是少了一根动颚悬挂的心轴，动颚与连杆合为一个部件，没有垂直连杆，轴板也只有一块。由此可见，复摆颚式破碎机构造简单。复摆动颚上部行程较大，可以满足物料破碎时需要的破碎量，动颚向下运动有促进排料的作用，因而比简摆颚式破碎机的生产率高 30%左右。但是动颚垂直行程大，使颚板磨损加快。简摆颚式破碎机给料口水平行程小，因此压缩量不够，生产率较低。

4.6.2　冲击式破碎机

冲击式破碎机大多是旋转式，利用冲击作用进行破碎。其工作原理是：给入破碎机空间的物料块，被绕中心轴高速旋转的转子猛烈碰撞后，受到第一次破碎；然后物料从转子获得能量高速飞向坚硬的机壁，受到第二次破碎；在冲击过程中弹回再次被转子击碎，难以破碎的物料，被转子和固定板挟持而剪断，破碎产品由下部排出。当要求的破碎产品粒度为 40mm 时，可以达到目的，而若要求粒度更小如 20mm 时，接下来还需经锤子与研磨板的作用，进一步细化物料，其间空隙远小于冲击板与锤子之间的空隙，若底部再设有箅筛，可更为有效地控制出料尺寸。

冲击式破碎机具有破碎比大、适应性强、构造简单、外形尺寸小、操作方便、易于维护等特点，适用于破碎中等硬度、软质、脆性、韧性及纤维状等多种固体废物。

冲击式破碎机的主要类型有锤式破碎机、反击式破碎机和笼式破碎机。下面介绍目前国内外应用较多的、适用于破碎各种固体废物的锤式和反击式破碎机。

4.6.2.1 锤式破碎机

锤式破碎机是最普通的一种工业破碎设备，其工作原理如图4-5所示。它是利用锤头的高速冲击作用，对物料进行中碎和细碎的机械。固体废物自上部给料口进入机内，立即遭受高速旋转锤子的打击，冲击、剪切、研磨等作用而被破碎，锤头铰接于高速旋转的转子上，机体下部设有筛板以控制排料粒度。小于筛板缝隙的物料被排出机外，大于筛板缝隙的料块在筛板上再次受到锤头的冲击和研磨，直至小于筛板缝隙而被排出。锤头是破碎机的重要工作机件，通常用高锰钢或其他合金钢等制成。

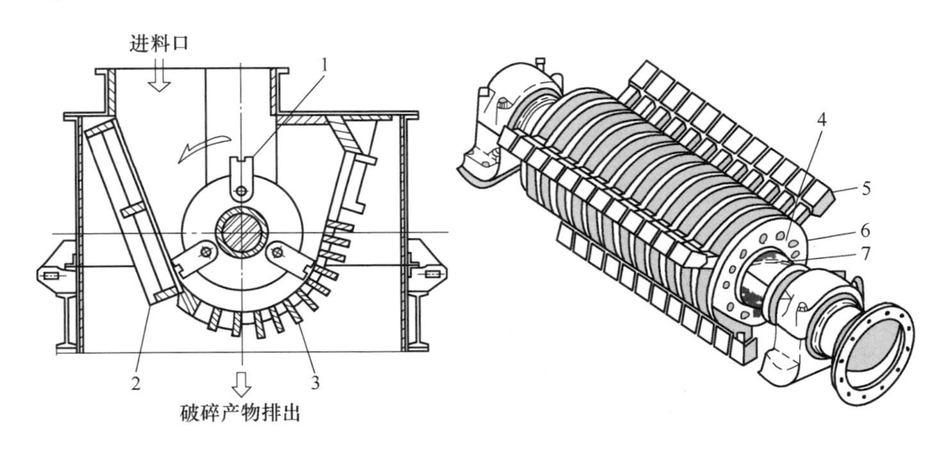

图4-5 锤式破碎机的工作原理

1，5—锤头；2—破碎板；3—筛板；4—锤头销轴；6—轮；7—主轴

锤式破碎机具有破碎比大、排料粒度均匀、能耗低等优点。普通锤式破碎机的破碎比为10~25，最大可达到100，在选用时应根据物料的硬度因素确定，硬度大的应采用锤头少但质量大的锤式破碎机。锤式破碎机主要用于破碎中等硬度且腐蚀性弱的固体废物，还可破碎含水分及油质的有机物、纤维结构，木块、石棉水泥废料、回收石棉纤维和金属切屑等。

4.6.2.2 反击式破碎机

反击式破碎机是一种新型高效破碎设备，具有破碎比大、适应性广（可以破碎中硬、软、脆、韧性、纤维性物性）、构造简单、外形尺寸小、安全方便、易于维护等许多特点。图4-6为Universa型反击式破碎机；图4-7为Hazemag型反击式破碎机，该机装有两块反击板，形成两个破碎腔，转子上安装有两个坚硬的板锤，机体内表面装有特殊钢制衬板，用以保护机体不受损坏。固体废物从上部给入，在冲击力和剪切力作用下被破碎。

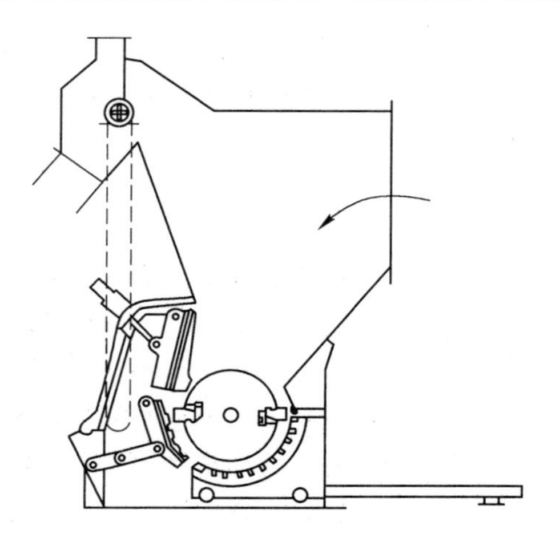

图 4-6　Universa 型反击式破碎机

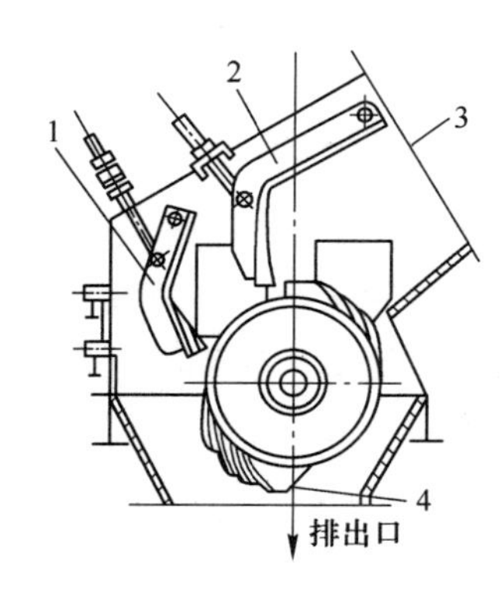

图 4-7　Hazemag 型反击式破碎机
1—二级冲撞板（固定刀）；2—一级冲撞板（固定刀）；3—固体废物；4—旋转打击刀

反击式破碎机广泛应用于我国水泥、火电、玻璃、化工、建材、冶金等工业部门。

4.6.3　剪切式破碎机

剪切式破碎机是通过固定刀和可动刀（往复式刀或旋转式刀）之间的啮合作用，将固体废物切开或割裂成适宜的形状和尺寸。目前被广泛使用的剪切破碎机主要有旋转剪切式破碎机（见图 4-8）、Von Roll 型往复剪切式破碎机（见图 4-9）等。

固定刀和可动刀通过下端活动铰轴连接，像一把无柄剪刀。开口时侧面呈 V 形破腔。固体废物投入后，通过液压装置缓缓将可动刀推向固定刀，将固体废物剪成

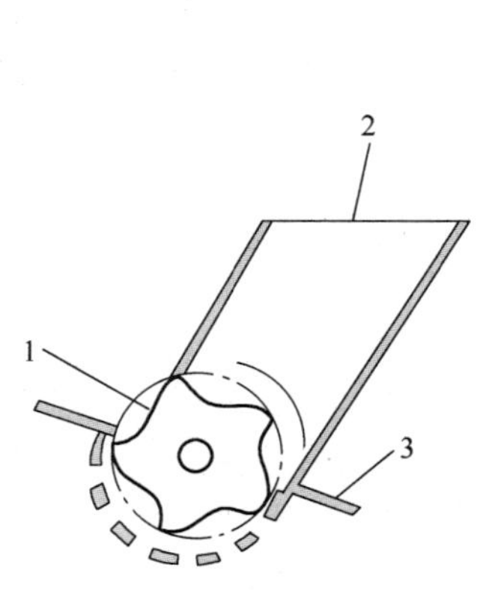

图 4-8　旋转剪切式破碎机
1—旋转刀；2—废物；3—固定刀

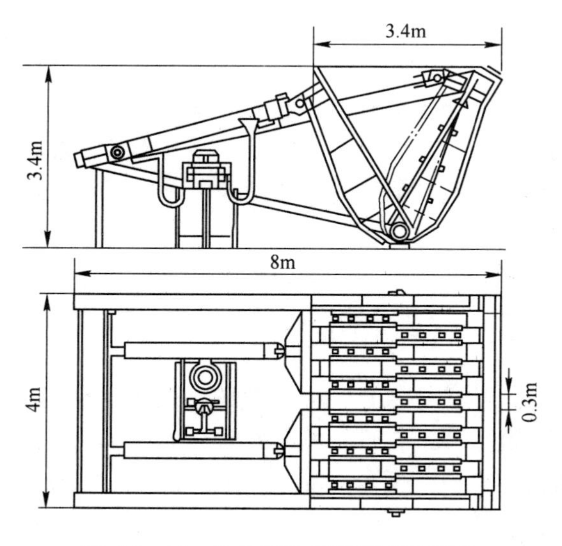

图 4-9　Von Roll 型往复剪切式破碎机

碎片（块）。往复剪切破碎机一般具有7片固定刀和6片活动刀，刃的宽度为30mm，由特制钢制成，磨损后可以更换。

剪切式破碎机属于低速破碎机，转速一般为20~60r/min。这种破碎机比较适于垃圾焚烧厂废物的破碎。

4.6.4　球磨机

球磨机的结构如图4-10所示，该设备主要由圆柱形筒体、端盖、中空轴颈、轴承和传动大齿圈等部件组成。筒体内装有直径为25~150mm的钢球，其装入量为整个筒体有效容积的25%~50%。筒体内壁敷设有衬板，防止筒体磨损，同时兼有提升钢球的作用。筒体两端的中空轴颈有两个作用：一是起轴颈的支承作用，使球磨机全部重量经中空轴颈传给轴承和机座；二是起给料和排料的漏斗作用。电动机通过联轴器和小齿轮带动大齿轮和筒体缓缓转动。当筒体转动时，在摩擦力、离心力和衬板共同作用下，钢球和物料被衬板提升；当提升到一定高度后，在钢球和物料本身重力作用下，自由下落和抛落，从而对筒体内底脚区内的物料产生冲击和研磨作用，使物料粉碎。物料达到磨碎细度要求后，由风机抽出。

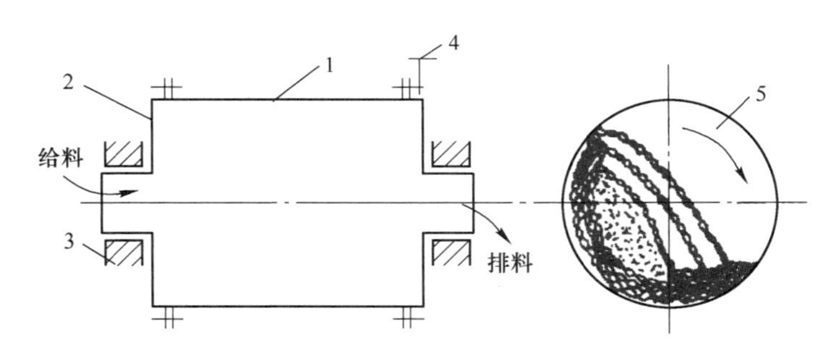

图4-10　球磨机的结构

1—筒体；2—端盖；3—轴承；4—小齿轮；5—传动大齿轮

磨碎在固体废物处理与利用中占有重要地位。例如，在垃圾堆肥深加工、煤矸石生产水泥、回收有色金属、回收化工原料、钢渣生产水泥等过程都离不开球磨机对固体废物的磨碎。

4.6.5　特殊破碎设备和流程

对于一些常温下难以破碎的固体废物（如废旧轮胎、塑料、含纸垃圾等）常需采用特殊的破碎设备和方法，如低温破碎和湿式破碎等。

4.6.5.1　低温（冷冻）破碎

对于常温下难以破碎的固体废物，可利用其低温变脆的性能进行有效的破碎，也可利用不同物质脆化温度不同的差异进行选择性破碎（这就是所谓的低温破碎技术），比如利用低温（冷冻）破碎法粉碎废塑料及其制品、废橡胶及其制品、包覆电线等。

典型低温破碎的工艺流程如图 4-11 所示。将需处理的固体废物先投入预冷装置，再进入浸没冷却装置，橡胶、塑料等易冷脆物质迅速脆化，送入高速冲击破碎机破碎，使易脆物质脱落粉碎，破碎产物再进入不同的分选设备进行分选。

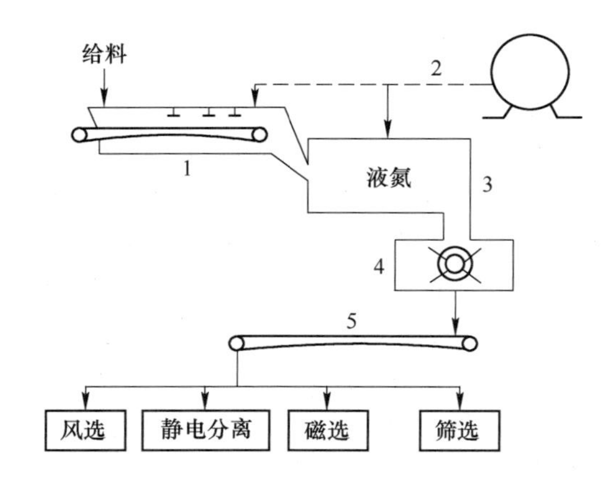

图 4-11　典型低温破碎的工艺流程

1—预冷装置；2—液氮贮槽；3—浸没冷却装置；4—高速冲击破碎机；5—皮带运输机

低温破碎通常采用液氮作制冷剂。液氮具有制冷温度低、无毒、无爆炸危险等优点，但制取液氮需要耗用大量能源，故低温破碎对象仅限于常温难破碎的废物，如橡胶和塑料等。据日本实验测定，低温破碎与常温破碎相比，所需动力消耗可降低 75%以上，噪声降低 7dB，振动减轻 20%～25%。

4.6.5.2　湿式破碎

湿式破碎技术是利用纸类在水力作用下的浆化特性，以回收城市垃圾中的大量纸类为目的而发展起来的。特制的破碎机将投入机内的垃圾和大量的水一起剧烈搅拌，破碎成浆液的过程，是以回收城市垃圾中的纸类为目的发展起来的一种破碎方法，通常将废物与制浆造纸结合起来。

湿式破碎机的构造如图 4-12 所示。垃圾通过传送带进入湿式破碎机，破碎机于圆形槽底上安装多孔筛，筛上带有 6 个刀片的旋转破碎辊，使投入的垃圾和水一起激烈回旋。废纸则破碎成浆状，通过筛孔落入筛下，然后由底部排出，难以破碎的筛上物（如金属等）则从破碎机侧口排出，再用斗式提升机送至装有磁选器的皮带运输机，以便将铁与非铁物质分离开来。

湿式破碎把垃圾变成泥浆状，物料均匀，呈流态化操作，具有以下优点：

（1）垃圾变成均质浆状物，可按流体法处理；

（2）不会滋生蚊蝇和恶臭，符合卫生条件；

（3）不会产生噪声，没有发热和爆炸的危险性；

（4）脱水有机残渣，无论质量、粒度、水分等变化都小；

（5）在化学物质、纸和纸浆、矿物等处理中均可使用，可以回收纸纤维、玻璃、铁和有色金属，剩余泥土等可用做堆肥。

4.6.5.3 半湿式选择性破碎

半湿式选择性破碎分选是利用城市生活垃圾中物质的强度和脆性的差异，在一定湿度下破碎成不同粒度的碎块，然后通过大小筛网加以分离回收的过程。该过程通过有选择性破碎和筛分两种功能的装置实现，称为半湿式选择性破碎分选机，其构造如图4-13所示。

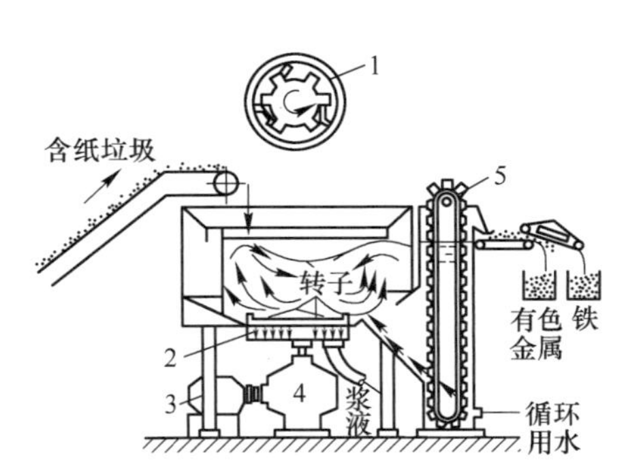

图4-12 湿式破碎机构造
1—转子；2—筛网；3—电动机；4—减速机；5—斗式脱水提升机

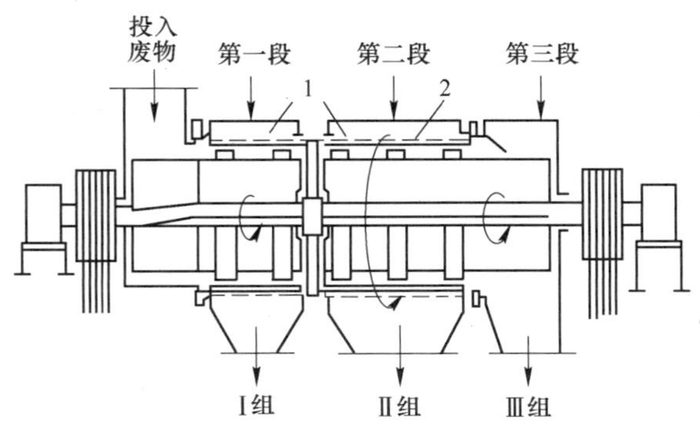

图4-13 半湿式选择性破碎分选机构造示意图
1—筛网；2—刮板

垃圾进入后，沿筛壁在重力作用下抛落，同时被反向旋转的破碎板撞击，脆性物质首先破碎，通过第一段筛网分离排出，可分别去除玻璃、塑料等，可得到以厨房垃圾为主的堆肥沼气发酵原料；剩余垃圾进入第二段，中等强度的纸类在水喷射下被破碎板破碎，又由第二段筛网排出，可回收含量为85%~95%的纸类，最后剩余的垃圾（主要是金属、橡胶木材等）由不设筛网的第三段排出，难以分选的塑料类废物可在第二段经分选达到95%的纯度，废铁可达98%。对进料的适应性好，应破碎的废物首先破碎并及时排出，避免了过度粉碎现象，能耗低，处理费用低。

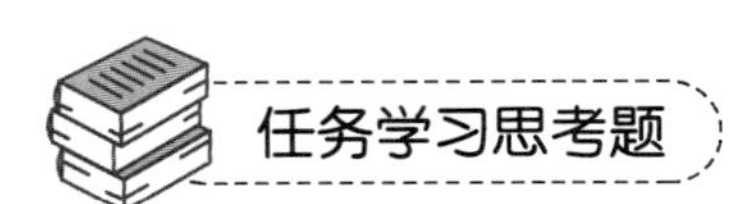

任务学习思考题

一、名词解释

1. 破碎
2. 破碎比
3. 机械破碎
4. 低温破碎
5. 湿式破碎

二、填空题

1. 根据破碎固体废物所用的外力，即消耗能量的形式可分为________和____________两种方法。

2. 抗压强度大于____________ MPa 称为坚硬固体废物。

3. 常用的机械破碎方法主要有______、______、______、______和磨碎五种。

4. 固体废物破碎的非机械方法有低温破碎、__________、__________和__________。

5. 低温破碎动力消耗、噪声、振动比一般常温机械破碎__________。

三、简述题

1. 简述固体废物破碎的目的。

2. 什么是机械强度，其表示方法有哪几种？

3. 如何根据固体废物的性质选择合适的破碎技术及设备？

4. 试说明湿法破碎的原理及适用范围。

5. 低温破碎相较常温破碎的优势有哪些？

任务 5　固体废物的分选技术

5.1　分选的原理与目的

固体废物的分选对于固体废物的资源化、无害化有重要的意义。固体废物的分选就是将固体废物中各种有用资源或不符合后续处理、处置工艺要求的废物组分采用人工或机械的方法分门别类地分离出来的过程。它是根据废物组分中各种物质的粒度、密度、磁性、电性、光电性、摩擦性、弹性以及表面润湿性的不同而进行分选的，目的是将有用的成分分选出来加以利用，将不利于后续处理的成分分离出来，防止损坏处理处置设施或设备。

小贴士

机械分选大多在分选前要进行预处理，如分选前先进行破碎处理。

5.2　分选的方法

分选分为手工拣选和机械分选。手工拣选是最早采用的方法，适于废物产源地、收集站、处理中心、转运站或处置场。机械分选是以颗粒物理性质（粒度、密度差等）的差别为主，以磁性、电性、光学等性质差别为辅进行的分选。依据废物的物理和化学性质的不同，可选择不同的分选方法，主要有筛选（分）、重力分选、磁力分选、电力分选、光电分选、摩擦及弹性分选、浮选等。目前在工业发达国家中，还实验性或小规模地采用了浮选、光选、静电分离等分选方法。

常见固体废物分选技术及其应用范围见表 5-1。

表 5-1　常见固体废物分选技术及其应用范围

分选技术	分选的物料	预处理要求	应用场合
手工分选	废纸、钢铁类、非铁金属、木材等	不需要	商业、工业与家庭垃圾收集站检选皱纹纸、高质纸、金属、木材等
筛选	玻璃类、粗细骨料	可不预处理，或先破碎，或风选	从重组分中分选玻璃或获得不同粒级的物料
风选	废报纸、皱纹纸等可燃性物料	不需要	轻组分中可燃性物料或重组分中的金属、玻璃等资源的分选

续表 5-1

分选技术	分选的物料	预处理要求	应用场合
重介质分选	铝及其他非铁金属	破碎、风选	通过调节重介质的密度，可分离多种金属
浮选	无机有用组分	破碎、浆化	细小有用组分的分选
磁选	铁金属	破碎、风选	大规模用于工业固体废物和城市垃圾的风选
静电分选	玻璃类、粉煤灰等	破碎、风选、筛选	含铅和玻璃废物的分选或从粉煤灰中分选煤炭
光电分选	玻璃类	破碎、风选	从不透明的废物中分选碎玻璃或从彩色玻璃中分选硬质玻璃

仿真：筛分物料

5.3 筛　　分

5.3.1 筛分原理

筛分操作可将生活垃圾按其组成的颗粒粒度进行分选，是垃圾预处理过程的重要方法。

筛分是根据固体废物尺寸大小进行分选，即利用筛子将混合物料中小于筛孔的细颗粒透过筛面，大于筛孔的粗大颗粒留在筛面上，完成粗细物料分离的过程。

筛选的过程可看成两个阶段，即物料分层和细粒透筛。物料分层是完成分离的条件，细粒透筛是分离的目的。筛分时，必须使物料和筛面之间具有适当的相对运动。这样既可以使筛面上的物料层处于松散状态，即按颗粒大小分层，粗粒位于上层，细粒位于下层，细粒透过筛孔，又可以使堵在筛孔上的颗粒脱离筛孔，以利于细粒透过筛孔。透过筛孔的细粒，尽管粒度都小于筛孔，但透筛的难易程度不同。

小贴士

“易筛粒”即指小于筛孔 3/4 的颗粒，很容易到达筛面而透筛。“难筛粒”即指大于筛孔 3/4 的颗粒，很难通过间隙到达筛面而透筛。

5.3.2 筛分效率

筛分效率是评价筛分设备分离效率的指标。理论上，小于筛孔尺寸的细粒都应该透过筛孔，成为筛下产品。实际上，受多因素的影响，一些小于筛孔的细粒留在筛上随粗粒一起排出成为筛上产品。筛分效率是指实际得到的筛下物 Q_1 与入筛物中所含的粒径小于筛孔尺寸的细粒物 Q 比值百分数。筛分效率 E 的计算公式为：

$$E = \frac{Q_1}{Q} \times 100\% \tag{5-1}$$

式中　Q_1——出筛固体废物质量；

　　Q——入筛固体废物中粒径小于筛孔的颗粒质量。

影响筛分效率的因素很多，主要包括入选物料性质、筛子结构和筛子的运动情况。

5.3.2.1　颗粒的尺寸与形状

废物的颗粒粒度会影响其筛分效率。直径越小且为球形或多边形，筛分效率 E 越高（球形≥多面体≥片状>针状）。废物中易筛颗粒越多，筛分效率 E 越高；而粒径接近于筛孔尺寸的颗粒越多，筛分效率 E 越低。

5.3.2.2　含水率

废物的含水量和含泥量也会影响其筛分效率。在筛分过程中，水分会以薄膜状布满渣粒表面，且水量大部分集中在细小粒级中。渣粒由于含水，彼此间产生凝聚力结成粒团，会使筛分效率降低。但在筛孔较大的情况下，水分对筛分效率的影响就会减小，使得城市垃圾采用半湿式筛分成为可能。有些废物的筛分，当水分达到一定量时其黏滞性反而消失，形成泥浆，在此情况下，水分会促进废物通过筛孔，不过此时的筛分已属于湿式筛分。

含水率小于 5%，含水量对 E 影响不大；含水率为 5%～8%，细小颗粒黏附成团、黏附于粗粒上，不易筛分，E 低；含水率为 10%～14%。含水率和含泥量大时，含水量提高使细粒活动性提高，E 越高。

5.3.2.3　筛分设备的性能

（1）筛分设备的有效面积：有效面积越大，筛分效率越高。

（2）筛面不同，E 不同（钢丝编织网筛面 < 钢板冲孔筛面 < 棒条筛面）。不同筛分设备的筛分效率见表 5-2。

（3）运动方式不同，E 不同（固定筛 < 转筒筛 < 摇动筛 < 振动筛）。

（4）筛的形状：一般长度比为 2.5～3，筛面倾角为 15°～25°。

（5）操作方式：当负荷小、顺运动方向均匀给料时，E 高。

表 5-2　不同筛分设备的筛分效率

筛分设备类型	固定筛	转筒筛	摇动筛	振动筛
筛分效率/%	50～60	60	70～80	>90

5.3.3　筛分设备及应用

5.3.3.1　固定筛

固定筛的筛面由许多平行的筛条组成，可以水平安装或倾斜安装，其可分为格筛和棒条筛。固定筛具有结构简单、不消耗动力、设备费用低、维修方便的优点；其缺点是容易堵塞，需要经常清扫，筛分效率低，仅 50%～60%。且筛孔尺寸一般不小于 50mm，倾角一般为 30°～35°，只适用于中、粗筛，以保证物料块度适宜。例

如，建筑工地筛沙。

5.3.3.2　棒条筛

棒条筛主要用在粗碎和中碎之前。安装倾角应大于废物对筛面的摩擦角，一般为0°~35°，以保证废物沿筛面下滑。棒条筛筛孔尺寸为要求筛下粒度的1.1~1.2倍，一般筛孔尺寸不小于50mm，因此适用于筛分粒度大于50mm的粗粒废物。

棒条筛构造简单、无运动部件（不耗用动力）、设备制造费用低、维修方便，因此，在固体废物资源化过程中被广泛应用。主要缺点是易堵塞，需要经常清扫。安装要求高差大，筛分效率不高（仅60%~70%）。

5.3.3.3　转筒筛

转筒筛也称滚筒筛，具有带孔的圆柱形筛面或圆锥体筛面。滚筒筛在传动装置带动下，筛筒缓缓旋转（转速10~15r/min）。为使废物在筒内沿轴线方向前进，筛筒的轴线应倾斜3°~5°安装。多用于垃圾分选（尤其是堆肥产物的分选等），如图5-1所示。城市生活垃圾由筛筒一端给入，被旋转的筒体带起，当达到一定高度后受重力作用自行落下，使小于筛孔尺寸的细粒透筛，而筛上产品则逐渐移到筛的另一端排出。滚筒筛具有不易堵塞的优点，所以常用于城市生活垃圾的粗筛。

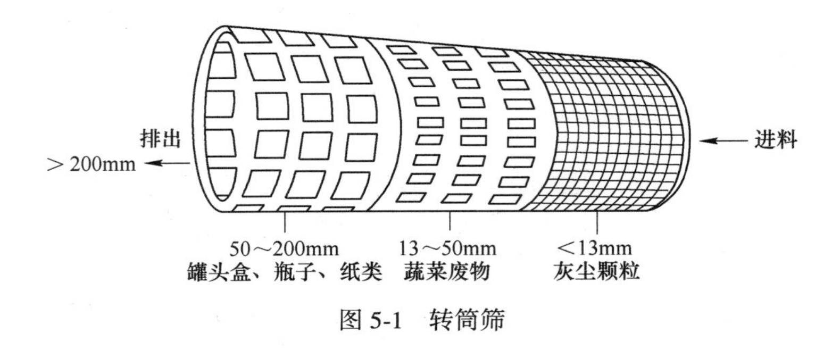

图5-1　转筒筛

5.3.3.4　惯性振动筛

惯性振动筛是通过不平衡物体（如配重轮）的旋转所产生的离心惯性力使筛箱产生振动的筛面，其构造及工作原理如图5-2所示。当电机带动皮带轮旋转时，配重轮上的重块即产生离心惯性力：水平分力使弹簧横向变形，所以水平分力被横向刚度所吸收；垂直分力作用过程中，垂直筛面通过筛箱作用于弹簧，使弹簧拉伸及压缩。

惯性振动筛具有如下特点：

（1）振动方向与筛面垂直（或近似垂直）。振动次数为600~3600r/min，振幅0.5~1.5mm；

（2）物料在筛面上发生离析现象。密度大而粒度小的颗粒进入下层到达筛面，有利于筛分的进行，倾角一般为8°~40°；

（3）由于强烈振动，消除了堵塞筛孔现象。可用于粗、中、细粒（0.1~

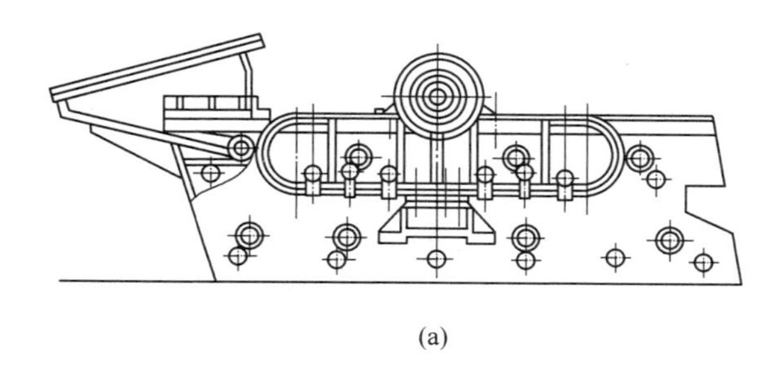
(a)

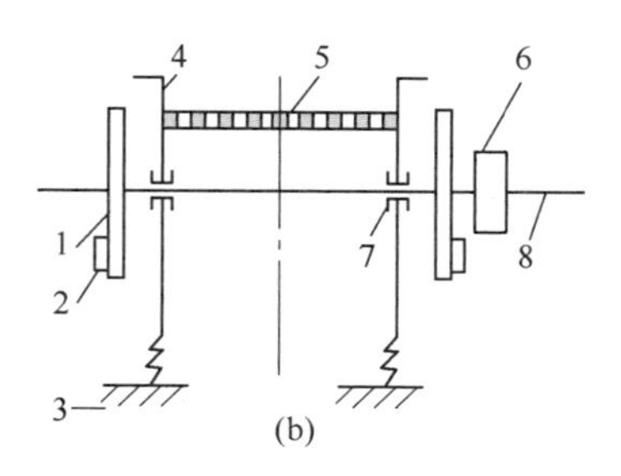

(b)

图 5-2　惯性振动筛工作原理
（a）构造；（b）工作原理
1—配重轮；2—重块；3—板簧；4—筛箱；5—筛网；6—皮带轮；7—轴承；8—主轴

0.15mm）废物的筛分，还可以用于脱水和脱泥筛分。

惯性振动筛在筑路、建筑、化工、冶金和谷物加工等部门得到广泛应用。

5.3.3.5　共振筛

利用连杆上装有弹簧的曲柄连杆机构驱动，使筛子在共振状态下进行筛分，其构造如图 5-3 所示。电机带动下机体上的偏心轴转动时，轴上的偏心使连杆运动。连杆通过其端的弹簧将作用力传给筛箱，与此同时下机体也受到相反的作用力，使筛箱和下机体沿着倾斜方向振动。筛箱、弹簧、下机体组成一个弹性系统，该系统固有的自振频率与传动装置的强迫振动频率相同时，使筛子在共振状态下筛分。

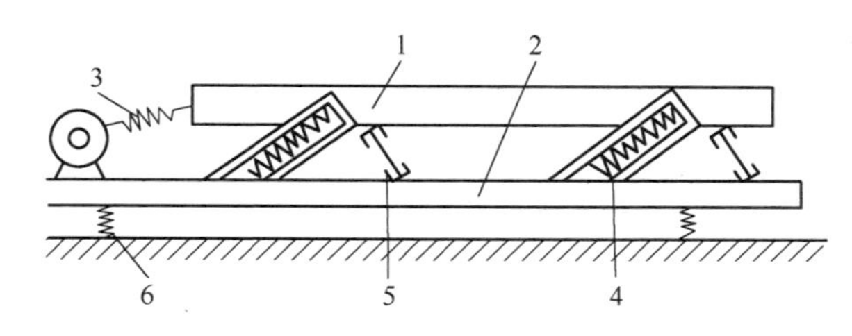

图 5-3　共振筛的原理示意图
1—上筛箱；2—下机体；3—传动装置；4—共振弹簧；5—板簧；6—支撑弹簧

共振筛具有处理能力大，筛分效率高，耗电少以及结构紧凑等优点，适用于废物中细粒的筛分，还可用于废物分选作业的脱水、脱重介质和脱泥筛分等。缺点是制造工艺复杂，机体重大、橡胶弹簧易老化。

共振筛的应用很广，适用于废物中的细粒的筛分，还可用于废物分选作业的脱水、脱泥重介质和脱泥筛分。

微课：重力分选

5.4　重 力 分 选

重力分选是根据固体废物中不同物质颗粒间的密度差异，在运动介质中利用重力、介质动力和机械力的作用，使颗粒群产生松散分层和迁移分离，从而得到不同密度产品的分选过程。

重力分选介质包括空气、水、重液和重悬浮液。按分选介质的不同，固体废物的重力分选可分为风力分选、摇床分选、跳汰分选和重介质分选。各种重力分选过程具有的共同工艺条件是：

（1）固体废物中颗粒间必须存在密度的差异；

（2）分选过程都是在运动介质中进行的；

（3）在重力、介质动力及机械力的综合作用下，使颗粒群松散并按密度分层；

（4）分好层的物料在运动介质流的推动下互相迁移，彼此分离，并获得不同密度的最终产品。

5.4.1　重介质分选

5.4.1.1　基本原理

通常将密度大于水的介质称为重介质，重介质密度一般介于大密度和小密度颗粒之间。

重介质分选是指重介质中使固体废物中的颗粒群按密度分开的方法。颗粒密度大于重介质密度的重物料都下沉，成为重产物；颗粒密度小于重介质密度的轻物料都上浮，成为轻产物。

5.4.1.2　重介质

重介质是由高密度的固体微粒和水构成的固液两相分散体系，它是密度高于水的非均质介质，常用于重介质分选的加重质有硅铁、磁铁矿等。可溶性高密度盐溶液（如氯化锌溶液，重晶石、硅铁等的重悬浮液）均可作重介质。如硅铁含硅量（质量分数）为 13%~18%，其密度为 6.8g/cm^3，可配制成密度为 3.2~3.5g/cm^3 的重介质。硅铁具有耐氧化、硬度大、带强磁化性等特点，使用后经筛分和磁选可以回收再生。纯磁铁矿密度为 5.0g/cm^3，用含铁 60%以上的铁精矿粉可配制得重介质，其密度达 2.5g/cm^3。磁铁矿在水中不易氧化，可用弱磁选法回收再生利用。

小贴士

高密度的固体微粒起着加大介质密度的作用，故把这些固体微粒称为加重质。

5.4.1.3　重介质分选设备

鼓形重介质分选机的构造和工作原理图如图 5-4 所示。该设备外形是一圆筒转鼓，由四个辊轮支撑，通过圆筒腰间的大齿轮由传动装置带动旋转。在圆筒的内壁沿纵向设有扬板，用以提升重产物到溜槽内。圆筒水平安装，固体废物和重介质一起由圆筒一端给入，在向另一端流动过程中，密度大的重介质的颗粒沉于槽底，由扬板提升落入溜槽内，被排出槽外成为重产物；密度小于重介质的颗粒随重介质流

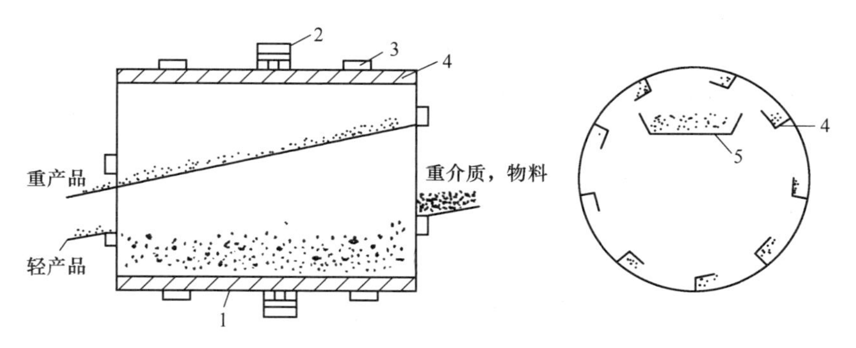

图 5-4　鼓形重介质分选机的构造和工作原理图
1—圆筒形转鼓；2—大齿轮；3—辊轮；4—扬板；5—溜槽

入圆筒溢流口排出成为轻产物。

鼓形重介质分选机适用于分离粒度较粗（40~60mm）的固体废物，具有结构简单、紧凑，便于操作等优点；缺点是轻重产物量调节不方便。

5.4.2　跳汰分选

5.4.2.1　原理

跳汰分选是在垂直变速介质流中按密度分选固体废物的方法。不同粒子群，在垂直脉动运动介质中按密度分层，小密度的颗粒群（轻产物）位于上层，大密度的颗粒群（重质组分）位于下层，从而实现物料的分离。跳汰分选的介质可以是水或空气，用水做介质时，称为水力跳汰。用空气做介质时，称为风力跳汰。目前，用于固体废物分选的是水力跳汰。水在跳汰过程中的运动通过外力作用来实现。颗粒在跳汰时的分层过程如图 5-5 所示。

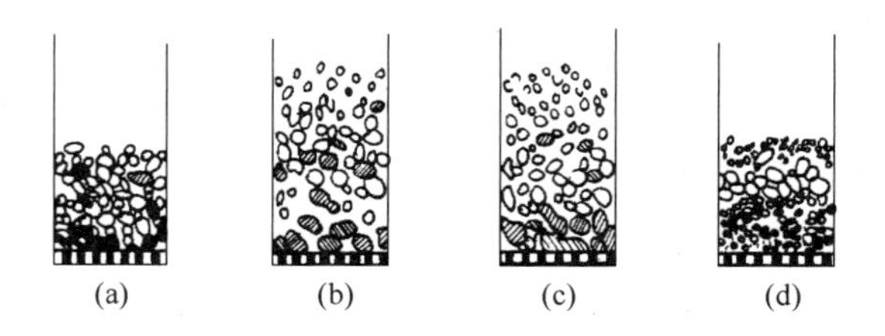

图 5-5　颗粒在跳汰时的分层过程
（a）分层前颗粒混杂堆积；（b）上升水流将床层抬起；（c）颗粒在水中沉降分层；
（d）下降水流，床层紧密，重颗粒进入底层

5.4.2.2　分选设备

跳汰机机体的主要部分是固定水箱，它被隔板分为二室，右为活塞室，左为跳汰室。活塞室中的活塞由偏心轮带动做上下往复运动，使筛网附近的水产生上下交变水流。当活塞向下时，跳汰室内的物料受上升水流作用，由下而上运动，在介质

中成松散的悬浮状态；随着上升水流的逐渐减弱，粗重颗粒就开始下沉，而轻质颗粒还可能继续上升，此时物料达到最大松散状态，形成颗粒按密度分层的良好条件。当上升水流停止并开始下降时，固体颗粒按密度和粒度的不同做沉降运动，物料逐渐转为紧密状态。下降水流结束后，一次跳汰完成。每次跳汰，颗粒都受到一定的分选作用，达到一定程度的分层。经过多次反复后，粗重物料沉于筛底，由侧口随水流出。轻细颗粒浮于表面，经溢流分离。小而重的颗粒透过筛孔由设备的底部排出。

跳汰分选优点是能够根据密度的不同进行分选，而不必考虑颗粒的尺寸（在极限尺寸范围内）。跳汰分选适用于锰矿、铁矿、萤石矿、重晶石矿、天青石矿、钨矿锡矿、砂金矿等金属与非金属选矿，也可用于尾矿回收或金属冶炼渣金属回收等领域，选矿效果较明显。隔膜跳汰机分选设备如图 5-6 所示。

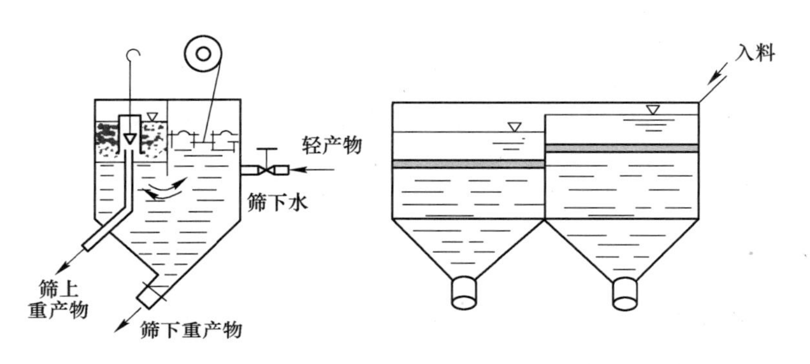

图 5-6　隔膜跳汰机分选设备

5.4.3　风力分选

5.4.3.1　原理

风力分选简称分选，又称气流分选，是以空气为分选介质，在气流作用下使固体废物颗粒按密度和粒度大小进行分选的一种方法。其基本原理是气流能将较轻的物料向上带走或水平带向较远的地方，而重物料则由于上升气流不能支持它们而沉降，将城市生活垃圾中的有机物与无机物分离，以便分别回收利用或处置。

5.4.3.2　分选设备及应用

A　水平气流风选机

水平气流风选机的基本结构和气流的流向如图 5-7 所示。破碎后的垃圾随空气一起落入气流工作室内。水平方向吹入的气流使重质组分（如金属物）和轻质组分（如废纸塑料等）分别落入不同的落料口，从而实现物料的分离。

当分选城市生活垃圾时，水平气流速度为 5m/s，在回收的轻质组分中废纸约 100%，重质组分中黑色金属占 100%，中组分主要是木块、硬塑料等。有经验表明，水平气流分选机的最佳风速为 20m/s。该风力分选机构造简单，工作室内没有活动

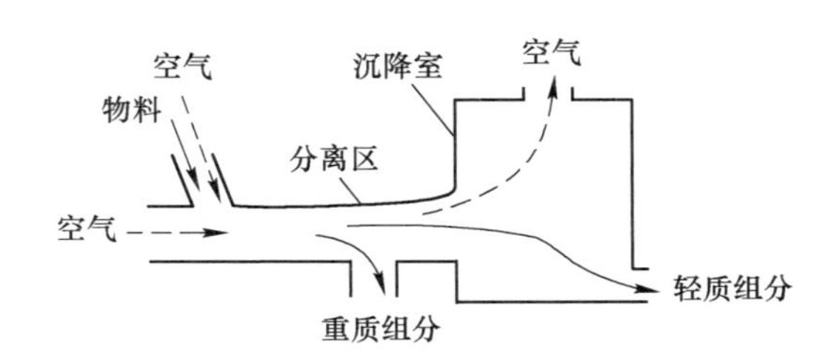

图5-7　水平气流风选机的基本结构和工作原理图

部件，维修方便，但分选精度不高，一般很少单独使用，常与破碎、筛分、立式风力分选机联合使用。

B　立式曲折风力分选机

立式曲折风力分选机的构造和工作原理图如图5-8所示。经破碎后的城市生活垃圾从中部送入风力分选机，物料在上升气流作用下，垃圾中各组分按密度进行分离，重质组分从底部排出，轻质组分从顶部排出，经旋风分离器进行气固分离。图5-8(a)是从底部通入上升气流的曲折风力分选机，图5-8(b)是从顶部抽吸的曲折风力分选机。

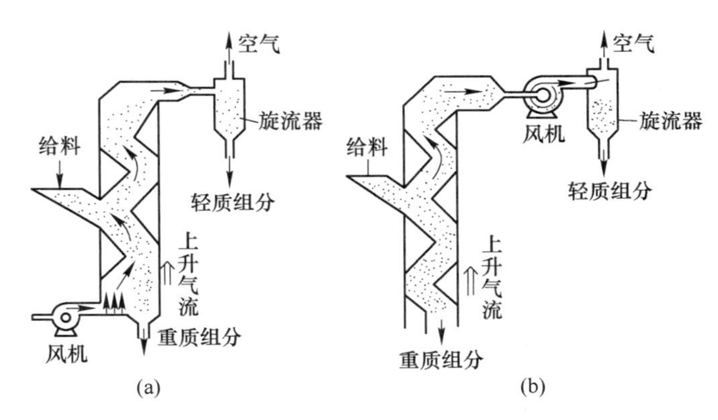

图5-8　立式曲折风力分选机的构造和工作原理图
(a) 底部供风式；(b) 顶部抽吸式

与卧式风力分选机比较，立式曲折风力分选机分选精度较高。沿曲折管路管壁下落的废物可受到来自下方的高速上升气流的顶吹，因此可以避免因管路中管壁附近与管中心流速不同而降低分选精度的缺点，同时可以使结块垃圾因受到曲折处高速气流冲击而被吹散。因此，能够提高分选精度。曲折风路形状为Z字形，其倾斜度一般为60°，每段长度为280mm。

C　倾斜式风力分选机

倾斜式风力分选机的特点是气流工作室是倾斜的，它也有两种典型的结构形式，如图5-9所示。两种装置的工作室都是倾斜的，但气流工作室的结构形式不同。为了使工作室内的物料保持松散状，便于其中的重质组分排出，在图5-9(a)的结构中，工作室的底板有较大的倾角，且处于振动状态，它兼有振动筛和气流分选的作用；而在图 5-9(b)的结构中，工作室为一倾斜的转鼓滚筒，它兼有滚筒筛和气流分选的作用。当滚筒旋转时，较轻的颗粒悬浮在气流中而被带往集料斗，较重和较小的颗粒则透过圆筒壁上的筛孔落下，较重的大颗粒则在滚筒的下端排出。该风力分选机构造简单，紧凑，物料不易堵塞，分选效率较高。

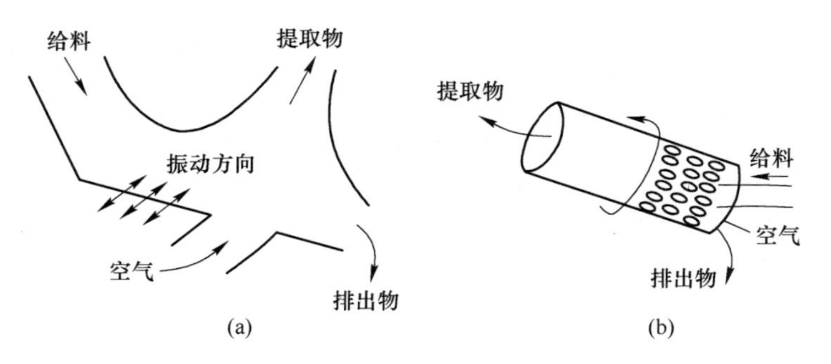

图 5-9　倾斜式风力分选机工作原理图
（a）振动式风力分选机；（b）回转式风力分选机

D　风力分选的应用

垃圾风选在城市固体废物分选中占重要地位。城市生活垃圾的分选多次采用了风选方法，如图 5-10 所示。从图中可知，垃圾由料仓输送到锤式破碎机 1 初步破碎，而后把一部分均质垃圾输送到第一个滚筒筛 2 过筛，筛上物（主要包括纸类和塑料）通过横向风力分选器 3 分离后进入循环系统，剩下的粗料排出。筛下物输入

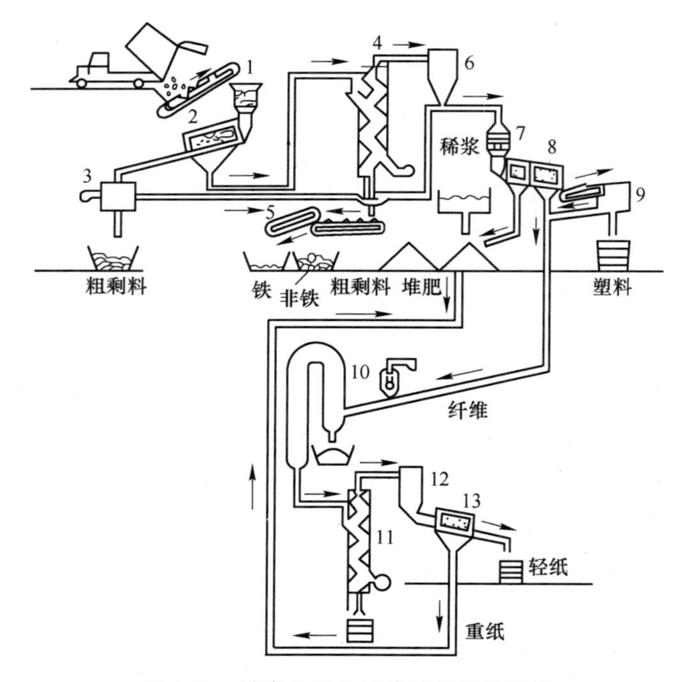

图 5-10　城市生活垃圾分选装置流程图
1，7—锤式破碎机；2，8，13—滚筒筛；3—横向风力分选器；4，11—曲折风力分选机；
5—磁选分离器；6，12—旋风分离器；9—静电塑料分选器；10—干燥器

曲折风力分选机4将轻组分和重组分分开，重组分通过磁选分离器5分选出铁类物质，轻组分（塑料、纸和有机物）输入旋风分离器6去除细小颗粒，进入锤式破碎机7进行二次破碎，破碎物质采用配有两种筛孔先小后大的第二个滚筒筛8将纸类和有机成分分开，有机成分用于堆肥。由纸类和塑料组成的筛上溢流物输入到静电塑料分选器9，选出塑料并送去压缩。从滚筒筛和塑料分选器分出的纸类成分输入干燥器10，这些材料在热气流中干燥，塑料成分发生收缩，与轻质的纸成分相比发生形状变化。随后，将干燥器分出的材料在第二台曲折风力分选机11中分离出轻组分和重组分，重组分包括挤压的塑料成分，轻组分通过旋风分离器12输入第三个滚筒筛13，筛孔直径约4mm。纸类由粗成分中分离出来，并通过第三次筛选以改善其质量，细成分可做堆肥。

在这种分选流程中，水平式风选器内风速控制在20m/s，立式风选器内曲折壁呈60°，每段折壁长度280mm；垃圾先经自然干燥到含水率9.1%，再进行分选，所得轻组分中有机物纯度和回收率都比较高，重组分中主要为无机成分；也可以直接将含水率为42%的生活垃圾进行风选，此时所得轻组分中有机物纯度可达99%，重组分中的无机物成分比前一种情况要低。风选过程所需动力不大，但鼓风机噪声较大，需进行噪声防治。

5.4.4 摇床分选

5.4.4.1 原理

摇床分选是在一个倾斜的床面上，借助床面的不对称往复运动和薄层斜面的水流的综合作用，使细颗粒固体废物按照密度差异在床面上呈扇形分布而进行的分选。摇床分选过程是：由给水槽给入冲洗水，布满横向倾斜的床面，并形成均匀的斜面薄层水流。当固体废物颗粒送入往复摇动的床面时，颗粒群在重力，水流冲力，床层摇动产生的惯性力以及摩擦力等综合作用下，按密度差异产生松散分层。不同密度（或粒度）的颗粒以不同的速度沿床面纵向和横向运动，因此，它们的合速度偏离摇动方向的角度也不同，致使不同密度颗粒在床层上呈扇形分布（见图5-11），从而达到分选的目的。

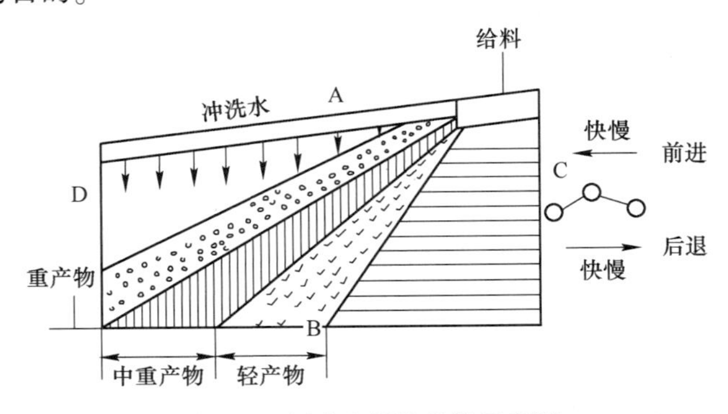

图5-11 摇床上颗粒分段示意图

A—给料端；B—轻产物端；C—传动端；D—重产物端

该分选法按密度不同分选颗粒，但粒度和形状亦影响分选的精确性。为了提高分选的精确性，选择之前需将物料分级，各个粒级单独选择。

5.4.4.2　摇床分选设备

摇床分选设备中最常用的是平面摇床。平面摇床主要由床面、床头和传动机构组成（见图 5-12)，整个床面由机架支撑。摇床床面近似呈梯形，横向有 1.5°~5°的倾斜。在倾斜床面的上方设置给料槽和给水槽，床面上铺有耐磨层（橡胶等)。沿纵向布置有床条，床条高度从传动端向对侧逐渐降低，并沿一条斜线逐渐趋向于零。床面由传动装置带动进行往复不对称运动。

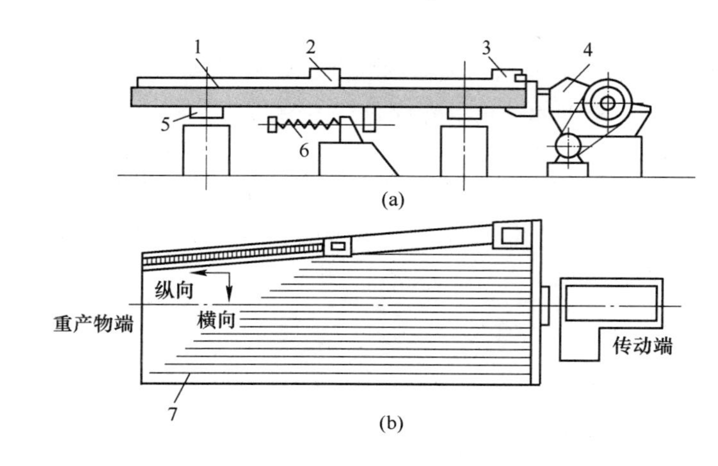

图 5-12　摇床结构

(a) 给料端；(b) 轻产物端

1—床面；2—给水槽；3—给料槽；4—床头；5—滑动支承；6—弹簧；7—床条

摇床床面上扇形分带是不同性质颗粒横向运动和纵向运动的综合结果，大密度颗粒具有较大的纵向移动速度和较小的横向移动速度，其合速度方向偏离摇动方向的倾角小，趋向于重产物端；小密度颗粒具有较大的横向移动速度和较小的纵向移动速度，其合速度方向偏离摇动方向的倾角大，趋向于轻产物端。大密度粗粒和小密度细粒则介于上述两者之间。

摇床分选是分选精度很高的单元操作，目前主要用于从含硫铁矿较多的煤矸石中回收硫铁矿。

微课：磁力分选与电力分选

5.5　磁 力 分 选

5.5.1　原理

常规的磁力分选（磁选）是利用固体废物中各种物质的磁性差异在不均匀磁场中进行分选的方法。物质的磁性分为强磁性、中磁性、弱磁性、非磁性。磁选过程（见图 5-13）是将固体废物输入磁选机后，磁性颗粒在不均匀磁场作用下被磁化，从而受磁场吸引力的作用，使磁性颗粒吸附在圆筒上，并随圆筒进入排料端排出；非磁性颗粒由于所受的磁场作用力很小，仍留在废物中而被排出。

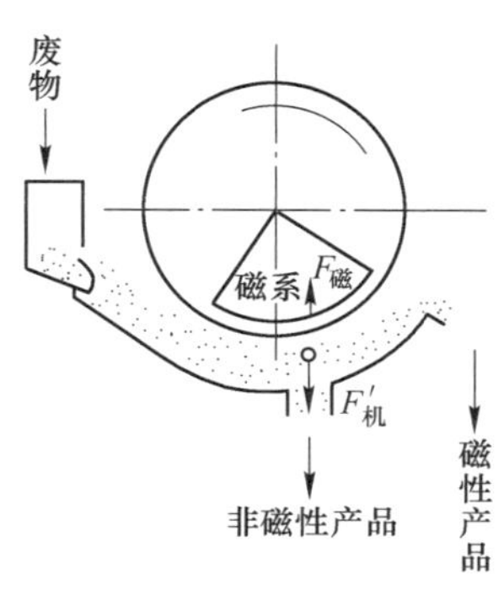

图 5-13　磁选过程示意图

动画：磁力分选机

仿真：磁力分选机

5.5.2　磁选设备

5.5.2.1　辊筒式磁选机

辊筒式磁选机由磁力碾筒和输送带组成，其工作方式分别如图 5-14 和图 5-15 所示。磁力筒也是皮带输送机的驱动碾筒。当皮带上的混合垃圾通过磁力轮筒时，非磁性物质在重力及惯性的作用下，被抛落到碾筒的前方，而铁磁性物质则在磁力作用下被吸附到皮带上，并随皮带一起继续向前运动。当铁磁性物质传到碾筒下方逐渐远离磁力辊筒时，磁力就会逐渐减小。这时，铁磁性物质就会在重力和惯性的作用下脱离皮带，并落入预定的收集区。

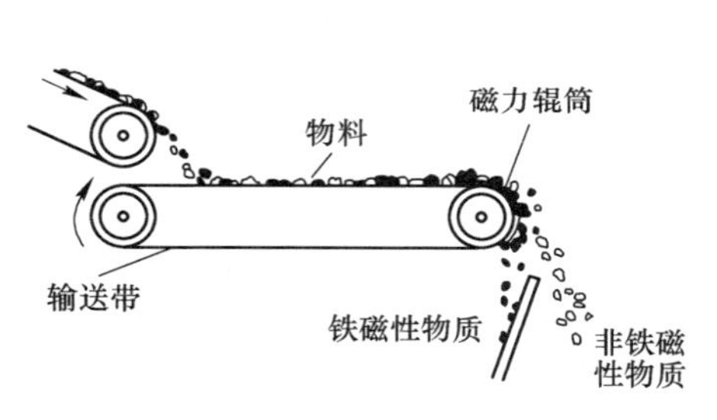

图 5-14　辊筒式磁选机工作示意图

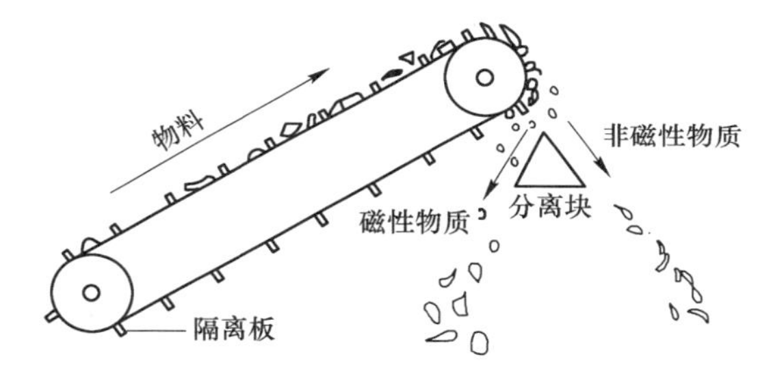

图 5-15　永磁磁力辊筒结构

5.5.2.2　带式磁选机

物料放置在输送带上，输送带缓慢向前运动。在输送带的上方，悬挂一大型固定磁铁，并配有一传送带。在传送带不停地转动过程中，由于磁力的作用，输送带上的铁磁性物质就会被吸附到位于磁铁下部磁性区段的传送带上，并随传送带一起向一端移动。当传送带离开磁性区时，铁磁性物质就会在重力的作用下脱落下来，从而实现铁磁性物质的分离。需要注意的是，磁选机下通过的物料输送皮带的速度不能太高，一般不应超过 1.2m/s，且被分选的物料的高度通常应小于 500mm，如图 5-16 所示。

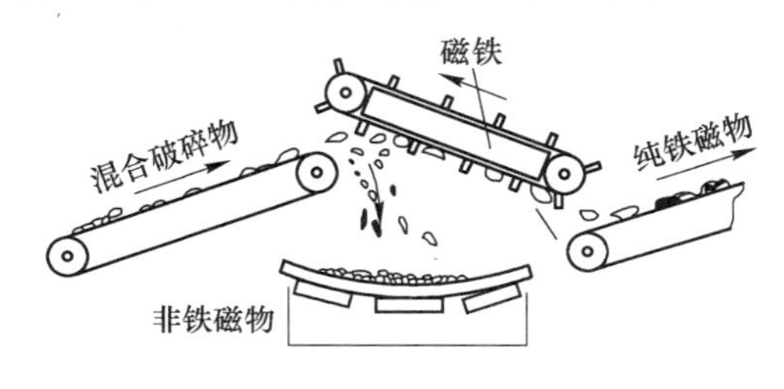

图 5-16　带式磁选机工作原理

5.5.3　磁流体分选

除了上述常规的磁选外，还有特种磁选，即磁流体分选。所谓磁流体，是指某种能够在磁场或磁场和电场联合作用下磁化，呈现“似加重”现象，按固体废物各组分的磁性和密度的差异，磁性、导电性和密度的差异，使不同组分分离。当固体废物中各组分间的磁性差异小而密度或导电性差异较大时，采用磁流体可以有效地进行分离。

小贴士

似加重后的磁流体仍然具有流体原来的物理性质，如密度、流动性、黏滞性。

磁流体分选法将在固体废物处理与利用中占有特殊的地位。它不仅可以分离各种工业固体废物，而且还可以从城市生活垃圾中回收铝、铜、锌、铅等金属。

5.5.3.1　磁力分选的分类

根据分选原理和介质的不同，磁力分选可分为磁流体静力学分选和磁流体动力学分选。

A　磁流体静力分选

磁流体静力分选是在非均匀磁场中，以铁磁性交替悬浮液或顺磁性液体为分选介质，按固体废物中各组分间密度和比磁化率的差异进行分离。由于不加电场，不存在电场和磁场联合作用产生的特性涡流，故称为静力分选。其优点是视在密度高，如磁铁矿微粒制成的铁磁性胶体悬浮液视在密度高达 19000kg/m^3，介质黏度较小，分离精度高。缺点是分选设备复杂，介质价格较高，回收困难，处理能力较小。

B　磁流体动力分选

磁流体动力分选是在磁场（均匀磁场和非均匀磁场）与电场的联合作用下，以强电解质溶液为分选介质，按固体废物中各组分间密度、比磁化率和电导率的差异使不同组分分离。磁流体动力分选的研究历史较长，技术也较成熟，其优点是分选介质为导电的电解质溶液，来源广、价格便宜、黏度较低、分选设备简单、处理能力较大。

小贴士

要求分离精度高时，通常采用静力分选；固体废物中各组分间电导率差异大时，通常采用动力分选。

5.5.3.2　磁流体分选的分选介质

理想的分选介质应具有磁化率高、密度大、黏度低、稳定性好、无毒、无刺激味、无色透明、价廉易得等特殊条件。

A　顺磁性盐溶液

顺磁性盐溶液有 30 余种，Mn、Fe、Ni、Co 盐的水溶液均可作为分选介质。其中 $MnCl_2$ 和 $Mn(NO_3)_2$ 溶液基本具有上述分选介质所要求的特性条件，是较理想的分选介质。分离固体废物（轻产物密度小于 $30000kg/m^3$）时，可选用更便宜的 $FeSO_4$、$MnSO_4$ 和 $CaSO_4$ 水溶液。

B　铁磁性胶粒悬浮液

一般采用超细粒磁铁矿胶粒（150μm）作分散质，用油酸、煤油等非极性液体介质，并添加表面活性剂为分散剂调制成铁磁性胶粒悬浮液。这种磁流体介质黏度高，稳定性差，介质回收再生困难。

5.5.3.3　磁流体分选设备及应用

磁流体分选设备构造及工作原理示意图如图 5-17 所示。该磁流体分选槽的分离区呈倒梯形。分离密度较高的物料时，磁系用钐-钴合金磁铁，其视密度可达 $10000kg/m^3$。两个磁体相对排列，夹角为 30°。分离密度较低的物料时，磁系用锶铁铁氧体磁体，其密度可达 $3500kg/m^3$，图 5-17 中阴影部分相当于磁体的空隙，物料在这个区域中被分离。

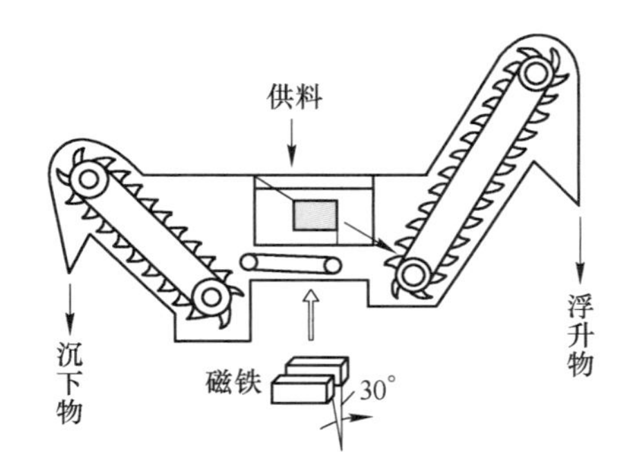

图 5-17　磁流体分选设备构造及工作原理图

这种分选槽使用的分选介质是油基或水基磁流体。它可用于汽车的废金属碎块的回收，低温破碎物料的分离及从垃圾中回收金属碎片等。

5.6　电力分选

5.6.1　电力分选原理

电力分选简称电选，它是利用固体废物中各种组分在高压电场中电性的差异实现分选的一种方法。废物颗粒在电晕静电复合电场电选设备中的分离过程如图 5-18 所示。给料斗把物料均匀地给到辊筒上，物料随着辊筒的旋转进入电晕电场区。由于电场区空间带有电荷，导体和非导体颗粒都获得负电荷，导体颗粒一面荷电、一面又把电荷传给辊筒（接地电极），其放电速度快。因此当废物颗粒随辊筒旋转离开电晕电场区而进入静电场区时，导体颗粒的剩余电荷少，而非导体颗粒则因放电较慢，致使剩余电荷多。

导体颗粒进入静电场后不再继续获得负电荷，但仍继续放电，直至放完全部电荷，并从辊筒上得到正电荷而被辊筒排斥，在电力、离心力和重力的综合作用下，其运动轨迹偏离辊筒，而在辊筒前方落下。非导体颗粒由于带有较多的剩余负电荷，将与辊筒相吸，被吸附在辊筒下，带到辊筒后方，被毛刷强制刷下。半导体颗粒的运动轨迹则介于导体与非导体颗粒之间，成为半导体产品落下，从而完成电选分离过程。

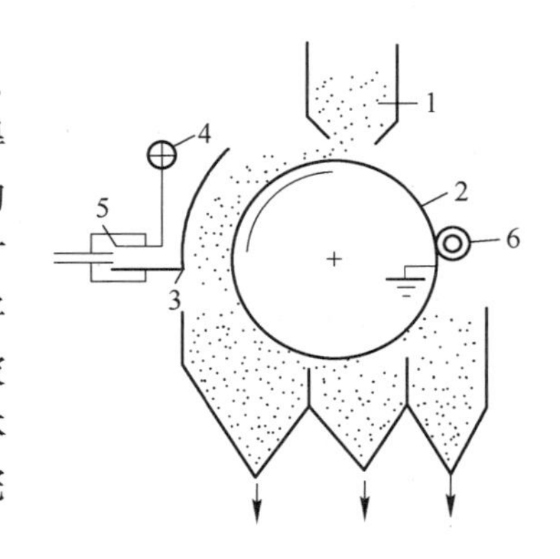

图 5-18　电选分离过程示意图

1—给料；2—滚筒电极；3—电晕电极；4—偏向电极；5—高压绝缘子；6—毛刷

5.6.2　电选设备及应用

5.6.2.1　静电分选机

辊筒式静电分选机的构造和原理示意图如图 5-19 所示。将含有铝和玻璃的废物，通过电振给料器均匀地送到带电辊筒上，铝为良导体，从辊筒电极获得相同符号的大量电荷，因而被辊筒电极排斥落入铝收集槽内。玻璃为非导体，与带电辊筒接触被极化，在靠近辊筒一端产生相反的束缚电荷，被辊筒吸住，随辊筒带至后面被毛刷强制刷落进入玻璃收集槽，从而实现铝与玻璃的分离。

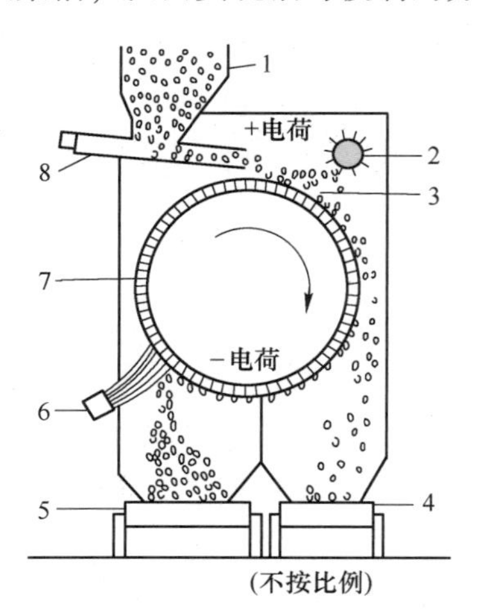

图 5-19　辊筒式静电分选机示意图

1—供料斜槽（玻璃和铝）；2—电极；3—离子电荷；4—铝输送带；5—玻璃输送带；6—扫刷；7—转鼓；8—振动给料器

5.6.2.2　YD-4 型高压电选机及应用

高压电选机构造如图 5-20 所示。高压电选机将粉煤灰均匀给到旋转接地辊筒上，带入电晕电场后，碳粒由于导电性良好，很快失去电荷，进入静电场后从辊筒电极获得相同符号的电荷而被排斥，在离心力、重力及静电斥力综合作用下落入集碳槽成为精煤。而灰粒由于导电性较差，能保持电荷，与带电符号相反的辊筒相吸，并牢固吸附在辊筒上，最后被毛刷强制刷下落入集灰槽，从而实现碳灰分离。

该设备具有较宽的电晕电场区、特殊的下料装置和防积灰漏电措施，采用双筒并列式，结构合理、紧凑，处理能力大，效率高。粉煤灰经二级电选分离脱碳灰，其含碳率小于8%，可作为建材原料，精煤含碳率大于50%，可作为型煤原料。

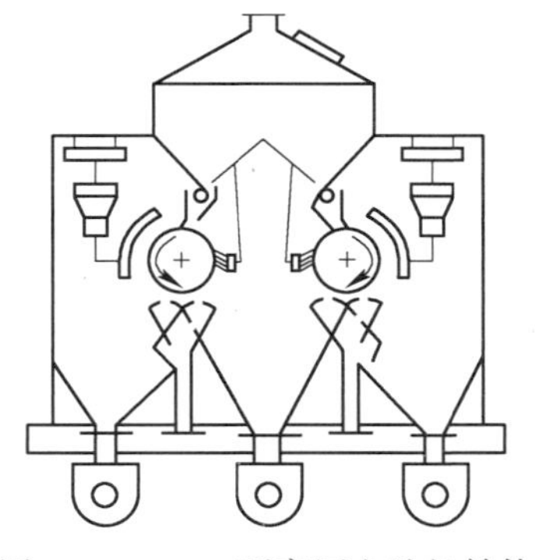

图5-20　YD-4型高压电选机结构

5.7　浮　　选

5.7.1　原理

固体废物浮选主要是利用欲选物质对气泡黏附的选择性。其中有些物质表面的疏水性较强，容易黏附在气泡上；而另一类物质表面亲水，不易黏附在气泡上。物质表面的亲水、疏水性能，可以通过浮选药剂的作用而加强。因此，在浮选工艺中正确选择、使用浮选药剂是调整物质可浮选的主要外因条件。

浮选是固体废物资源化的一种重要技术，我国已应用于从粉煤灰中回收碳，从煤矸石中回收硫铁矿，从焚烧炉渣中回收金属等。

浮选法的主要缺点是有些工业固体废物除浮选外，还需要一些辅助工序如浓缩、过滤、脱水、干燥等。因此，在生产实践中究竟采用哪一种分选，应根据固体废物的性质、技术经济综合比较后确定。

5.7.2　浮选药剂

浮选药剂按功能和作用分为以下三种。

5.7.2.1　捕收剂

捕收剂选择性吸附在欲选物质的颗粒表面上，使其疏水性增强，提高可浮性并牢固地黏附在气泡上。常用的捕收剂有极性捕收剂（如黄药、黑药、油酸等）和非极性油类捕收剂（如煤油）两类。

5.7.2.2　起泡剂

起泡剂是一种表面活性物质，作用于汽水界面上，使其界面张力降低，促使空气在料浆中弥散形成小气泡，防止气泡兼并，增大分选界面，提高气泡与颗粒的黏附和上浮过程中的稳定性。常用的起泡剂有松油、松醇油、脂肪醇等。

5.7.2.3　调整剂

调整剂是调整其他药剂（如捕收剂）与颗粒表面之间的作用，料浆的pH值、离子组成等性质，可溶性盐的浓度，以加强捕收剂的选择吸附作用，提高浮选效率。调整剂的种类较多，按其作用可分为以下四种。

（1）活化剂。其主要起活化作用，它能促进捕收剂与欲选颗粒之间的作用，从而提高欲选物质颗粒的可浮性。常用的活化剂多为无机盐，如硫化钠、硫酸铜等。

（2）抑制剂。抑制剂的作用是削弱非选物质颗粒和捕收剂之间的作用，抑制其可浮性，增大其与预选物质颗粒之间的可浮性差异，它的作用正好与活化剂相反。常用的抑制剂有各种无机盐（如水玻璃）和有机物（如单宁、淀粉等）。

（3）介质调整剂。介质调整剂的主要作用是调整料浆的性质，使料浆对某些物质颗粒的浮选有利，而对另一些物质颗粒的浮选不利。常用的介质调整剂是酸和碱类。

（4）分散与混凝剂。分散与混凝剂可调整料浆中细泥的分散、团聚与絮凝，以减小细泥对浮选的不利影响，改善和提高浮选效果。常用的分散剂有无机盐类（如苏打、水玻璃等）和高分子化合物（如各类聚磷酸盐）；常用的混凝剂有石灰、明矾、聚丙烯酰胺等。

5.7.3　浮选的工艺过程

5.7.3.1　浮选前料浆的调制

料浆的调制主要是指废物的破碎、磨细等。磨料细度必须做到使有用的固体废物基本上解离成单体。粗粒单体颗粒粒度必须小于浮选粒度上限，且避免泥化。进入浮选的料浆浓度必须符合浮选工艺的要求。若浓度很低，则回收率很低，但产品质量很高。当浓度太高时，回收率反而下降。一般浮选密度较大、粒度较粗的废物颗粒，选用较浓的料浆。另外，在选择料浆浓度时还应考虑到浮选机的大气量、浮选药剂的消耗、处理能力及浮选时间等因素的影响。

5.7.3.2　加药调整

加入药剂的种类和数量以及加药地点和方式是浮选的关键，都必须由实验确定。一般在浮选前添加药剂总量的6%～7%，其余的则分几批添加。调整浮选过程中的药剂，包括提高药效、合理添加、混合用药、料浆中药剂浓度的调节与控制等。对水溶性小的药剂，采用配成悬浮液或乳浊液、皂化、乳化等方法来提高药效。药剂合理添加，是为保证药剂的最佳浓度，一般先加调整剂，再加捕收剂，最后加起泡剂。

5.7.3.3　充气浮选

将调制好的料浆引入浮洗机内，由于浮选机的充气搅拌作用，形成大量的气泡，提供颗粒与气泡的碰撞接触机会，可浮性好的颗粒附于气泡上并上浮形成泡沫层，经刮出收集、过滤脱水即为浮选产品；不能黏附在气泡上的颗粒仍留在料浆内，经适当处理后废弃或作他用。气泡越小，数量越多，分布越均匀，充气程度越好，浮选效果越好。对机械搅拌式浮选机，有适量起泡剂存在时，多数气泡直径为0.4～

0. 8mm（最小0. 05mm，最大1. 5mm，平均0. 9mm左右）。

固体废物中若有两种或两种以上的有用物质，其浮选方法有优先浮选和混合浮选两种。优先浮选是将固体废物中有用物质依次选出，成为单一物质产品。混合浮选是将固体废物中有用物质共同选出为混合物，然后再把混合物中的有用物质依次分离。

5. 7. 4　浮选设备

浮选设备类型很多，我国使用最多的是机械搅拌式浮选机，其构造如图5-21所示。由图可知，机械搅拌式浮选机由两个槽子构成一个机组，第一槽（带有进浆管）为吸入槽，第二槽（没有进浆管）为自流槽或称直流槽；在第一槽与第二槽之间设有中间室；叶轮安装在主轴的下端，通过电机带动旋转；空气由进气管吸入；叶轮上方装有盖板和空气筒，筒上开有孔，用以安装进浆管、返回管；其孔的大小，可通过拉杆进行调节。

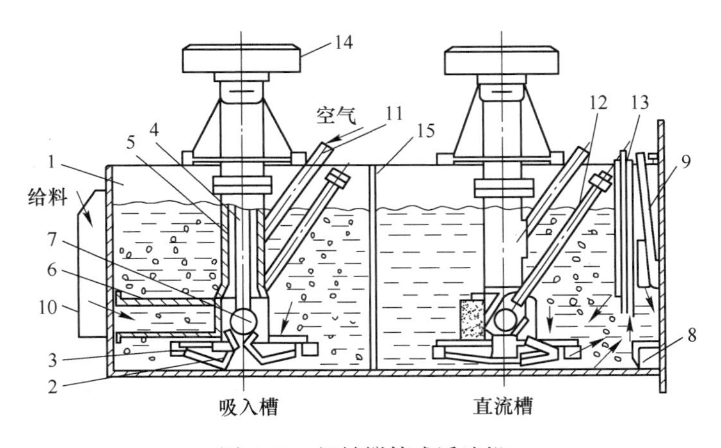

图5-21　机械搅拌式浮选机

1—槽子；2—叶轮；3—盖板；4—轴；5—管套；6—进浆管；7—循环孔；8—稳流板；9，13—闸门；10—受浆箱；11—进气管；12—调节循环量的阀门；14—皮带轮；15—槽间隔板

浮选工作时，料浆由进浆管给到盖板的中心处，叶轮旋转产生离心力将料浆甩出，在叶轮与盖板间形成一定的负压；外界的空气自动经由进气管而被吸入，与料浆混合后一起被叶轮甩出。在搅拌作用下，料浆与空气充分混合，预选废物与气泡碰撞黏附在气泡上而浮升，经刮泡机刮出成为泡沫产品，再经消泡脱水后即可回收。

浮选是资源化的一种技术，我国已应用于从粉煤灰中回收碳、从煤矸石中回收硫铁矿、从焚烧炉灰渣中回收金属等方面。但浮选法要求固体废物在浮选前破碎到一定的细度，需消耗浮选药剂，造成环境污染，因此需要一些辅助工序，如浓缩、过滤、脱水、干燥等。

5. 8　其他分选技术

除了上面介绍的常见分选方法外，还有根据物料的电性、磁性、光学等性质差别进行物料分选的方法，如光学分选技术、涡电流分选技术等。

5.8.1　光学分选技术

光学分选技术是一种利用物质表面反射特性的不同而分离物料的方法。此类设备的工作原理图如图 5-22 所示。光学分选系统由给料系统、光检系统和分离系统三部分组成。给料系统包括料斗、振动溜槽等。固体废物入选前，需要预先进行筛分分级，使之成为窄粒级物料，并清除废物中的粉尘，以保证信号清晰，提高分离精度。分选时，使预处理后的物料颗粒排队呈单行，逐一通过光检区，保证分离效果。光检系统包括光源、透镜、光敏元件及电子系统等。光检系统是光学分选机的心脏，因此要求光检系统工作准确可靠，工作中要维护保养好，经常清洗，减少粉尘污染。固体废物通过光检系统后进入分离系统，分离系统检测所收到的光电信号经过电子电路放大，与规定值进行比较处理，然后驱动执行机构，一般为高频气阀（频率为300Hz），将其中一种物质从废物流中吹动使其偏离出来，从而使废物中不同物质得以分离。

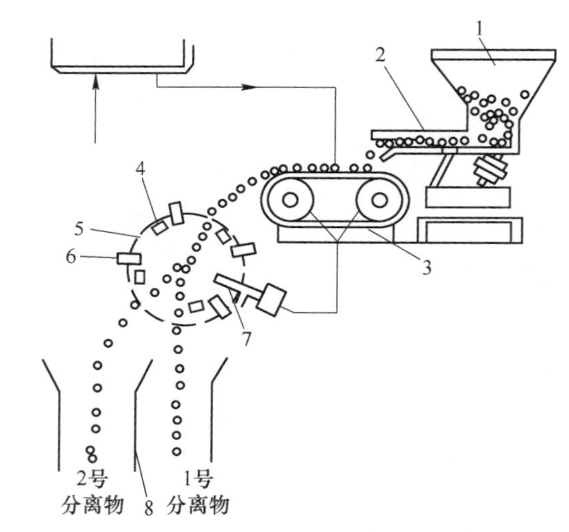

图 5-22　光学分选技术工作原理图

1—料斗；2—振动溜槽；3—有高速沟的进料皮带；4—标准色板；
5—光验箱；6—光电池；7—压缩空气喷管；8—分离板

光学分选过程如下。

（1）固体废物经预先分级后进入料斗。

（2）由振动溜槽均匀地逐个落入高速沟槽进料皮带上，在皮带上拉开一定距离排队前进，从皮带首端抛入光检箱受检。当颗粒通过光检测区时，受光源照射，背景板显示颗粒的颜色或色调；当预选颗粒的颜色与背景颜色不同时，反射光经光电倍增管转换为电信号（此信号随反射光的强度变化），电子电路分析该信号后，产生控制信号驱动高频气阀，喷射出压缩空气，将电子电路分析出的异色颗粒（即预选颗粒）吹离原来下落轨道，加以收集。而颜色符合要求的颗粒仍按原来的轨道自由下落加以收集，从而实现分离。

5.8.2　涡电流分选技术

涡电流分选的物理基础是两个重要物理现象：一是随时间而变的交变磁场总是伴生一个交变电场；二是载流导体产生磁场。因此，如果导电颗粒暴露在交变磁场中，或者通过固定磁场运动，那么在导体内就会产生与交变磁场方向相垂直的涡电流。由于物料流与磁场有一个相对运动的速度，从而对产生涡电流的金属物料具有一个排斥力，排斥力的方向与磁场方向及废物流的方向均呈 90°。排斥力因物料的固有电阻、磁导率等特性及磁场密度的变化速度及大小而异，利用此原理可将一些有色金属从混合物料中分离出去。当含有非磁性导体金属（如铅、铜、锌等物质）的垃圾流以一定的速度通过一个交变磁场时，这些非磁性导体金属中会产生感应涡流。由于垃圾流与磁场有一个相对运动的速度，从而对产生涡流的金属片块有一个推力。利用此原理可将一些有色金属从混合垃圾流中分离出来。

按此原理设计的涡流分离器如图 5-23 所示。图中 1 为直线感应器，在此感应器中由三相交流电在其绕组中产生一交变的直线移动的磁场，此磁场方向与输送机皮带 3 的运动方向垂直。当皮带 3 上的物料从感应器 1 下通过时，物料中有色金属将产生涡电流，从而产生向带侧运动的排斥力。此分离装置由上下两个直线感应器组成，能保证产生足够大的电磁力将物料中的有色金属推入带侧的集料斗 2 中。当然，此种分选过程带速不宜过高。

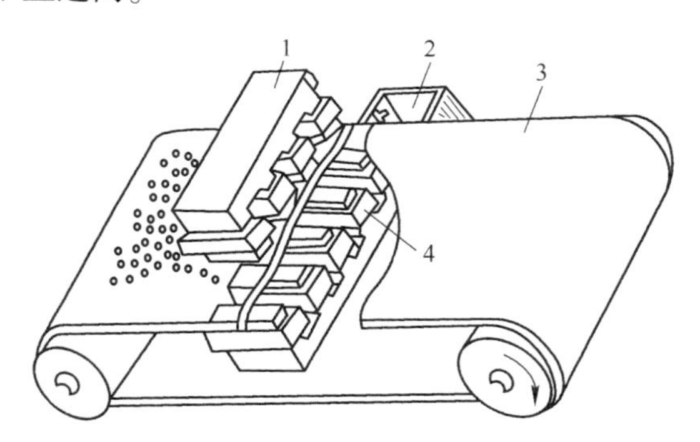

图 5-23　涡电流分选工作原理图

1，4—直线感应器；2—集料斗；3—皮带

涡电流分选设备是一种回收有色金属的有效设备，具有分选效果优良、适应性强、机械结构可靠、结构重量轻、斥力强（可调节）、分选效率高以及处理量大等优点，可使一些有色金属从混合废物流中分离出来，在电子废物回收处理生产线中主要用于从混合物料中分选出铜和铝等非铁金属，也可在环境保护领域，特别是在非铁金属再生行业推广应用。

5.9　分选回收工艺系统

在设计分选回收工艺系统时应有系统的整体观念，从技术、经济和资源利用角度宏观考虑，对固体废物进行全面的综合处理。综合处理是指将各中小企业产生的各种废物集中到一个地点，根据废物的特征，把各种废物处理过程结合成一个系统，通过综合处理可对废物进行有效的处理，减少最终废物排放量，减轻对地区的污染，同时还能做到总处理费用低，资源利用率高。

综合处理回收工艺系统（见图 5-24）包括固体废物的收集运输、破碎、分选等预处理技术，它为固体废物焚烧、热分解和微生物分解等转化技术和“三废”处理等后处理技术提供条件。

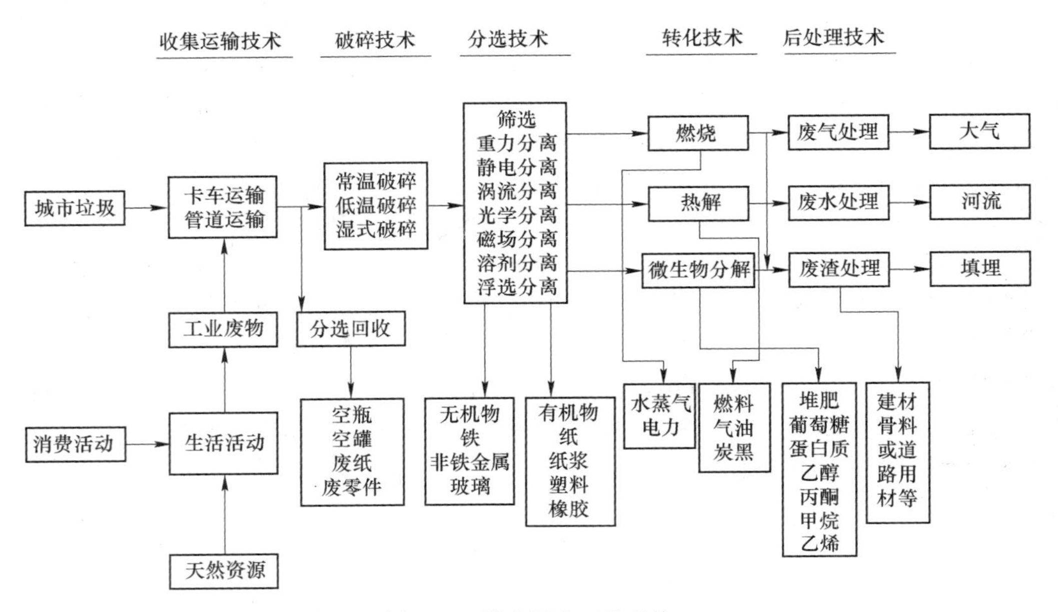

图 5-24　综合回收工艺系统

预处理过程中，废物的性质不发生改变，主要利用物理处理的方法，对废物中的有用组分进行分离提取回收。转化技术是把预处理回收后的残余废物用化学或生物学方法，使废物的物理性质发生改变而加以回收利用。后处理过程和转化过程产生的废渣可用于制备建筑材料，道路材料或进行填埋等。固体废物处理系统由若干过程组成，每个过程有每个过程的作用。综合处理固体废物时，务必从整体出发，选择合适的处理技术及处理过程。

5.10　分选回收技术实例

为了经济有效地回收城市垃圾和工业固体废物中的有用物质，根据废物的性质和要求，将两种或两种以上的分选单元操作组合成一个有机的分选回收工艺系统，又称分选回收工艺系统，如图 5-25 所示。

5.10.1　城市垃圾的资源化处理

5.10.1.1　物资回收

城市垃圾成分复杂，要资源化利用，必须要进行分类。凡是可用的物质如旧衣

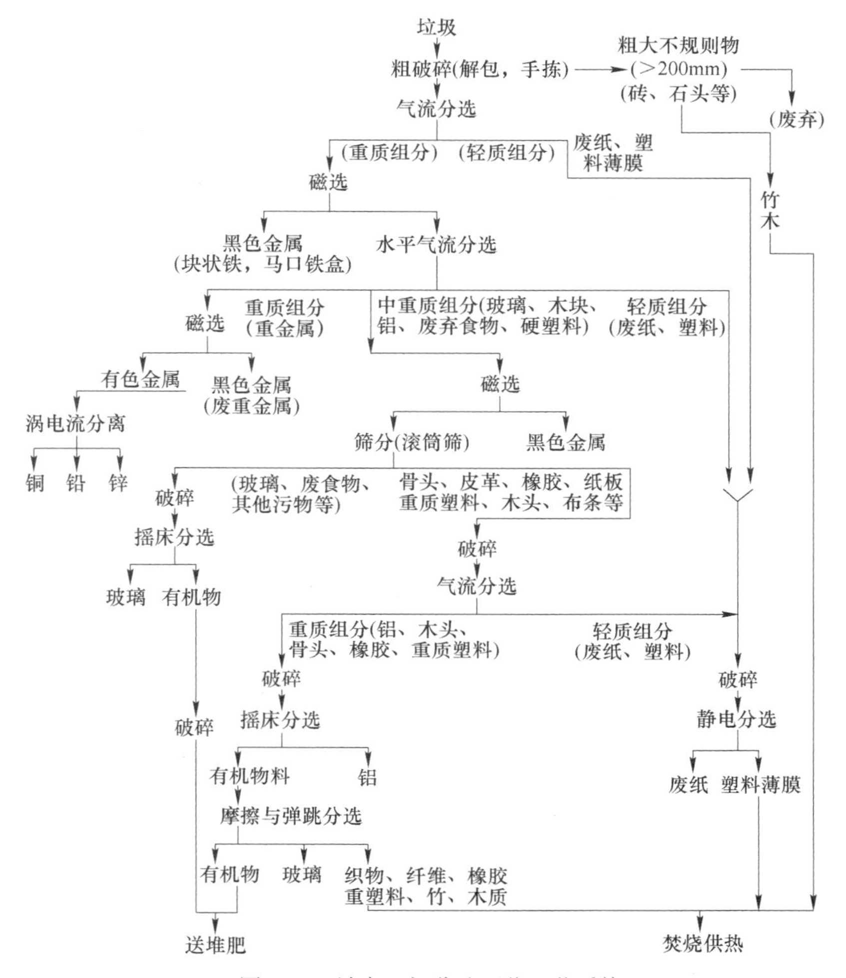

图5-25　城市垃圾分选回收工艺系统

服、废纸、玻璃、旧器具等均可由物资公司回收。

无法用简单方法回收的垃圾，可根据垃圾的物理和化学性质如颗粒大小、密度、电磁性、颜色进行分选。垃圾分选方法有手工分选、风力和重力分选、筛选、浮选、光分选、静电分选和磁力分选等。

5.10.1.2　热能回收

垃圾可作为能源资源，利用焚烧法处置垃圾的过程中产生了相当数量的热能，如果不加以回收则是极大的浪费。

我国城市垃圾的焚烧处理尚不普及，主要是由于焚烧装置费用高，又易造成二次污染等，多用于处理少量的医院（特别是传染病医院）垃圾。城市垃圾的资源化模式如图5-26所示。

5.10.2　城市垃圾的其他无害化处理

（1）城市垃圾堆肥。城市垃圾堆肥是指垃圾中的可降解有机物借助于微生物发

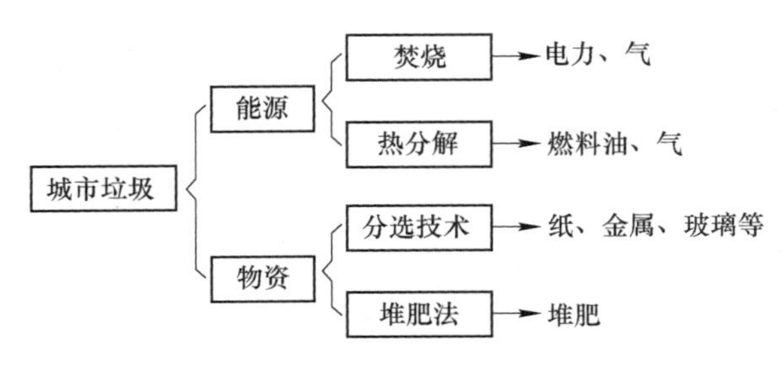

图 5-26　城市垃圾的资源化模式

酵降解作用，使垃圾转化为肥料的方法。

（2）城市垃圾制取沼气。城市垃圾制取沼气是通过利用有机垃圾、植物秸秆、人畜粪便和活性污泥等制取沼气工艺是替代不可再生资源的途径。

（3）城市垃圾的卫生填埋。卫生填埋是处置城市垃圾的最基本方法之一。

5.11　固体废物分选案例

5.11.1　案例导入

T 市某垃圾处理厂垃圾日处理量 2000t，其中大部分为 T 市的城市生活垃圾。虽然目前 T 市已经推行垃圾分类政策，但受限于居民垃圾分类意识与知识水平的不足，目前收运至 T 市的城市生活垃圾仍然成分繁杂多样。其中，橡塑类、纸类、厨余类垃圾占比分别约 42%、28%、18%，此外还有玻璃、木竹类、纺织类、金属、陶瓷瓦砾等。

目前，T 市垃圾处理厂主要采用焚烧手段对垃圾进行处置，而城市生活垃圾成分与种类的复杂性，使该垃圾焚烧过程的运行效果大打折扣。这种影响主要体现在两方面：一方面，收运至 T 市垃圾处理厂的垃圾中，有占比约 6% 的成分为玻璃、金属、陶瓷瓦砾等无机组分，这些不可燃的无机物在焚烧炉中熔融形成结焦，严重影响垃圾焚烧炉的正常运行；另一方面，在城市生活垃圾的众多可燃的有机组分中，各类有机组分的元素构成、热值等特性存在显著差异，如果将这些有机组分都采用相同的焚烧工况条件处理，很难同步提高各组分的减量化与能源化利用效率。因此，如何对运至 T 市垃圾处理厂的城市生活垃圾进行高效分选，成为影响 T 市垃圾处理厂运行效益的重要因素。而对于日处理量 2000t 的 T 市垃圾处理厂而言，采用人工的方式对这些城市生活垃圾进行分选，其成本显然是无法满足垃圾处理厂效益需求的。

那么，对于城市生活垃圾等固体废物而言，是否有机械的、自动化的分选技术呢？这些技术分别是基于什么原理、怎样进行分选的呢？这些分选技术又分别能够起到什么样的分选效果呢？

5.11.2　案例分析

在 T 市的垃圾处理厂中，生活垃圾由垃圾运输车运入过磅，随后堆放在垃圾暂存车间中，通过喷淋除臭剂消除垃圾异味。去除异味后的垃圾被传送带送至大件垃圾分选机，将垃圾中99%的大件垃圾分离，其余可处理垃圾去向破袋破碎机。经破带破碎机处理后的垃圾自然下落至综合风选机，并与整流后的扁平气流垂直相遇。根据比重不同，落点不同，破碎后垃圾粒径不同、成分不同的原理，通过风选装置、粒选装置、磁选装置，可将城市生活垃圾分选为铁磁物（包括电池类）、有机物、不可回收类可燃物、薄膜塑料类等。

然而，固体废物分选技术的存在，并不意味着用户就不需要对在扔垃圾前对垃圾进行分类了。一方面，这些技术的分选效果有限，单靠这些分选技术很难完全对垃圾进行分选；另一方面，这些分选技术是以物理性质为导向的，而实际的垃圾处理与利用，更多地需要考虑其化学构成，而目前的分选技术还很难做到这一点。

一、名词解释

1. 分选
2. 磁选
3. 重介质分选
4. 浮选
5. 电选

二、填空题

1. 分选可分为________和________两种方法。

2. 依据废物的物理和化学性质的不同，可选择不同的分选方法，主要有________、________、________、________、________、________和浮选等。

3. 利用固体废物中各物质的磁性差异在不均匀磁场中进行分选称为______。

4. 按介质的不同，固体废物重力分选可分为______、______、______和摇床分选等。

5. 筛选、重选、磁选、电选、浮选分别是根据废物中不同物料间的______、______、______、______和______的差异实现分选的。

6. 浮选药剂的种类很多，根据其在浮选过程中的作用不同，可分为________、______、______、______和______。

三、简述题

1. 简述筛分的原理以及常见的筛分设备。
2. 简述重介质分选的原理，以及常用的重介质的种类。
3. 简述磁力分选的原理以及其适用范围。
4. 简述浮选的原理和浮选药剂的作用。
5. 简述电力分选的原理以及其适用范围。

微课：固体废物的浓缩与脱水技术

任务 6　固体废物的浓缩与脱水技术

污泥中的含水率很高，一般为 96%～99.8%，体积也很大，不利于污泥的贮存、运输、处置及利用。污泥有机物含量高，容易腐化发臭，颗粒较细，密度较小，含水率高且不易脱水。常见的污泥处理工艺有浓缩、消化、脱水、干燥、焚烧、固化及最终处置，不同处理方法的脱水效果差别很大。为了使污泥稳定无害，除了消化以外，还可以采用热处理、冷冻处理、化学处理、辐射处理、低温杀菌、湿式氧化及堆肥等方式。其中化学处理又可分为氯化法、石灰法和臭氧法等多种。污泥处理的基本流程如图 6-1 所示。

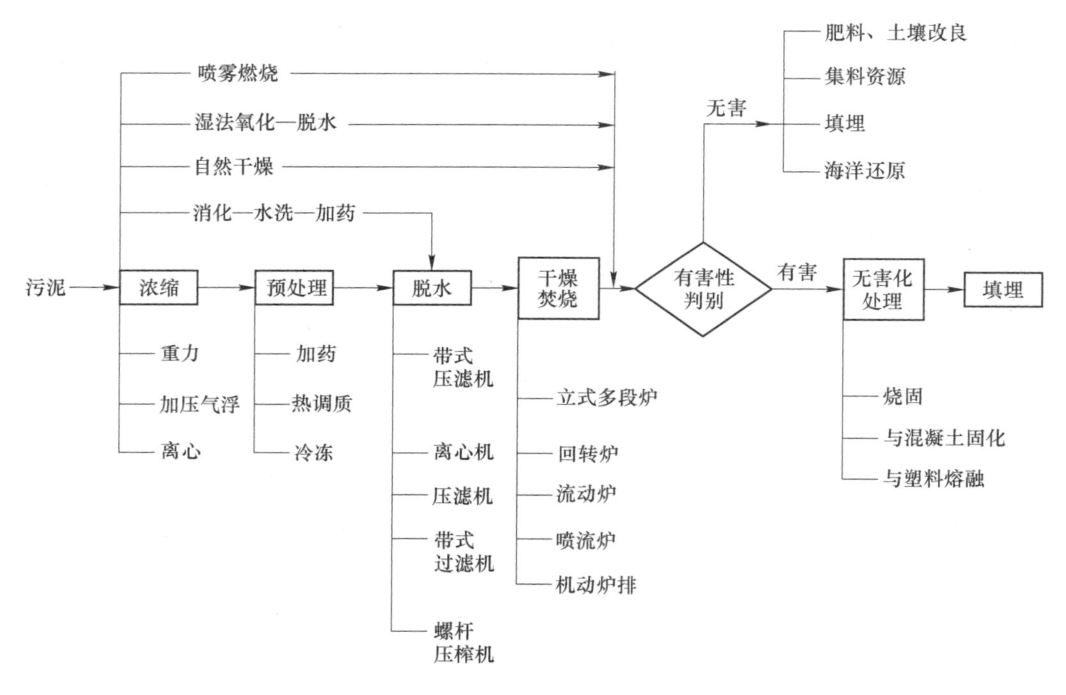

图 6-1　污泥处理的基本流程

小贴士

污泥是水处理过程中形成的以有机物为主要成分，呈胶状结构的亲水性物质。

6.1　污泥浓缩

污泥的含水率很高，这使得污泥的处理难度很大。污泥中所含水分大致分为

（见图 6-2）：

（1）颗粒间的空隙水，约占总水分的 70%，一般用浓缩法分离；

（2）毛细水，即颗粒间毛细管内的水，约占 20%，一般用高速离心法分离；

（3）污泥颗粒吸附水和颗粒内部水，约占 10%，一般用加热法和生物法分离。

污泥中颗粒间的空隙水容易从污泥中分离出来，污泥浓缩的目的是去除污泥中的空隙水，缩小污泥的体积，为污泥的输送、消化、脱水、利用与处置创造条件。浓缩的方法主要有重力浓缩、气浮浓缩、离心浓缩。

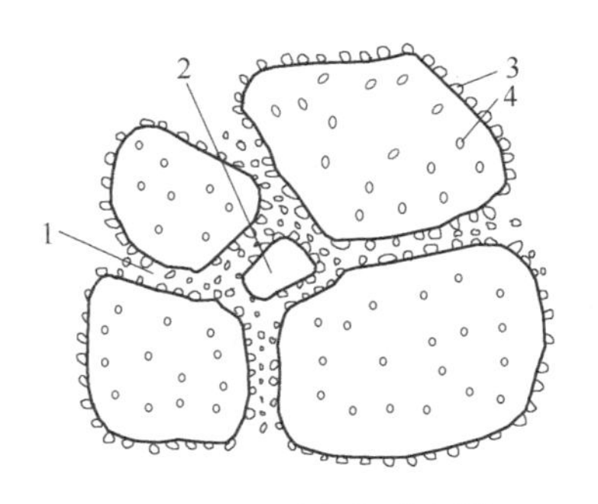

图 6-2　污泥水分示意图
1—毛细水；2—空隙水；
3—吸附水；4—内部水

6.1.1　重力浓缩法

仿真：重力浓缩池

利用污泥自身的重力将污泥间隙中的水挤出，使污泥的含水率降低的方法，称为重力浓缩法。重力浓缩构筑物称重力浓缩池。根据运行方式的不同，可分为间歇式重力浓缩池和连续式重力浓缩池两种。

6.1.1.1　间歇式重力浓缩池

间歇式重力浓缩池如图 6-3 所示，浓缩时间一般采用 8～12h。

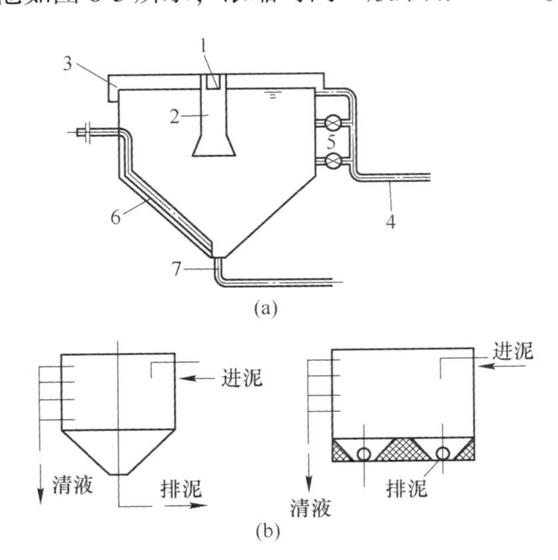

图 6-3　间歇式重力浓缩池
（a）带中心管；（b）不带中心管
1—污泥入流槽；2—中心管；3—溢流堰；4—上清液排除管；5—闸门；6—污泥泵泥管；7—排泥管

动画：连续式重力浓缩池

6.1.1.2　连续式重力浓缩池

图 6-4 为连续式重力浓缩池的基本构造，污泥由中心管 1 连续进泥，上清液由

溢流堰 2 出水，浓缩污泥用刮泥机 4 缓缓刮至池中心的污泥斗并从排泥管 3 排除，刮泥机 4 上装有垂直搅拌栅 5 随着刮泥机转动，周边线速度为 1m/min 左右，每条栅条后面，可形成微小涡流，有助于颗粒之间的絮凝，可使浓缩效果提高 20%以上。当需要处理大量污泥时，可选用带刮泥机的连续式辐射浓缩池。

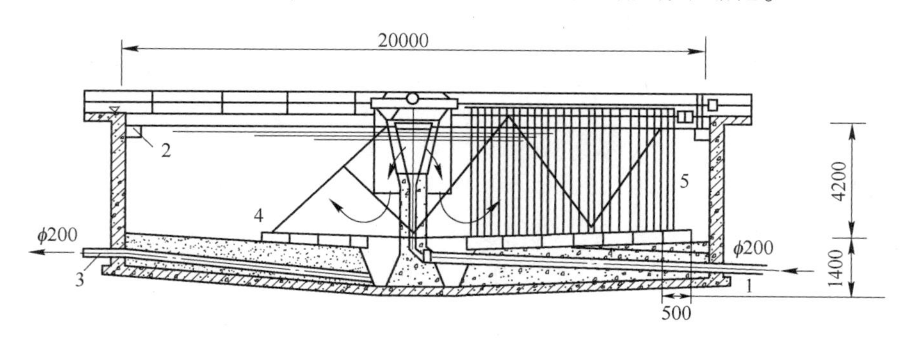

图 6-4　连续式重力浓缩池基本构造
1—中心管；2—溢流堰；3—排泥管；4—刮泥机；5—搅拌栅

6.1.2　气浮浓缩法

污泥的气浮浓缩法是在加压情况下，将空气溶解在澄清水中，在浓缩池中降至常压后，释放出的大量微气泡附着在污泥颗粒的周围，使污泥颗粒比重减小而被强制上浮，达到浓缩的目的。因此，气浮法较适用于污泥颗粒比重接近于 1 的活性污泥，可将污泥含水率由 99.5%降至 94%～96%，其工艺流程如图 6-5所示。气浮浓缩池的基本形式有圆形和矩形两种，如图 6-6 所示。

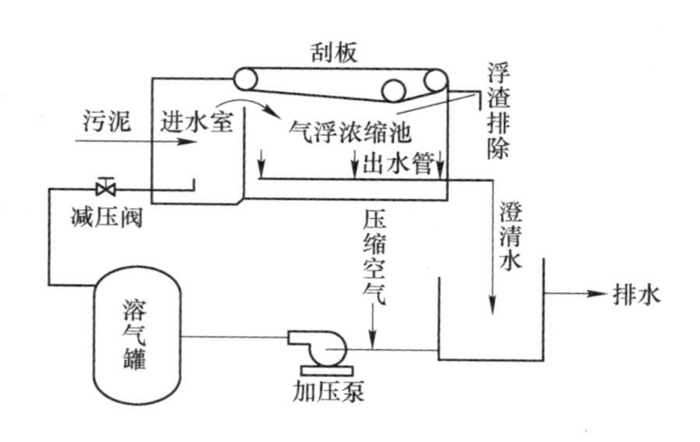

图 6-5　气浮浓缩工艺流程

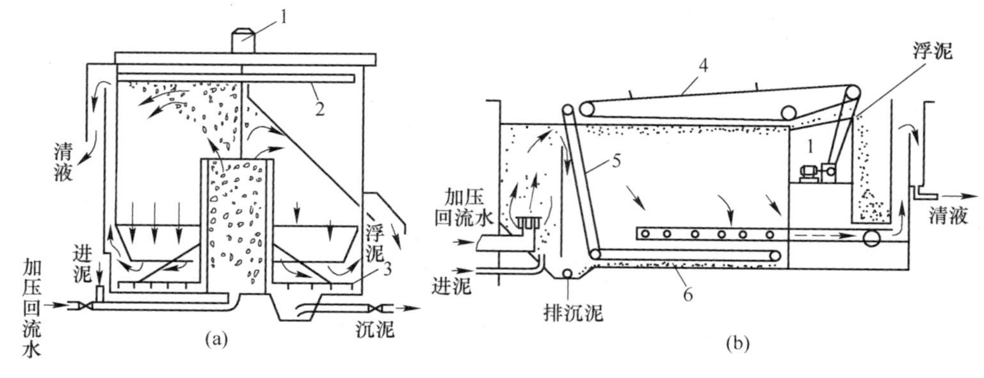

图 6-6　气浮浓缩池的基本形式
(a) 圆形气浮浓缩池；(b) 矩形气浮浓缩池
1—马达；2～4，6—刮板；5—传动链带

6.1.3　离心浓缩法

离心浓缩法是利用污泥中的固体颗粒与液体的密度差，在离心力场所受到的离心力的不同而分离。由于离心力几千倍于重力，离心浓缩占地面积小，造价低，但运行费用与机械维修费用较高。用于离心浓缩的离心机有转盘式离心机、篮式离心机和转鼓离心机等。

6.2　污泥脱水

污泥经浓缩、消化后，尚有约95%~97%的含水率，体积仍很大。为了综合利用和最终处置，需进一步将污泥减量，进行脱水处理。污泥脱水的主要方法有自然脱水和机械脱水等。

6.2.1　机械脱水前的预处理

由于有机污泥均是以有机物微粒为主体的悬浊液，颗粒很细且具有胶体特性，与水有很大的亲和力，重力浓缩后的含水率仍在90%以上，脱水性能差。因此，有必要对污泥进行预处理。预处理的目的在于改善污泥脱水性能，提高脱水效率与机械脱水设备的生产能力。预处理的方法主要有化学调理法、热处理法、冷冻法及淘洗法等。

6.2.1.1　化学调理法

化学调理法是通过向污泥加入助凝剂、混凝剂等化学药剂，促使污泥颗粒絮凝并改善其脱水性能的一种预处理方法。常用的调理剂有混凝剂硫酸铝、明矾、绿矾、$FeCl_3$、$AlCl_3$，助凝剂如石灰（5%~25%），有机药剂如藻酸盐、聚丙烯酰胺等。

6.2.1.2　热处理法

热处理法是通过加热使部分有机质分解、亲水性有机胶体水解、细胞分解，细胞膜中的水分游离出来，从而改善污泥浓缩及脱水性能。该方法对于活性污泥脱水预处理特别有效。

6.2.1.3　冷冻法

冷冻法是将污泥冷冻到-20℃后再融化的一种改善污泥沉降性能的预处理方法。由于温度大幅度变化，污泥胶体脱稳凝聚，且细胞膜破裂，细胞内的水分得到游离，从而提高污泥的沉降性能和脱水性能，沉降速度可提高2~6倍，过滤产率可提高到200kg/(m^2·h)，滤饼含水率为50%~70%。目前已被广泛用于给水污泥处理。

6.2.1.4　淘洗法

淘洗法是利用处理后的回用水与污泥混合（水：泥=2：1~5：1）淘洗后将污泥沉淀下来的一种预处理方法。淘洗的目的是降低污泥的碱度和黏度，节省药剂的

用量，提高机械脱水的效果，降低污泥脱水的运行费用。

6.2.2　机械脱水原理

污泥的机械脱水以过滤介质两面的压力差作为推动力，使污泥水分被强制通过过滤介质，形成滤液，而固体颗粒被截留在介质上，形成滤饼，从而达到脱水的目的。机械脱水基本过程如图 6-7 所示。

6.2.3　机械脱水方法

常用的污泥机械脱水方法有真空吸滤法、压滤法、滚压法和离心法等。其基本原理相同，不同点仅在于过滤推动力的不同。真空吸滤脱水是在过滤介质的一面造成负压；压滤脱水是加压污泥把水分压过过滤介质；滚压脱水是加压滤布，通过滤布压力与张力脱水。离心脱水的过滤推动力是离心力。

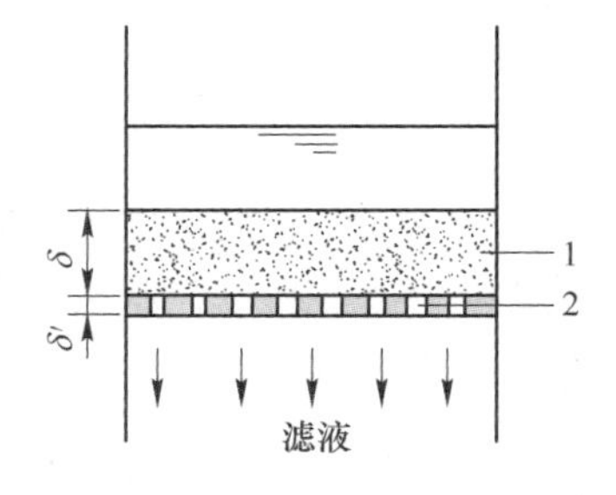

图 6-7　机械脱水基本过程

1—滤饼；2—过滤介质

6.2.3.1　真空过滤脱水

真空过滤脱水使用的机械是真空过滤机，主要用于初沉污泥及消化污泥的脱水。国内使用较广的是 GP 型转鼓真空过滤机，其构造如图 6-8 所示。转鼓真空过滤机脱水系统的工艺流程如图 6-9 所示。

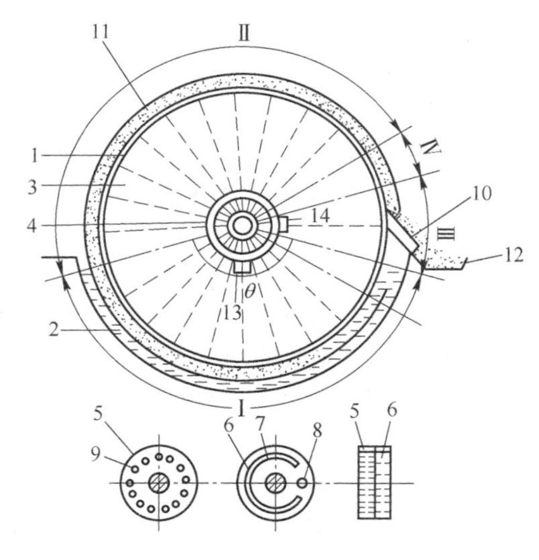

图 6-8　机械脱水基本过程

Ⅰ—滤饼形成区；Ⅱ—吸干区；Ⅲ—反吹区；Ⅳ—休止区

1—空心转鼓；2—污泥槽；3—扇形格；4—分配头；5—转动部件；6—固定部件；7—与真空泵相通的缝；8—与空压机相通的孔；9—与各扇形间格相通的孔；10—刮刀；11—滤饼；12—皮带输送器；13—真空管路；14—压缩空气管路

如图 6-8 所示，覆盖有过滤介质的空心转鼓 1 浸在污泥槽 2 内。转鼓用径向隔板分隔成许多扇形格 3，每格有单独的连通管，管端与分配头 4 相接。分配头由两

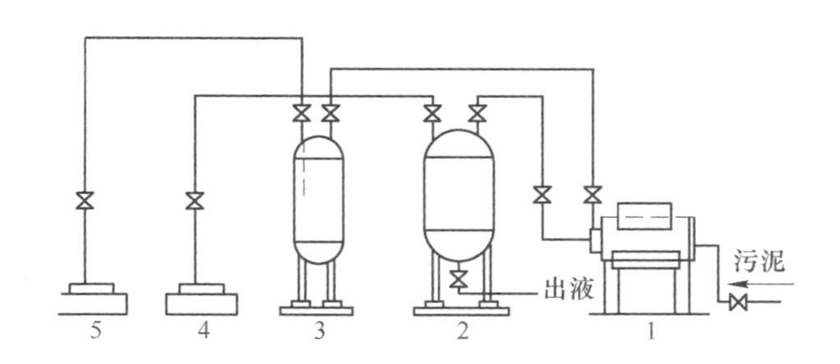

图 6-9 转鼓真空过滤机
1—真空过滤机；2—气水分离罐；3—空气平衡筒；4—真空泵；5—鼓风机

片紧靠在一起的移动部件5（与转鼓一起转动）与固定部件6组成。转动部件5有一列小孔9，每孔通过连接管与各扇形格相连。固定部件6通过缝7与真空管路13相通，孔8与压缩空气管路14相通。当转鼓某扇形格的连通管孔9旋转处于滤饼形成区Ⅰ时，由于真空的作用，将污泥吸附在过滤介质上，污泥中的水通过过滤介质后沿管13流到气水分离罐。吸附在转鼓上的滤饼转出污泥槽后，若管孔9在固定部件的缝7范围内，则处于吸干区Ⅱ内。继续脱水，当管孔9与固定部件的孔8相通时，便进入反吹区Ⅲ，区Ⅲ与压缩空气相通，滤饼被反吹松动，然后由刮刀10刮除，滤饼11经皮带输送器12往外输。再转过休止区Ⅳ进入滤饼形成区Ⅰ，周而复始。

6.2.3.2 压滤脱水

压滤脱水采用板框压滤机，其基本构造如图6-10所示。板与框相间排列，在滤板的两侧覆有滤布，用压紧装置把板与框压紧，即在板与框之间构成压滤室，在板与框的上端中间相同部位开有小孔，污泥由该通道进入压滤室，将可动端板向固定端板压紧，污泥加压到0.2~0.4MPa，在滤板的表面刻有沟槽，下端钻有供滤液排出的孔道，滤液在压力下通过滤布，沿沟槽与孔道排出滤机，使污泥脱水。

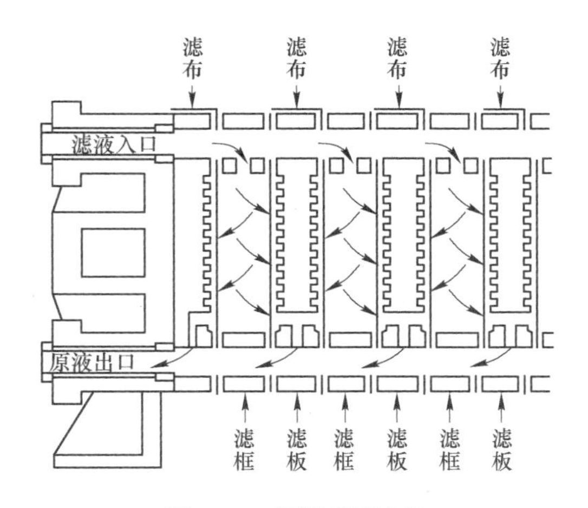

图 6-10 板框式压滤机

6.2.3.3 滚压脱水

滚压脱水的设备是带式压滤机，其主要特点是把压力施加在滤布上，依靠滤布的压力和张力使污泥脱水。这种脱水方法不需要真空或加压设备，动力消耗少，可以连续生产，目前应用较为广泛。带式压滤机基本构造如图6-11所示。

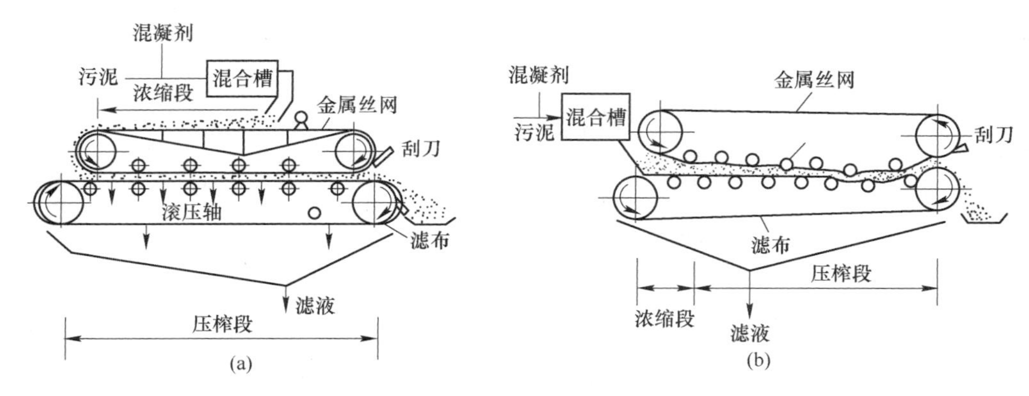

图 6-11　带式压滤机

（a）对置滚压式；（b）水平滚压式

6.2.3.4　离心脱水

离心脱水采用的设备一般是低速锥筒式离心机，构造如图 6-12 所示。

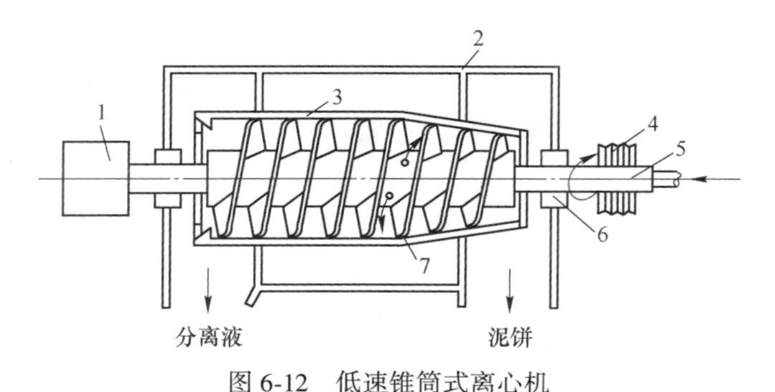

图 6-12　低速锥筒式离心机

1—变速箱；2—罩盖；3—转筒；4—驱动轮；5—空心轴；6—轴承；7—螺旋输送器

污泥中的水分和污泥颗粒由于受到的离心力不同而分离，污泥颗粒聚集在转筒外缘周围，由螺旋输送器将泥饼从锥口推出，随着泥饼的向前推进不断被离心压密，而不会受到进泥的搅动，分离液由转筒末端排出。

6.3　污泥的干化、干燥与增稠

6.3.1　污泥的干化

自然干化是利用自然下渗和蒸发作用脱除污泥中的水分，其主要构筑物是干化场。

6.3.1.1　干化场的分类与构造

干化场分为自然滤层干化场与人工滤层干化场两种，前者适用于自然土质渗透性能好，地下水位低的地区。人工滤层干化场的滤层是人工铺设的，又可分为敞开式干化场和有盖式干化场两种。

6.3.1.2　干化场的构造

人工滤层干化场的构造如图6-13所示，它由不透水底板、排水管、滤水层、输泥管、隔墙及围堤等部分组成；也可设有可移开（晴天）或盖上（雨天）的顶盖，顶盖一般用弓形复合塑料薄膜制成，移置方便。

隔墙与围堤把干化场分隔成若干分块，通过切门的操作轮流使用，以提高干化场利用率。在干燥、蒸发量大的地区，可采用由沥青或混凝土铺成的不透水层而无滤水层的干化场，依靠蒸发脱水，这种干化场的优点是泥饼容易铲除。

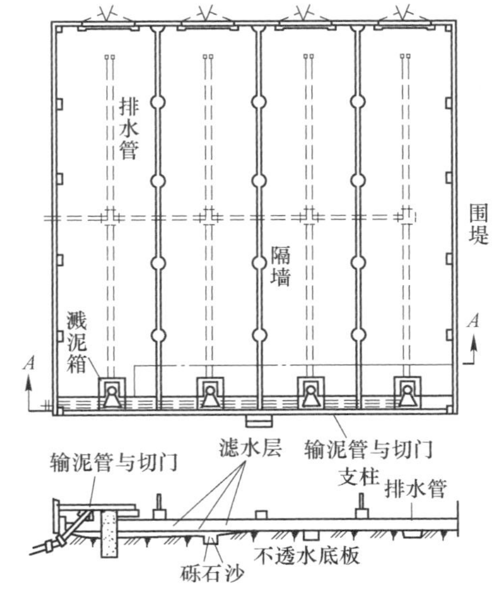

图6-13　人工滤层干化场

6.3.2　污泥的干燥

让污泥与热干燥介质（热干气体）接触使污泥中水分蒸发随干燥介质除去。污泥干燥处理后，含水率可降至约20%，可大大减小体积，从而便于运输、利用或最终处置。污泥的干燥与焚烧各有专用设备，也可在同一设备中进行。回转圆筒式干燥器在我国应用较多，其主体是用耐火材料制成的旋转辊筒。常用的脱水方法和效果见表6-1。

表6-1　常用的脱水方法及效果

<table>
<tr><th colspan="2">脱水方法</th><th>含水率/%</th><th>推动力</th><th>能耗（污泥水）/kW·h·m^{-3}</th><th>脱水后的污泥状态</th></tr>
<tr><td rowspan="3">浓缩</td><td>重力浓缩</td><td rowspan="3">95~97</td><td>重力</td><td rowspan="3">0.001~0.01</td><td rowspan="3">近似糊状</td></tr>
<tr><td>气浮浓缩</td><td>浮力</td></tr>
<tr><td>离心浓缩</td><td>离心力</td></tr>
<tr><td rowspan="5">机械脱水</td><td>真空过滤</td><td>60~85</td><td>负压</td><td rowspan="5">1~10</td><td rowspan="5">泥饼</td></tr>
<tr><td>压力过滤</td><td>55~70</td><td rowspan="2">压力</td></tr>
<tr><td>滚压过滤</td><td>78~86</td></tr>
<tr><td>离心过滤</td><td>80~85</td><td>离心力</td></tr>
<tr><td>水中造粒</td><td>82~86</td><td>化学、机械</td></tr>
<tr><td rowspan="4">干化</td><td>冷冻、温式</td><td rowspan="4">10~40
0~10</td><td rowspan="4">热能</td><td rowspan="4">1000</td><td rowspan="4">颗粒、灰</td></tr>
<tr><td>氧化、热处理</td></tr>
<tr><td>干燥</td></tr>
<tr><td>焚烧</td></tr>
</table>

小贴士

污泥脱水用单一方法效果不明显，必须采取几种方法配合使用，才能获得良好的脱水效果。

6.3.3　污泥的增稠

可通过向污泥中加入城市生活垃圾、锯末、秸秆等，以降低污泥含水量、满足处理要求。例如污泥和城市生活垃圾掺混堆肥，既有调节含水率的作用，又可以通过掺混调节物料碳氢比，为堆肥提供有利条件。

6.4　固体废物浓缩和脱水案例

6.4.1　案例导入

A 市建有一家污水处理厂，处理规模 10 万吨/日，城市污水经过过滤、沉沙、曝气、二沉等工艺过程后，产生大量市政污泥。以 A 市污水处理厂的处理规模，每天产生的湿污泥的量可达上百吨。这些污泥的含水率高达 95%以上，且占用大量体积，为 A 市污水处理厂稳定连续运行带来了严重的困境。为了高效地处置这些污泥，A 市污水处理厂每天都将这些污泥运至当地的垃圾焚烧厂进行焚烧发电。然而这些市政污泥的含水率极高，因此直接产生两方面负面影响：首先，极高含水率的市政污泥如果直接投入垃圾焚烧炉，难免会对垃圾焚烧炉的稳定运行产生不小的影响；除此之外，市政污泥的高含水率使得其体积、质量显著增大，运输成本也显著增多。因此，将市政污泥中的水分尽可能滤除、固体组分尽可能浓缩，成为 A 市污水处理厂的一项重要需求。

6.4.2　案例分析

对于 A 市污水处理厂而言，其污泥减量过程主要包括四个阶段：第一阶段为污泥浓缩，主要目的是使污泥初步减容，从而降低后续污泥储存和运输成本；第二阶段为污泥消化，使污泥中的有机组分得到降解，既实现污泥减容，又能在一定程度上将其利用；第三阶段为污泥脱水，进一步去除污泥中的水分，并降低体积；第四阶段才将浓缩脱水后的污泥送至垃圾焚烧厂进行焚烧利用。

上述流程可以使污泥的含水率得到降低，从而满足焚烧设备对原料含水率的要求；另一方面也使污泥得到减量（假设含水率 90%的污泥降至含水率 20%，其污泥总质量将降低 87.5%），从而显著降低脱水后污泥的储存与运输成本。

然而，这并不意味着，污泥浓缩与脱水后的含水率越低越好。这是因为，虽然污泥含水率越低，其焚烧利用效果越好、储存运输成本越低，但随着污泥含水率的降低，其浓缩与脱水所需要的难度、时间成本、能耗成本也越来越高。因此从项目效益的角度来，最佳的方案是找到一个合理的含水率范围，实现浓缩脱水效果及其成本之间的平衡。

任务学习思考题

一、名词解释

1. 空隙水
2. 重力浓缩
3. 气浮浓缩
4. 污泥干燥
5. 自然干化

二、填空题

1. 污泥中所含水分大致分为四类，分别为________、________、________和________。
2. 污泥浓缩的方法主要有________、________和________。
3. 根据运行方式的不同，重力浓缩池可分为____________和____________等。
4. 污泥脱水的主要方法有______和______。
5. 污泥机械脱水前的预处理的方法主要有______、______、______、______等。
6. 常用的污泥机械脱水方法有______、______、______和______。

三、简述题

1. 简述连续式重力浓缩池的工作原理。
2. 简述转鼓真空过滤机脱水系统的工艺流程。
3. 简述离心脱水的工作原理和常用的脱水设备。
4. 污泥干化场分为哪几类？并简述干化场的构造。
5. 简要说明污泥增稠的方式有哪些。

模块三

固体废物的处理与处置技术

1. 掌握固体废物焚烧、热解、好氧堆肥和厌氧消化技术的原理；
2. 掌握固体废物焚烧、热解、好氧堆肥和厌氧消化技术的工艺过程；
3. 理解固体废物焚烧、热解、好氧堆肥和厌氧消化设备的运行；
4. 理解固体废物焚烧的烟气防治系统；
5. 理解固体废物好氧堆肥的腐熟度；
6. 掌握卫生填埋场选址、填埋工艺与防渗系统、渗滤液收集和处理技术、填埋气体的收集和处理技术；
7. 理解卫生填埋场的封场与监测。

1. 会采用焚烧和热解技术对可燃有机废物进行处理；
2. 会进行固体废物好氧堆肥过程参数控制，并进行效果评价；
3. 会进行固体废物厌氧消化过程参数控制，并进行效果评价；
4. 会进行固体废物焚烧、热解、好氧堆肥和厌氧消化设备的运行；
5. 会进行卫生填埋场的选择、填埋工艺与防渗系统的布设、渗滤液收集和处理、填埋气体的收集和处理；
6. 会进行卫生填埋场的封场与监测。

任务 7　固体废物的焚烧技术与资源化

焚烧技术的起源很早，早在 19 世纪中后期，英国、美国、法国等试验研究对带病毒、病菌的垃圾进行焚毁，开始建立起焚烧炉；20 世纪初，机械化连续垃圾焚烧炉建立，处理能力、焚烧效果和治污能力都有所提高；1960 年，大型机械化炉排建立，具有较高效率的烟气净化系统；1970～1990 年，自控和移动式机械炉排焚烧炉建立，具有多样化和较高的焚烧温度，我国焚烧技术始于 1980 年。到目前，焚烧技术已经很成熟。焚烧炉具有除尘、资源化、智能化、多功能和综合性的特点。

小贴士

中国的垃圾焚烧工程正在迅速扩展。事实上，不仅仅是北京、广州、南京、苏州，几乎每个省都在建设或准备建设垃圾焚烧发电厂。

7.1　固体废物焚烧技术原理

7.1.1　焚烧的基本概念

焚烧法是一种高温热处理技术，以一定量的充足空气与被处理的有机废物在焚烧炉内进行氧化燃烧反应，废物中的有害有毒物质在 800～1200℃的高温下氧化、热解而被破坏，是一种可同时实现固体废物无害化、减量化、资源化的处理技术。

小贴士

焚烧是高温氧化燃烧技术，原料为有机可燃废物和适量的过剩空气，可以实现“三化”原则。

焚烧技术的特点是能够最大限度地实现固体的减量化、无害化和资源化要求，体积一般可以减少 90%以上，能够彻底破坏原废物中的致病病原体和毒害性有机物质，可以回收利用焚烧过程中产生的热能，并且具有处理时间短、占地少、焚烧灰烬或残渣稳定、可全天候操作等。

小贴士

焚烧设施配有烟气处理设施，防止重金属、有机类污染物等再次排入环境介质中。回收垃圾焚烧产生的热量，可达到废物资源化的目的。因此，焚烧技术可以实现“三化”原则。

7.1.2　焚烧的技术原理

7.1.2.1　焚烧处理的条件

A　热值

热值是指单位质量固体废物在完全燃烧时释放出来的热量，以“kJ/kg”表示。热值主要分为高位热值（粗热值）和低位热值（净热值）。

高位热值（粗热值）是固体废物完全燃烧，并当燃烧产物中的水蒸气凝结为水时的反应热，其包含烟气中水的潜热。低位热值（净热值）是燃烧产物中的水蒸气仍以气态存在时完全燃烧过程所释放的热量。固体废物燃烧时要产生水蒸气，这些水蒸气要冷却到燃烧前的燃气温度时，不但要放出温差间的热量，而且要放出水蒸气的冷凝热。因此，高位热值减去水蒸气的冷凝热就是低位热值。

在实际燃烧时，水蒸气并没有冷凝，冷凝热得不到利用，所以在能源利用中一般都以燃料的应用的低位发热量作为计算基础。日本和大多数北美国家习惯使用燃气的高位热值，我国和大多数欧洲国家习惯用低位热值。

B　可燃性

可燃性会受到原料的水分、可燃分和灰分三个因素的影响。

有机固体废物主要成分复杂，因固体废物类型不同而不同，但主要为碳、氢、氧、氮和硫等，此外还有少量的如磷、氟、氯等元素。碳、氢、氧是固体废物有机质的主体（即可燃分），可燃分主要由固定碳和挥发分组成。固定碳即为固体废物中碳元素的含量，碳元素含量越高越易焚烧；固体废物有机质在一定温度和条件下，受热分解后产生的可燃性气体被称为挥发分。挥发分是由各种碳氢化合物、氢气、一氧化碳等化合物组成的混合气体。可燃分含量越多，固体废物越易燃烧，热值也越高；此外，固体废物中还含有水分和灰分成分。水分的存在对固体废物的焚烧有很大影响，含水率太高无法点燃固体废物；同时水分在燃烧时变成蒸汽要吸热，因而降低了固体废物的热值。灰分主要来自固体废物中不可燃烧的物质，多为惰性物质（如玻璃和金属等）。灰分越高，固体废物燃烧的热效率越低，排放的飞灰也越多。

小贴士

焚烧处理技术的条件是热值高和可燃性好，因此有机固体废物适合焚烧处理。

7.1.2.2　焚烧处理技术的机理

焚烧技术主要是固体废物在高温条件下进行燃烧分解的过程，通入过量的空气与被处理的固体废物在焚烧炉内进行氧化燃烧反应，在释放出能量的同时，垃圾中的有毒有害物质在高温下蒸发、挥发、氧化、热解、燃烧而被破坏。垃圾焚烧可同时实现垃圾的减量化、无害化、能源化。焚烧处理技术的机理如图 7-1 所示。

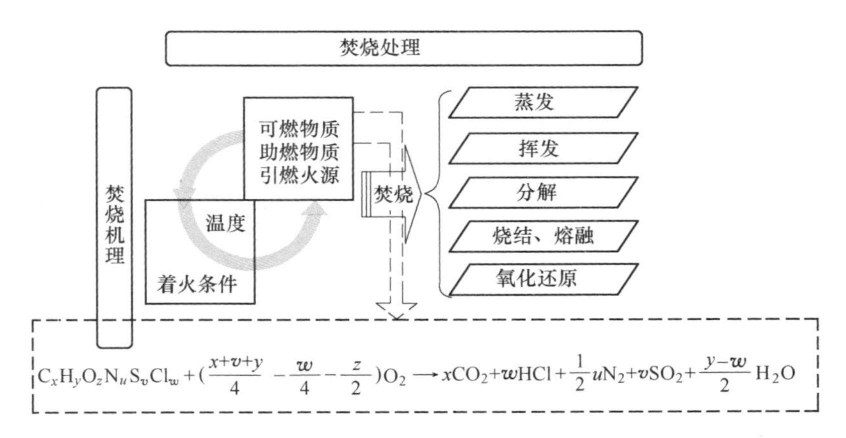

图 7-1　焚烧处理技术的机理

小贴士

焚烧处理技术的机理就是有机固体废物完全燃烧的过程。

7.1.2.3　焚烧处理技术的阶段

焚烧处理技术是复杂的物理变化和化学反应过程，主要分为以下三个阶段。

A　干燥

干燥是利用焚烧系统热能，使入炉固体废物水分汽化、蒸发的过程。进入焚烧炉的固体废物，通过高温烟气、火焰、高温炉料的热辐射和热传导，首先进行加热蒸发、干燥脱水，以改善固体废物的着火条件和燃烧效果。

B　热分解

热分解是固体废物中的有机可燃物质，在高温作用下进行化学分解和聚合反应的过程。热分解既有放热反应，也可能有吸热反应。通常热分解的高温越高，有机可燃物质的热分解越彻底，热分解速率就越快。

C　燃烧

燃烧是可燃物质的快速分解和高温氧化过程，主要分为蒸发燃烧、分解燃烧和表面燃烧。

（1）蒸发燃烧：当可燃物质受热融化、形成蒸汽后进行燃烧反应，如纸、木材。

（2）分解燃烧：当可燃物质中的碳氢化合物等受热分解、挥发为较小分子可燃气体后再进行燃烧，如蜡质类。

（3）表面燃烧：当可燃物质在未发生明显的蒸发、分解反应时，与空气接触就直接进行燃烧反应，如木炭、焦炭类。

7.1.2.4　焚烧处理技术的产物

根据焚烧的机理可知，焚烧处理技术的产物主要有气态污染物、烟尘和炉渣等。

（1）气态污染物主要有碳氧化物、氮氧化物、硫氧化物、氯化物及水等。

（2）烟尘主要有不完全燃烧产生的炭黑、黑烟等。

（3）炉渣主要有不可燃烧物质、灰分等。

小贴士

焚烧处理技术的产物较复杂，当处理的固体废物不同时，产物有所不同。当固体废物中含有有机氯化合物时，容易产生二噁英等致癌性物质。

7.2　固体废物焚烧主要控制因素

焚烧效果的影响因素有焚烧炉的类型、固体废物的性质、物料停留时间、焚烧温度、供氧量、物料的混合程度、废物料层厚度、运动方式、预热温度、进气方式、燃烧器性能、烟净化系统阻力等。

小贴士

完全燃烧的影响因素为“3T1E”。“3T”是 Temperature（焚烧温度）、Time（停留时间）和 Turbulence（湍流度）的缩写；“1E”是指 Excess Oxygen（过量空气系数）。

7.2.1　固体废物的性质

废物的热值和粒度是影响其焚烧的主要因素。热值越高，燃烧过程越易进行，焚烧效果也越好。废物粒度越小，单位质量或体积废物的比表面积越大，与周围氧气的接触面积也就越大，焚烧过程中的传热与传质效果越好，燃烧越完全。

一般情况下，固体废物的加热时间与其粒度的 2 次方成正比，燃烧时间与其粒度的 1~2 次方成正比。

7.2.2　焚烧温度

一般要求生活垃圾焚烧温度为 850~950℃，医疗垃圾、危险固体废物的焚烧温度要达到 1150℃。而对于危险废物中的某些较难氧化分解的物质，甚至需要在更高温度和催化剂作用下进行焚烧。

7.2.3　停留时间

停留时间主要是指固体废物在焚烧炉内的停留时间和烟气在焚烧炉内的停留时间。

在其他条件不变时，固体废物和烟气的停留时间越长，焚烧反应越彻底，焚烧效果就越好。进行生活垃圾焚烧处理时，通常要求垃圾停留时间能达 1.5h 以上。烟气停留时间能达到 2s 以上。

7.2.4　供氧量

焚烧过程的氧气是由空气提供的。空气不仅能够起到助燃的作用，同时也起到冷却炉排、搅动炉气以及控制焚烧炉气氛等作用。一般情况下，过剩空气量应控制在理论空气量的1.7~2.5倍。

7.2.5　湍流度

湍流度是表征固体废物和空气混合程度的指标。湍流度越大，固体废物和空气混合程度越好，有机可燃物能及时充分地获取燃烧所需的氧气，燃烧反应越完全。

7.2.6　其他因素

固体废物料层厚度、运动方式、空气预热温度、进气方式、燃烧器性能、烟气净化系统阻力等，也会影响固体废物焚烧过程的进行。

7.3　固体废物焚烧系统与设备

微课：焚烧工艺系统

7.3.1　焚烧处理工艺系统

现代化生活垃圾焚烧工艺流程主要由前处理系统、进料系统、焚烧炉系统、空气系统、烟气系统及其他工艺系统组成。焚烧处理技术的工艺系统如图7-2所示。

动画：焚烧工艺系统

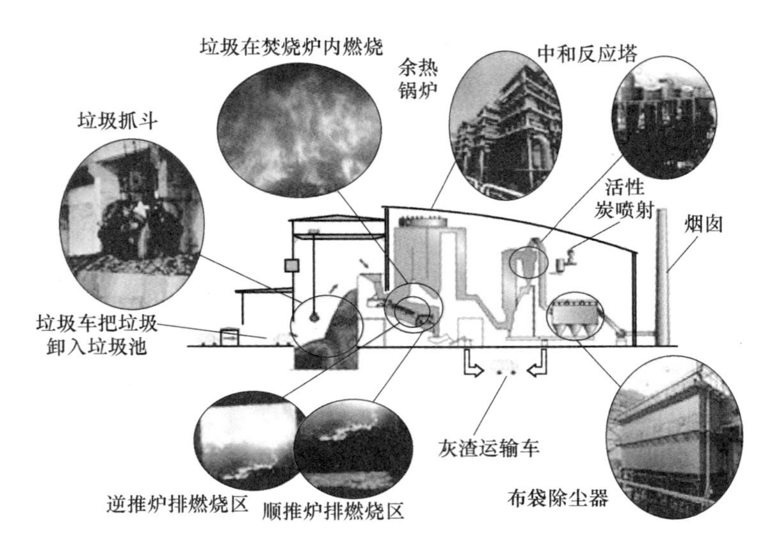

图7-2　焚烧处理技术的工艺系统

7.3.1.1　前处理系统

前处理系统主要是指固体废物的接受、贮存、分选和破碎。

前处理系统在我国非常普遍地应用于混装生活垃圾的破碎和筛分处理过程中。在处理过程中，前处理系统是整个工艺系统的关键步骤。

设备和设施构筑物主要有车辆、地衡、控制间、垃圾池、破碎和筛分设备、磁选机，以及臭气和渗滤液收集、处理设施等。

7.3.1.2　进料系统

进料系统的主要作用是定量给料，也可以预防焚烧炉火焰通过进料口向垃圾池垃圾反烧和高温烟气反串。

设备和设施构筑物主要有吊车、抓斗，目前进料方法有螺旋给料、炉排进料、推料器进料等形式。

7.3.1.3　焚烧炉系统

焚烧炉系统是整个工艺系统的核心系统，是固体废物进行蒸发、干燥、热分解和燃烧的场所。

焚烧炉系统的核心装置就是焚烧炉。焚烧炉有多种炉型，如固定炉排焚烧炉、水平链条炉排焚烧炉、倾斜机械炉排焚烧炉、回转式焚烧炉、流化床焚烧炉、气化热解炉、气化熔融焚烧炉、电子束焚烧炉、离子焚烧炉、催化焚烧炉等。但常用的焚烧炉主要有机械炉排焚烧炉、回转式焚烧炉、流化床焚烧炉等。

7.3.1.4　空气系统

空气系统（即助燃空气系统）除了为固体废物的正常焚烧提供必需的助燃氧气外，还具有冷却炉排、混合炉料和控制烟气气流等作用。

助燃空气可分为一次助燃空气和二次助燃空气。一次助燃空气是指由炉排下部送入焚烧炉的助燃空气，即火焰下空气。一次助燃空气约占助燃空气总量的60%～80%，主要起助燃、冷却排炉、搅动炉料的作用。火焰上空气和二次燃烧室的空气属于二次助燃空气。二次助燃空气主要是为了完全燃烧和控制气流的湍流度，二次助燃空气一般约为助燃空气总量的20%～40%。

空气系统的设施主要有通风管道、进气系统、风机和空气预热器等。

7.3.1.5　烟气系统

烟气系统的目的就是去除烟气中的颗粒污染物、SO_2、NO_x 等酸性气态污染物质，并使之达到国家相关排放标准的要求，最终排入大气环境中。

烟气中的颗粒污染物质（即烟尘），通过重力沉降、离心分离、静电除尘、袋式过滤等技术手段去除；而烟气中的酸性气态污染物质，主要利用吸收、吸附、氧化还原等技术途径净化。

《生活垃圾焚烧污染控制标准》（GB 18485—2014）规定了我国生活垃圾焚烧污染物排放限值，见表7-1，《生活垃圾焚烧大气污染物排放标准》(DB 31/768—2013) 规定了我国上海市生活垃圾焚烧污染物排放限值，见表7-2。

表7-1　生活垃圾焚烧炉排放烟气中污染物限值

序号	污染物项目	限值/mg · m^{-3}	取值时间
1	颗粒污染物	30	1小时均值
		20	24小时均值

续表 7-1

序号	污染物项目	限值/mg · m^{-3}	取值时间
2	氮氧化物（NO_x）	300	1 小时均值
		250	24 小时均值
3	二氧化硫（SO_2）	100	1 小时均值
		80	24 小时均值
4	氯化氢（HCl）	60	1 小时均值
		50	24 小时均值
5	汞及其化合物（以 Hg 计）	0. 05	测定均值
6	镉、铊及其化合物（以 Cd+Tl 计）	0. 05	测定均值
7	锑、砷、铅、铬、钴、铜、锰、镍及其化合物（以 Sb+As+Pb+Cr+Co+Cu+Mn+Ni 计）	1. 0	测定均值
8	二噁英类（ngTEQ/m^3）	0. 1	测定均值
9	一氧化碳（CO）	100	1 小时均值
		80	24 小时均值

表 7-2　新建生活垃圾焚烧设施大气污染物排放限值

序号	污染物项目	排放限值 /mg · Nm^{-3}	取值时间
1	颗粒物	10①	测定均值
2	一氧化碳（CO）	100	小时均值
		50	日均值
3	二氧化硫（SO_2）	100	小时均值
		50	日均值
4	氮氧化物（NO_x）	250	小时均值
		200	日均值
5	氯化氢（HCl）	50	小时均值
		10	日均值
6	汞及其化合物（以 Hg 计）	0. 05	测定均值
7	镉、铊及其化合物（以 Cd+Tl 计）	0. 05	测定均值
8	锑、砷、铅、铬、钴、铜、锰、镍、钒及其化合物（以 Sb+As+Pb+Cr+Co+Cu+Mn+Ni+V 计）	0. 5	测定均值
9	二噁英类（ngTEQ/m^3）	0. 1	测定均值

①其他非危险废物焚烧设施的颗粒物排放限值执行 20mg/m^3，生活垃圾焚烧掺烧其他非危险废物时颗粒物排放限值执行 10mg/m^3。

烟气系统的控制方法可以参考王继斌主编《大气污染控制技术与技

能实训》（第四版），大连理工出版社教材，或参考李广超主编《大气污染控制技术》（第二版），化学工业出版社教材。

7.3.1.6　其他工艺系统

固体废物焚烧系统还包括灰渣系统、渗滤液处理系统、余热系统、发电系统、自动化控制系统等。焚烧处理技术的工艺系统全流程如图 7-3 所示。

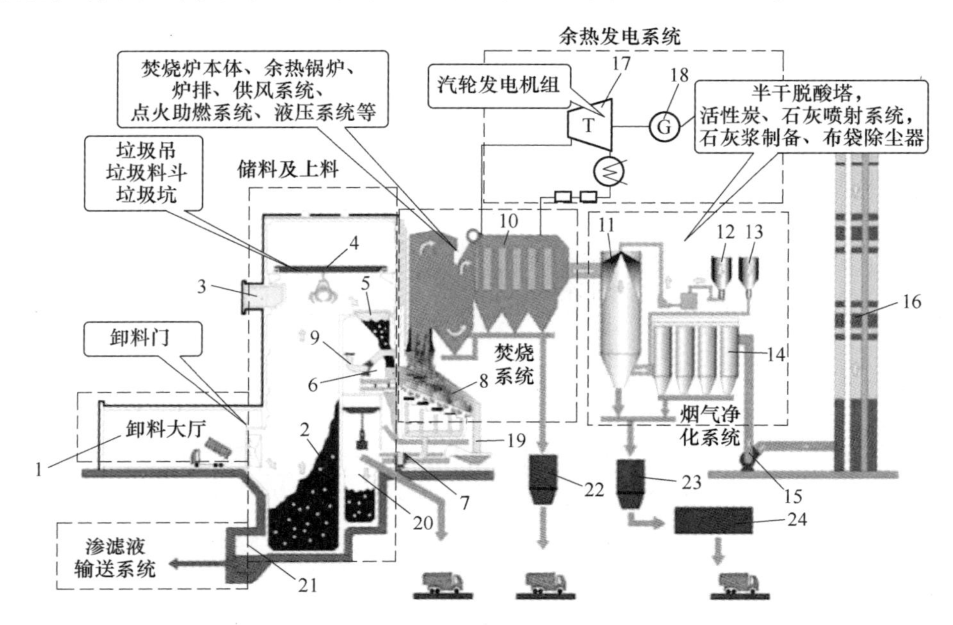

图 7-3　焚烧处理技术的工艺系统全流程

1—卸料平台；2—垃圾仓；3—垃圾吊控制室；4—垃圾吊；5—料斗；6—给料平台；7—空气系统；8—焚烧炉；9—点火口；10—余热锅炉；11—脱酸塔系统；12，13—石灰浆系统；14—袋式除尘器；15—风机；16—烟囱；17—汽轮机；18—发电机；19—排渣口；20—排渣储坑；21—渗滤液系统；22，23—灰仓；24—飞灰固化

小贴士

焚烧处理技术的工艺系统主要有前处理系统、进料系统、焚烧炉系统、空气系统、烟气系统、其他工艺系统。

《生活垃圾焚烧发电厂自动监测数据应用管理规定》于 2020 年 1 月 1 日起正式实施。按照规定，垃圾焚烧厂应安装使用自动监测设备，并与生态环境主管部门联网。自动监测数据可以作为判定垃圾焚烧厂是否存在环境违法行为的证据。

7.3.2　焚烧设备及运行管理

焚烧系统的主体设备是焚烧炉，包括受料斗、给料器、炉体、炉排、助燃器、出渣、进风装置等设备和设施。应用最广的固体废物焚烧炉主要有机械炉排焚烧炉、流化床焚烧炉和回转窑焚烧炉等。

仿真：机械炉排焚烧炉

7. 3. 2. 1　机械炉排焚烧炉

机械炉排焚烧炉的“心脏”是焚烧炉的燃烧室及机械炉排。

炉排是层状燃烧技术的关键，其主要作用是运送固体废物和炉渣通过炉体，还可以不断地搅动固体废物。并在搅动的同时使从炉排下方吹入的空气穿过固体燃烧层，使燃烧反应进行得更加充分。

A　焚烧条件

（1）燃烧温度：根据经验，燃烧温度为 800~1000℃。

（2）炉内停留时间：一是指垃圾从进炉到炉内排出之间在炉排上的停留时间，根据垃圾组分、热值、含水率等情况，一般垃圾在炉内的停留时间为 1~1. 5h；二是指垃圾焚烧时产生的有毒有害烟气，在炉内处于焚烧条件进一步氧化燃烧，使有害物质变为无害物质所需的时间。该停留时间是决定炉体尺寸的重要依据。一般来说，在 850℃以上的温度区域停留 2s，便能满足垃圾焚烧的工艺需要。

B　焚烧炉燃烧的过程

固体废物在焚烧炉内的燃烧阶段主要分为预热干燥区、焚烧区和燃尽区三个过程，如图 7-4 所示。

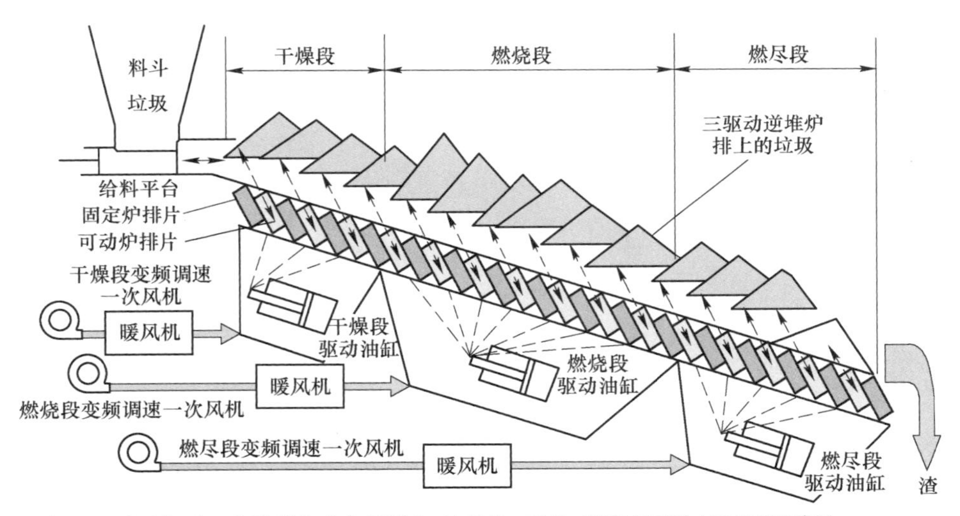

图 7-4　机械炉排焚烧炉三个区示意图

预热干燥区又称干燥段，主要是垃圾干燥脱水、烘烤着火的过程。针对我国高水分、低热值垃圾的焚烧，这一阶段必不可少。一般为了缩短垃圾水分的干燥和烘烤时间，该炉排区域的一次进风均经过加热，也可用高温烟气或废蒸汽对进炉空气进行加热，温度一般在 200℃左右。

焚烧区又称主燃烧段，主要是高温燃烧过程。通常炉排上的垃圾在 900℃左右的范围燃烧，因此炉排区域的进风温度必须相应低些，以免过高的温度会损害炉排，缩短使用寿命。

燃尽区又称后燃烧段，主要是垃圾经完全燃烧后变成灰渣的过程，在此阶段温度逐渐降低，炉渣被排出炉外。

C　特点

炉排型焚烧炉形式多样，其应用占全世界垃圾焚烧市场总量的 80%以上。该类炉型的最大优势在于技术成熟，运行稳定、可靠，适应性广，绝大部分固体垃圾不需要任何预处理可直接进炉燃烧；尤其应用于大规模垃圾集中处理，可使垃圾焚烧发电（或供热）。但机械炉排炉的应用也有局限性，对含水率特别高的污泥、大件生活垃圾，不适宜直接用炉排型焚烧炉。

从炉排的基本结构形式上来讲，机械炉排的类型可以分成由炉排块构成的炉排和由一组空心圆筒组成的炉排两类；从炉排的运动形式来看，可分成往复运动和滚动运动两类。

7.3.2.2　流化床焚烧炉

仿真：流化床焚烧炉

流化床焚烧炉是在炉内铺设一定厚度、一定粒度范围的石英砂或炉渣，通过底部分配板鼓入一定压力的空气，将沙粒吹起、翻腾、浮动，使石英砂（或炉渣）和固体废物之间呈悬浮状态，增大焚烧过程的接触面积，使固体废物能够完全燃烧。流化床焚烧炉示意图如图 7-5 所示。

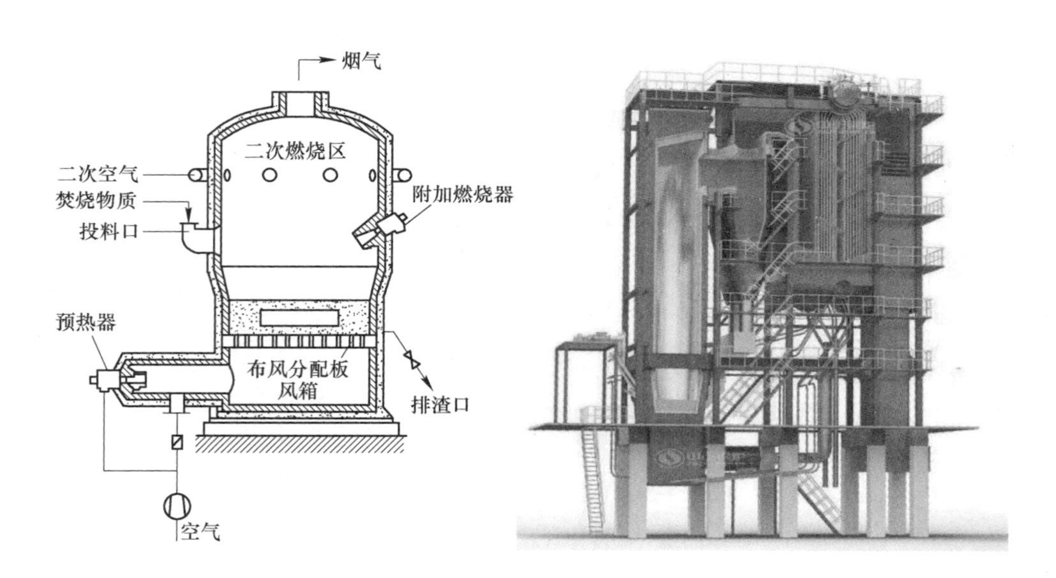

图 7-5　流化床焚烧炉示意图

流化床焚烧炉中的气体从下部通入，并以一定速度通过分配板，使床内载体“沸腾”呈流化状态。废物从塔侧或塔顶加入，在流化床层内经历干燥、粉碎、气化等过程后，迅速燃烧。燃烧气从塔顶排出，尾气中夹带的载体粒子和灰渣一般用除尘器捕集后，载体可以返回流化床内。用它处理生活垃圾、有机污染和有毒有害废液等废物，有害物质分解率高。

小贴士

流化床焚烧炉其燃烧原理是借助于沙介质的均匀传热与蓄热效果达到完全燃烧的目的。

7.3.2.3　回转窑焚烧炉

仿真：回转窑焚烧炉

回转窑焚烧炉是可旋转的倾斜钢制圆筒，筒内加装耐火衬里或由冷却水管和有孔钢板焊接成的内筒。炉体向下方倾斜，分成干燥、燃烧及燃尽三段。固体废物在窑内由进到出的移动过程中，完成干燥、燃烧及燃尽过程。其温度分布大致为：干燥区200~400℃，燃烧区700~900℃，高温熔融烧结区1100~1300℃。冷却后的灰渣由炉窑下方末端排出。回转窑焚烧炉示意图如图7-6所示。

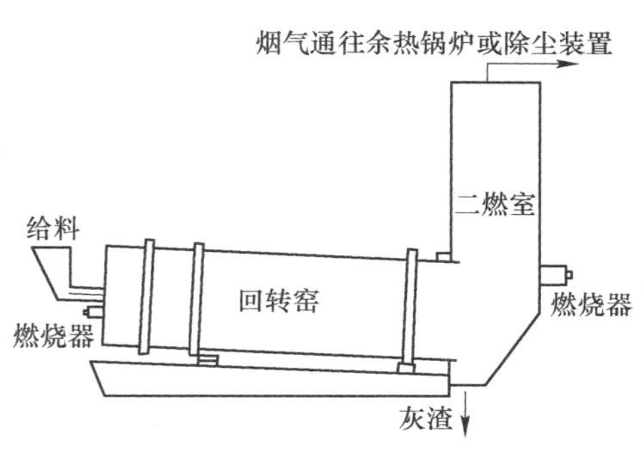

图7-6　回转窑焚烧炉示意图

回转窑焚烧炉具有结构简单，制造成本低，运行费和维修费用较低，对固体废物适应性广、可连续运行等特点。

小贴士

回转窑焚烧炉通常在窑尾设置一个二次燃烧室，使烟中可燃成分在二次燃烧室得到充分燃烧。有机物破坏率一般能达到99.9999%以上。

7.3.2.4　多段焚烧炉

多段焚烧炉又称为多膛炉或机械炉，是一种有机械传动装置的多膛焚烧炉。多段炉的炉体是一个垂直的内衬耐火材料的钢制圆筒，内部分成许多段（层），每段是一个炉膛，如图7-7所示。

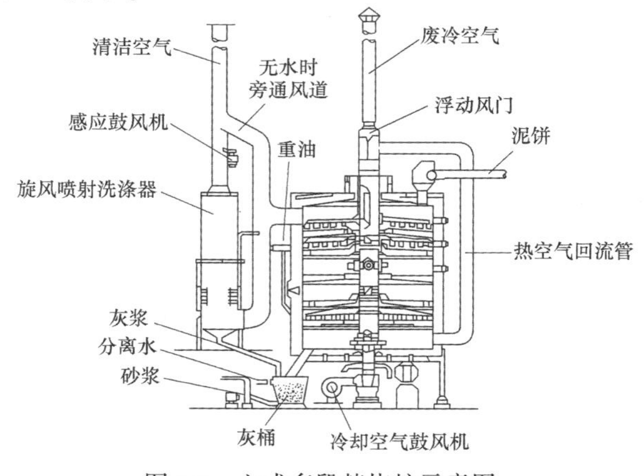

图7-7　立式多段焚烧炉示意图

可以把炉体分成三个操作区：最上部是干燥区，温度为 310～540℃，中部为焚烧区，温度达到 760～980℃，固体废物在此区燃烧；最下部为焚烧后灰渣的冷却区。

这种装置构造不太复杂，操作弹性大，适应性强，是一种可以长期连续运行、可靠性相当高的焚烧装置，特别适于处理污泥和泥渣。它通常需设二次燃烧设备，以消除恶臭污染。

小贴士

多段焚烧炉优点是废物在炉内停留时间长，对含水率高的废物可使水分充分挥发，尤其是对热值低的污泥，燃烧效率高。缺点是结构较复杂、易出故障、维修费用高，因排气温度较低易产生恶臭，通常需设二次燃烧设备。

7.4　固体废物焚烧烟气防治

固体废物焚烧烟气中的污染物有颗粒物（烟尘）、酸性气体污染物（如 HCl、HF、SO_x、NO_x 等）、重金属（如 Hg、Pb、Cr 等）和有机剧毒性污染物（如二噁英、呋喃等）。

7.4.1　烟尘的防治

7.4.1.1　烟尘主要的成分

焚烧过程中产生的烟尘主要为黑烟和飞灰。黑烟是可燃物未燃尽的物质，主要成分是碳粒；飞灰是不可燃灰分的细小颗粒。

7.4.1.2　控制烟尘的方法

根据影响焚烧的因素和烟尘的特点，控制烟尘的方法主要有以下几个方面。

（1）增加氧气浓度，保证固体废物能够完全燃烧，常采用通入二次助燃空气的方法。

（2）保证固体废物能够完全燃烧，还需要有合适的焚烧温度。因此，利用辅助燃料提高炉温，也可以减少烟尘的排放。

（3）在固体废物焚烧过程中，选用恰当的炉型和炉膛尺寸，保证燃烧过程合理充分，也是减少烟尘排放的方法之一。

（4）对烟气在末端进行除尘、洗涤等处理，是大气污染控制中减少烟尘排放的有效手段。

控制烟尘的方法主要从两个方面入手：一是从源头减少烟尘的排放量，如增加氧气浓度、利用辅助燃料提高炉温和选用恰当的炉型和炉膛尺寸等方法；二是从末端进行控制减少量，从而可以达标排放。

7.4.2　酸性气态污染物的控制

7.4.2.1　HCl、HF 与 SO_x 的控制技术

固体废物中含有的 S、Cl、F 等元素经过焚烧后会形成 HCl、HF、SO_x 等酸性污染物。HCl、HF、SO_x 的净化机理是利用酸碱中和反应。

该技术可以从焚烧后末端进行吸收，一般采用碱性吸收剂 [如 NaOH、$Ca(OH)_2$ 等] 发生酸碱中和反应除去；也可以从焚烧前减少固体废物原料中的成分减少酸性污染物的排放，如减少塑料等含氯有机物进入焚烧炉。

7.4.2.2　NO_x 的控制技术

焚烧过程所产生的氮氧化物主要来源于两个方面：一是在焚烧过程中，为了使固体废物能完全燃烧，空气是过量的，因此在焚烧炉内，空气中的 N_2 和 O_2 反应形成的热力型 NO_x；二是固体废物中（如含有有机氮），含氮组分和 O_2 反应转化成燃料型 NO_x。对 NO_x 的控制可以从减少 NO_x 产生量和末端净化两个方面进行。

小贴士

焚烧烟气中的 NO_x 以 NO 为主，其含量高达 95%或更多。

减少 NO_x 的产生和排放方法主要有以下两方面。

（1）控制过剩空气量，在燃烧过程中降低 O_2 的浓度，可以减少热力型 NO_x 和燃料型 NO_x 的产生。

（2）控制好炉膛温度，使焚烧温度在 700~1200℃，也可以减少热力型 NO_x 和燃料型 NO_x 的产生。

NO_x 末端催化净化方法主要有以下三种。

（1）选择性催化还原法（SCR）。该方法是指在铂或非重金属催化剂的作用下，在较低温度条件下，用 NH_3 作为还原剂“有选择地”将烟气中的 NO_x 还原为无毒无污染的 N_2 和 H_2O，而基本上不与氧发生反应。

SCR 法使用的催化剂易得、选择余地大，还原剂的起燃温度低、床温低。一般的 NO_x 脱除效率可维持在 70%~90%，运用较为广泛。缺点是建设费用高，且催化剂更换费用也较高。

（2）选择性非催化还原法（SNCR）。该方法是将尿素或氨水等还原剂喷入焚烧炉内，将 NO_x 转化为 N_2。

与 SCR 法不同，SNCR 法不需要催化剂，对 NO_x 的去除率为 30%~60%。SNCR 法简便易行，且成本低廉，在脱硝效率要求不高的情况下经常使用。

（3）氧化吸收法。该方法是在湿法净化系统的吸收剂中加入强氧化剂 [如 $NaClO_2$]，将烟气中的 NO 氧化成 NO_2，NO_2 再被碱溶液吸收去除。

7.4.3　二噁英的控制与净化技术

二噁英是毒性很强的有机氯化物，具有强致癌性和致畸性。

焚烧过程中，减少二噁英的方法主要有以下三个方面。

（1）源头控制。对进入焚烧炉的固体废物首先进行资源回收，避免含 $PCDD_S$（或 $PCDF_S$）物质及含氯组分高的物质（如 PVC 塑料等）进入焚烧炉中，是从源头减少二噁英产生的最有效措施。

（2）炉内控制。炉内控制通过焚烧系统的“3T1E”技术和先进的焚烧自动控制系统实现。采用焚烧温度控制在 850~1000℃，二次焚烧室停留时间超过 2s，以及较大的湍流度和供给过量的空气量（氧含量为 6%~12%），可以控制炉内避免二噁英的大量生成。

（3）炉外控制。$PCDD_S/PCDF_S$ 炉外再合成现象多发生在锅炉内或在粒状污染物控制设备前。可以通过缩短烟气在合成温度区间内的停留时间、高温分离飞灰、优化锅炉设计，加强锅炉吹扫能力、添加二噁英生成抑制剂等方法加以控制避免炉外低温区再合成。

7.5　固体废物焚烧技术的资源化

7.5.1　生活垃圾焚烧的资源化

生活垃圾焚烧工艺流程图如图 7-8 所示，生活垃圾经过一系列的预处理后，进入回旋流式流化床焚烧炉进行焚烧后，具有以下特点。

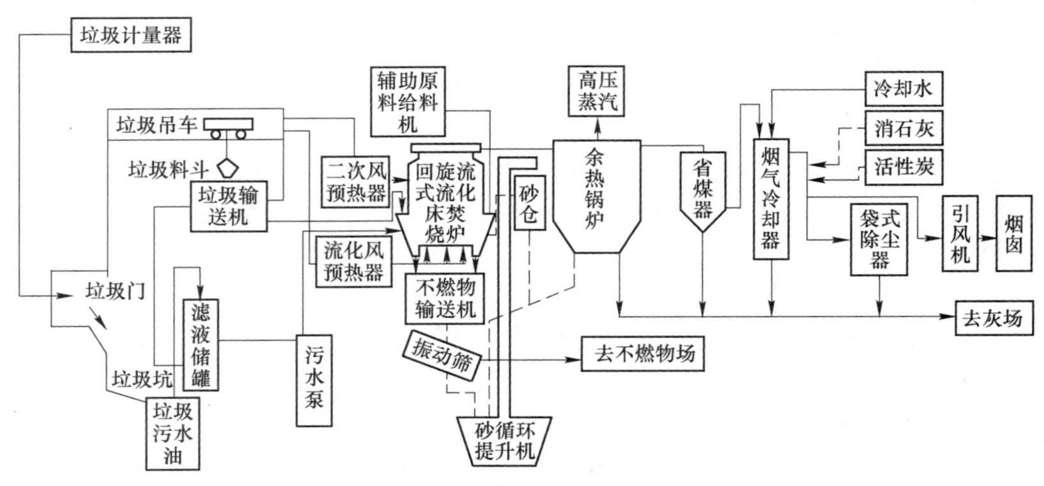

图 7-8　垃圾焚烧工艺流程图

（1）无害化。垃圾经焚烧处理后，垃圾中的病原体被彻底消灭，燃烧过程中产生的有害气体和烟尘经处理后达到排放要求；

（2）减量化。经过焚烧，垃圾中的可燃成分被高温分解后，一般可减重 80%、减容 90%以上，可节约大量填埋场占地；

（3）资源化。垃圾焚烧所产生的高温烟气，其热能被废热锅炉吸收转变为蒸汽，用来供热或发电，垃圾被作为能源来利用，还可回收铁磁性金属等资源。焚烧后的热量经过汽轮发电机进行发电利用。

（4）经济性。垃圾焚烧厂占地面积小，尾气经净化处理后污染较小，可以靠近市区建厂，既节约用地又缩短了垃圾的运输距离，随着对垃圾填埋的环境措施要求的提高，焚烧法的操作费用低于填埋。垃圾焚烧发电工艺流程图如图 7-9 所示。

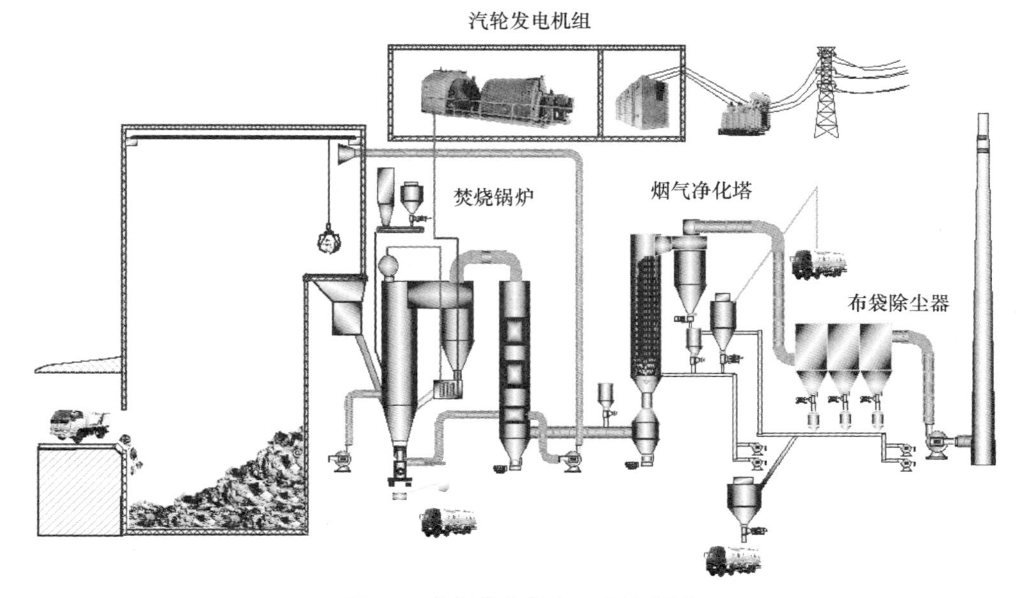

图 7-9　垃圾焚烧发电工艺流程图

（5）实用性。焚烧处理可全天候操作，不易受天气影响。

7.5.2　污泥焚烧的资源化

一般情况下，污泥通过脱水干燥形成泥饼后，投入立式多段炉、回转焚烧炉和流化床焚烧炉等，在一定的条件下进行焚烧，可以作为有机复合肥的原料。工艺流程如图 7-10 所示。

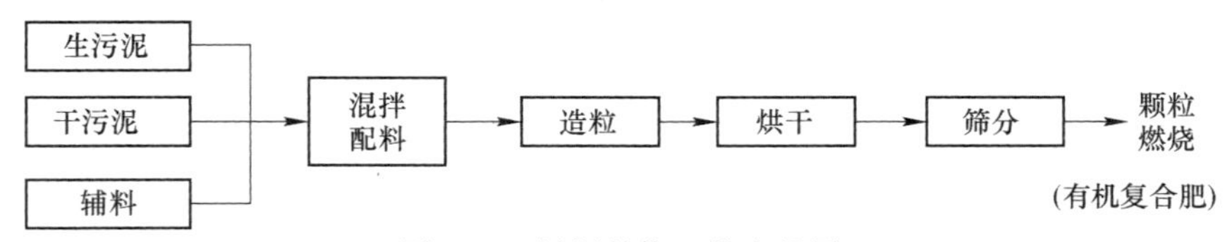

图 7-10　污泥焚烧工艺流程图

7.6　固体废物焚烧技术案例

7.6.1　案例导入

农业秸秆、生活垃圾等固体废物中含有大量有机组分，这些有机物在高温和氧气氛围下都能够发生燃烧反应，从而生成二氧化碳、水等小分子产物。由于燃烧过程会释放出大量能量，因此被认为是一种对固体废物减量处理、并从中获取能量的最为高效便捷的手段。

事实上，就地焚烧曾经是农业小镇 A 镇秋收季节产生的农业秸秆最常见的处置方式。但随着环境保护意识的提高，人们发现粗放焚烧的方式会使得固体废物氧化生成氮氧化物、硫化物、二噁英、$PM_{2.5}$等大气污染物，对空气环境造成严重的危害。而现如今，A 镇的固体废物日产量已接近 800t，而无论是农业废物秸秆，还是生活垃圾，甚至许多工业废物，都被送至 A 镇垃圾处理厂进行集中焚烧。在现代化的焚烧技术下，各种固体废物不但可以得到高效的减量化，燃烧污染物释放的有害气体也得到有效的控制，即便居住在垃圾焚烧厂周边，居民也很少能够感受到刺鼻气味。此外，集中式的现代焚烧技术，也为固体废物的资源化利用带来了更高的效率和更多的便利。

那么，现代化的集中焚烧技术和传统的粗放焚烧相比到底有什么区别，固体废物中的化学能经过燃烧产生的热能是如何被再次利用的，生物质固体废物燃烧过程的污染物要如何进行控制？

7.6.2　案例分析

对 A 镇的垃圾处理厂而言，所采用的就是垃圾焚烧-发电的方式对垃圾进行处置利用。其中，垃圾焚烧炉采用最为成熟的机械炉排炉形式，炉排炉共 2 台，每台额定负荷为 500t/天，并配套有 2 台 9MW 的汽轮发电机组。而焚烧烟气净化处理方面，采用选择性非催化还原（SNCR）+高分子脱硝（PNCR）+半干法（旋转喷雾）+氢氧化钠碱液应急喷射+干法（消石灰喷射）+活性炭+袋式除尘器的处理工艺，复杂冗长的烟气净化工艺保证了固废焚烧过程的污染物能够得到有效控制，最大程度上避免了垃圾处理厂运行对周边环境造成的二次污染危害。

虽然在当今技术条件下，焚烧已几乎成为适用性和环保效益最佳的固废处置与利用手段，但除了焚烧以外，固体废物还具有多种多样的资源化、能源化利用手段及利用方式，这些利用方式各自都具有不同的优势、不足、特性，在特定的应用场景下，也能够产生与焚烧利用相当甚至更为优越的环境、资源、经济效益。

一、选择题

1. 固体废物焚烧烟气处理时，采用石灰碱液吸收主要是为了去除（　　）。

A. 烟尘　　B. NO　　C. 二噁英　　D. HCl

2. 固体废物燃烧处理的最主要污染物是（　　）。

A. 氮氧化物和焚烧炉气体　　B. 硫化物

C. 焚烧炉烟气和残渣　　D. 碳氧化物和残渣

3. 以下哪个不是焚烧过程的阶段（　）。

A. 干燥　B. 热分解　C. 脱水　D. 燃烧

4. 一般情况下，焚烧阶段可以划分为干燥、(　) 和燃烧。

A. 蒸发　B. 脱水　C. 热分解　D. 结晶

5. 固体废物焚烧烟气处理时，通入过量空气主要是为了去除（　）。

A. 烟尘　B. SO_2　C. HCl　D. 二噁英

6. 医疗垃圾一般采用（　）方法进行处理。

A. 焚烧　B. 填埋　C. 堆肥　D. 消毒后填埋

7. 城市生活垃圾焚烧处理中产生的烟气，宜采用（　）处理。

A. 加装除尘罩　B. 半干法加布袋除尘工艺

C. 湿式除尘工艺　D. 氧化法

二、填空题

1. 可燃固体废物焚烧时，其热值有两种表示方法，即________和________，二者之差表现为________。

2. 固体废物燃烧的机理极其复杂，但就过程而言可以依次分为__________、__________和__________三大燃烧过程。根据可燃物的不同种类，存在三种不同的燃烧方式，即____________、____________和____________。

3. 一个完整的焚烧系统包括________________、________________、________________、________________、________________、________________等。

4. 固体废物处理所利用的热处理法，包括高温下的焚烧、热解、焙烧、烧成、热分解、煅烧、烧结等其中焚烧过程划分为________、________、________三个阶段。

三、问答题

1. 影响固体废物焚烧处理的主要因素有哪些?

2. 焚烧的因素对固体废物焚烧处理有何重要影响，为什么?

3. 废物在焚烧过程中会产生哪些污染，如何防治?

4. 简述焚烧设备的类型及特点。

微课：热解原理与影响因素

任务 8　固体废物的热解技术与资源化

8.1　热解的基本概念与原理

8.1.1　热解的基本概念

热解（pyrolysis）是指利用固废中有机物的热不稳定性，在无氧或缺氧条件下对其进行加热蒸馏，使有机物产生热裂解，经冷凝后形成各种新的气体、液体和固体，从中提取燃料油、燃料气的过程。

小贴士

热解是高温处理技术，原料为有机可燃废物，可以实现“三化”过程。

热解技术能够以较低的成本、连续化生产工艺，将常规方法难以处理的低能量密度的生物质转化为高能量密度的气、液、固产物，减少了生物质的体积，便于储存和运输。同时能够最大限度地实现固体的减量化、无害化和资源化要求，还能从生物油中提取高附加值的化学品。

8.1.2　热解技术的原理

8.1.2.1　热解的机理

热解过程是一个复杂的化学反应过程，是在隔绝空气或供给少量空气的条件下，通过热化学转换，将有机固体废物转变成为木炭、液体和气体等低分子物质的过程。其过程包括大分子的键断裂、异构化和小分子的聚合等反应，最后生成各种较小的分子。热解的产物包括燃料油、木焦油、木煤气、木炭等。

热解反应通式如图 8-1 所示。

有机物 —缺氧或厌氧→
1. 气态：H_2、CH_4、CO、CO_2等
2. 液态：热解油、生物油、有机酸、焦油、煤油、芳烃、醛、醇……
3. 固态：炭渣、惰性物……

图 8-1　热解反应通式

对于废塑料、废橡胶、含碳（质量分数）40%以上的污泥、城市生活垃圾都可以进行热解。

在炭化过程中，原料中的纤维素、木质素等物质发生了热解过程，产生一些小分子含碳有机物和无机物等物质，例如生物炭（固相物质）、生物油（液相物质）和气体（气相物质），因此，炭化反应的产物为三相物质，其反应过程为：

生物质（含有纤维素、木质素等）⟶生物炭+生物油+气体

生物油又称为燃料油，其主要成分为醇类、酸类、酮类、酚类和烷烃类等。气体又称为燃料气，其主要成分为 H_2、CO、CO_2、CH_4 和（或）NH_3。炭化反应可以提高生物炭的产率，减少生物油和气体的产生。

小贴士

在实际生产中，有两种分类方法是最常用的：一是按照生产燃料目的将热解工艺分为热解造油和热解造气；二是按热解过程控制条件将热解工艺分为高温分解和气化。

8.1.2.2　热解的类型

根据热解条件的不同，可以将热解分为以下三种类型。

（1）慢速热解。慢速热解又称烧炭法，主要用于木炭的烧制，有机固体废物在极低升温速率、热解温度低于400℃下长时间热解，可得到最大限度的焦炭产率为35%（质量分数），这个过程也称为有机固体废物的炭化过程。

（2）常规热解。将有机固体废物原料放入常规热解装置中，在低于500℃、较低加热速率（10~100K/min）、热解产物停留时间（0.5~5s）下热解，可制成相同比例的气体、液体和固体产品（可得到原料质量20%~25%的生物炭、10%~20%的生物油）。

（3）快速热解。快速热解是将磨细的有机固体废物原料放入快速热解装置中，有机固体废物在常压、超高加热速率（1000~10000K/s）、超短产物停留时间（0.5~2s）、适中热解温度（500~650℃）下瞬间气化，然后快速凝结成液体，可获得最大限度的液体产率，其产物中的生物油一般可以达到原料质量的40%~60%。快速热解过程需要的热量以热解产生的部分气体为热源。

小贴士

热解条件见8.2固体废物热解的控制因素中的内容。

8.1.2.3　热解的特点

热解技术与直接焚烧技术相比，有如下特点。

（1）在热解过程中废物的有机物成分能转化成可贮存性能源形式（如燃料气、燃料油和炭黑等），其经济性更好。热解产生的燃料气视其热值的高低可直接燃烧或和其他高热值燃料混合燃烧，反应过程产生的燃料油视其性质可制成燃料或提取化工原料。

（2）热解技术是在厌氧或缺氧条件下进行的，因此二次污染小，可简化污染控

制问题，对环境更加安全；热解技术产生的烟气量比直接焚烧法少，特别是烟气中 NO_x、重金属、二噁英类等污染物的含量较少，有利于烟气的净化，降低了二次污染物的排放水平。

小贴士

热解处理技术的机理就是在缺氧条件下有机固体废物热分解的过程。

热解和焚烧的区别如图 8-2 所示。

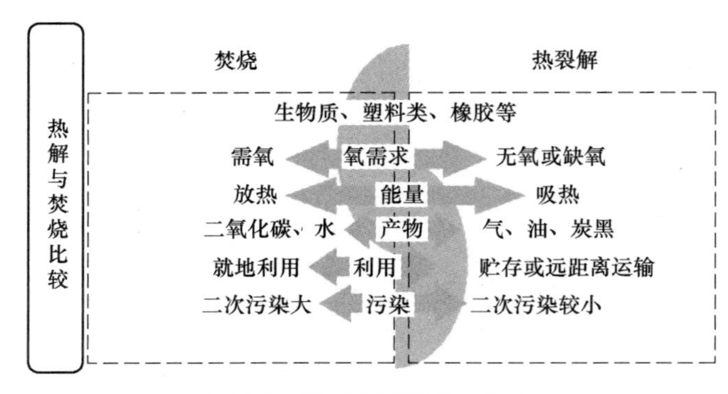

图 8-2　热解与焚烧处理技术

8.1.2.4　热解处理技术的产物

根据热解的机理可知，热解处理技术的产物主要有气态、液态和固态，包括燃料油、木焦油、木煤气、木炭等。气态主要为燃料气，如 H_2、CH_4、CO、CO_2 等。液态主要为燃料油，如热解油、生物油、有机酸、焦油、煤油、芳烃、醛、醇等。固态主要为炭渣、惰性物等，控制好热解参数条件可以制备生物炭和活性炭。

生物油主要用在燃烧供热、电力生产、燃料油及化学品的生产。尽管生物油的热值仅为化石燃料油的一半左右，且大量的水分含量使其应用难度增加，但液体产品应用在燃烧方面的优点是易于处理、运输和储存，也有利于现有燃油装置的利用。生物油中含有许多化工原料和产品，热解的液体产品已经确认的物质有数百种，其潜在的价值也比回收油的价值高很多。总之，生物油作为燃料在锅炉、汽轮机、柴油机上的应用实验比较成功，但其精炼提纯、提取化学物质的研究上尚不成熟，不具有经济可行性。

小贴士

热解处理技术的产物可以根据实际需要，控制好条件就可以得到不同的产物，如低温慢速可以制备生物炭和活性炭；生物炭是高温缺氧条件下进行热解得到的富炭物质，具有很好的热稳定性和抗生物化学分解特性，发达的孔隙结构和巨大的比表面积，表面含有多种官能团。

8.2　固体废物热解的控制因素

8.2.1　热解温度

热解过程中热解温度一般在 400～800℃的条件下进行，热解的产物主要取决于热解温度和热解速率。

一般低温通常会产生较多的液体产物，而高温则会使气态物质增多。慢速热解（碳化）过程需要在较低温度下以较慢的反应速度进行；快速或者闪速热解是为了使气体和液体产物的产量最大化。

一般低温慢速将产生更多的固态产物（如炭黑等），目前所说的生物炭的制备过程就是在低温慢速条件下热解碳化得到的；高温快速将产生更多的气态产物和液态产物（如燃料气和燃料油等）。

8.2.2　湿度

热解过程中，固体废物湿度会影响产气的产量和成分，也会影响热解的内部化学过程，以及影响整个系统的能量平衡。

8.2.3　热解时间

热解时间是指有机固体废物完成反应在热解炉内停留的时间。一般有机固体废物尺寸越小，热解时间越短；有机固体废物分子结构越复杂，反应时间越长。

8.2.4　升温速率

升温速率的快慢直接影响固体废物的热解过程，从而也影响热解的产物。一般升温速率较慢时，会产生固体产物；升温速率较快时，会产生液体和气体产物。

8.3　固体废物热解系统与设备

8.3.1　生活垃圾的热解

生活垃圾热解工艺设备，按结构形式可分为移动床热解炉、流化床热解炉、多段炉和旋转炉。

8.3.1.1　移动床热解工艺

如图 8-3 所示，生活垃圾经适当破碎除去重组分后，有机生活垃圾从炉顶的气锁加料斗进入热解炉，从炉底送约 600℃的空气-水蒸气混合气，炉体温度由上到下逐渐增加。炉顶为干燥预热区，其下依次为热分解区、气化区和燃烧区。生活垃圾经过各区分解后产生的残渣经回转炉棚从炉底排出。

8.3.1.2　双塔循环式移动床热解工艺

双塔循环式移动床热解工艺中，双塔是热解器和燃烧器，热分解及燃烧反应分别在两个塔中进行，热解生成的固体碳或燃烧塔内燃烧产生的热量来提供热解所需要的热量。惰性的热媒体（沙）在燃烧炉内吸收热量并被流化气鼓动成流态化，到热分解塔与垃圾相遇，供给热分解所需的热量，受热的垃圾在热解炉内分解生成的气体一部分作为热解炉的流动化气体供循环使用，另一部分成为产品。如图 8-4 所示，有生活垃圾进入热解器进行热解，热载体从下部移动至燃烧器，将燃烧器的热量循环至热解器，给热解器提供热解热量，热解后的产物进入燃烧器充分燃烧后，从顶部排出。

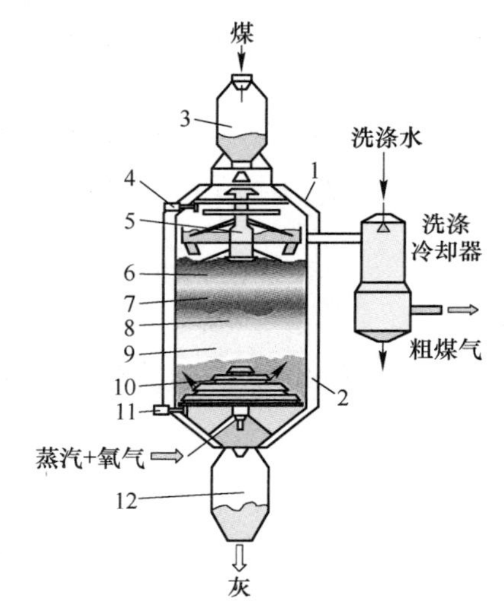

图 8-3　移动床热解工艺

1—蒸气夹套；2—水夹套；3—煤闭锁仓；4—煤分配器驱动器；5—煤分配器；6—干燥区；7—脱挥发分区；8—气化区；9—燃烧区；10—炉箅；11—炉箅驱动器；12—灰闭锁仓

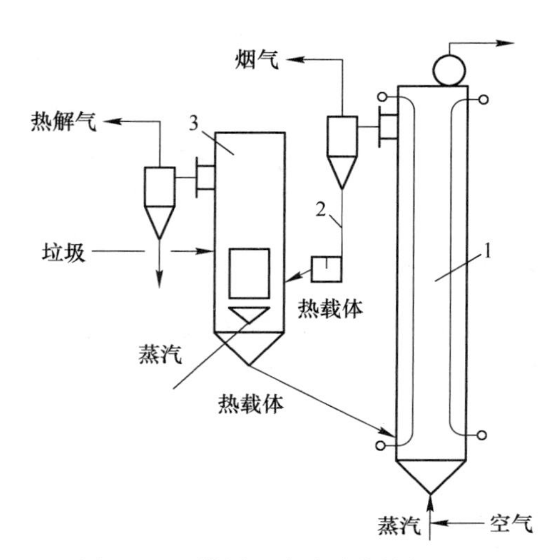

图 8-4　双塔循环式移动床热解工艺

1—燃烧器；2—料腿；3—热解器

8.3.1.3　纯氧高温热解分解工艺

垃圾由炉顶加入并在炉内缓慢下移，纯氧从炉底进入，首先达到燃烧区，参与垃圾燃烧。垃圾燃烧产生的高温烟气与向下移动的垃圾在炉体中部相互作用，有机物在还原状态下发生热解。热解气向上运动穿过上部垃圾层并使其干燥。最后，烟气离开热解炉到净化系统处理回收。

8.3.1.4　新日铁系统

新日铁系统是将热解和熔融一体化的设备（见图 8-5），通过控制炉温和供氧条件，使垃圾在同一炉体内完成干燥、热解、燃烧和熔融。干燥段温度约为 300℃，热解段温度为 300～1000℃。熔融段温度为 1700～1800℃。如图 8-5 所示，大型可燃垃圾先储存于大型垃圾储槽，通过吊车送入破碎机进行破碎后，与一般垃圾可以协同热解，被送入熔融炉进行干燥、热解、燃烧和熔融，然后通过热风炉进入喷水冷却塔和电除尘器进行除尘和净化气体污染物后，再通过风机从烟囱达标排放。

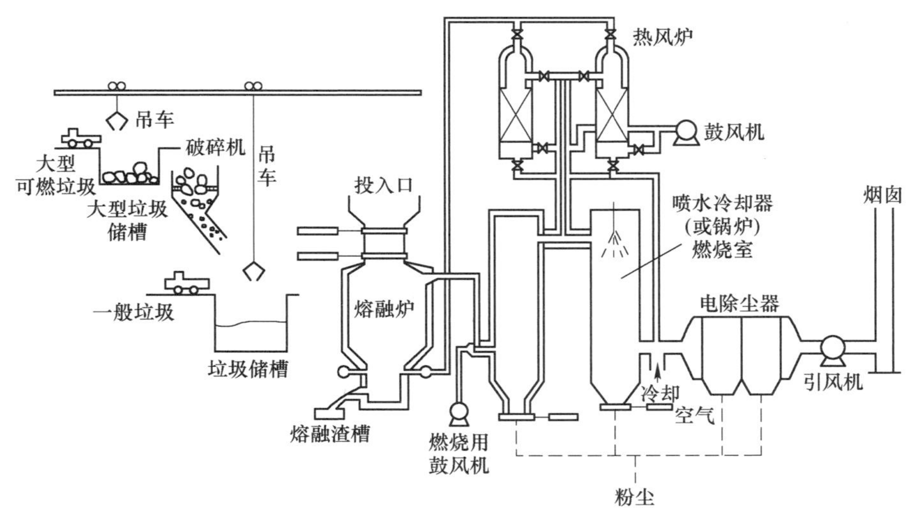

图 8-5　新日铁系统

8.3.2　废塑料的热解

微波加热减压分解废塑料流程如图 8-6 所示。热风炉与微波同时将破碎塑料加热至 230～280℃使塑料熔融，送入反应炉加热至 400～500℃分解，生成的气体经冷却液化回收燃料油。

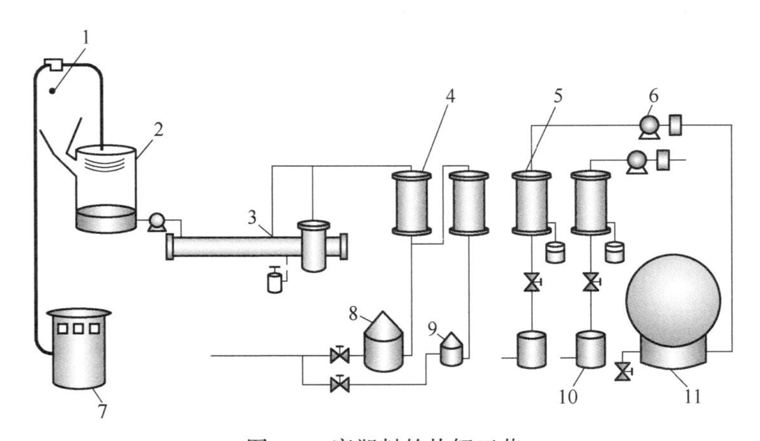

图 8-6　废塑料的热解工艺

1—废塑料加料斗；2—熔融槽；3—反应炉；4—冷凝器；5—氯化氢回收塔；
6—泵；7—微波电器；8，9—油槽；10—氯化氢贮存槽；11—气柜

8.3.3　废橡胶的热解

废橡胶（如废轮胎）的热解产物中包括 22%的气体、27%的液体、39%的炭灰、12%的钢丝。气体主要为甲烷、乙烷、乙烯、丙烯、一氧化碳等，液体主要是苯、甲苯和其他芳香族化合物。废橡胶的热解工艺如图 8-7 所示。

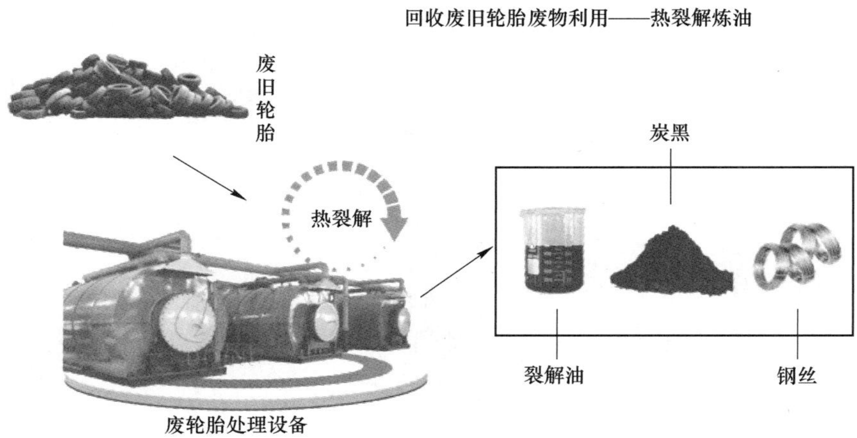

回收废旧轮胎废物利用——热裂解炼油

废旧轮胎

热裂解

炭黑

裂解油

钢丝

废轮胎处理设备

图 8-7 废橡胶的热解工艺

8.3.4 农业固体废物的热解

在隔绝空气的条件下，将农业固体废弃物加热至 270～4000℃可分解形成固态的草炭，液态的糠醛、乙酸、焦油，以及气态的草煤气等多种燃料与化工原料。热解的主要设备是热解炉、冷凝器和分离器。

8.3.5 污泥的热解

污泥热解技术利用热化学作用，在厌氧环境下，把有机物质（如下水道污泥等）转换成生物油、烧焦物、合成气体和反应水。转化过程在双重反应系统中进行，如图 8-8 所示。在第一个反应器中，60%以上经过脱水的污泥（含固量在 90%～

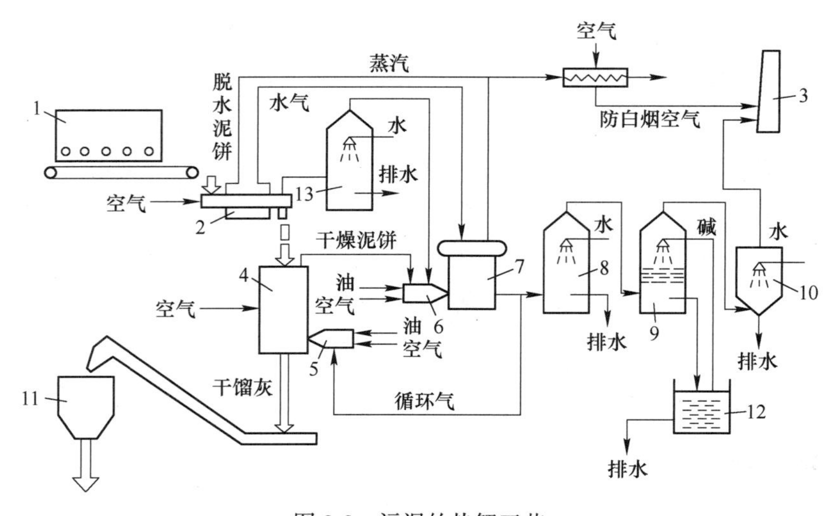

图 8-8 污泥的热解工艺

1—定量进料器；2—蒸汽干燥器；3—烟囱；4—热解炉；5—热风炉；6—燃烧室；7—余热锅炉；8—2 号水洗塔；9—吸收塔；10—湿式电除尘器；11—灰槽；12—碱循环槽；13—1 号水洗塔

95%）在 450℃下挥发；在第二个反应器中，产生的气相成分和烧焦物在一起，发生各种反应，产生生物油产品。

动画：生活垃圾热解技术

8.4　固体废物热解技术的资源化

8.4.1　废纺织品的热解资源化

仿真：固体废物热解炭化降温减排装置

人们的衣物多由纺织品制成。一方面，生产这些衣物的纺织厂每年会产生大量的边角料；另一方面，随着人们衣物更新的加快，也会产生大量的废旧衣物。若直接丢弃这些边角料或废旧衣物，则不仅会造成环境污染，而且也会造成资源的浪费。因此，如何资源化利用边角料或废旧衣物就成为亟待解决的课题。废纺织物制备一种纤维状生物炭方法如下。

（1）预处理。将纺织品在（80±10）℃的处理剂中浸渍并不断搅拌，（30±10）min 后挤出水分，然后于（60±10）℃下热风干燥，得到处理物。

（2）粉碎。将步骤（1）所得的处理物粉碎为粒径不大于 850μm（20 目）的粉状物，同时保证粉状物的含水率不大于 10%。若粉状物的含水率大于 10%，则可以继续进行热风干燥，直至粉状物的含水率不大于 10%为止。

（3）炭化。将步骤（2）所得的粉状物在惰性气体的保护下以 5~8℃/min 的升温速率升温至 280~480℃，炭化 0.5~2h，得到纤维状生物炭，见图 8-9 所示。

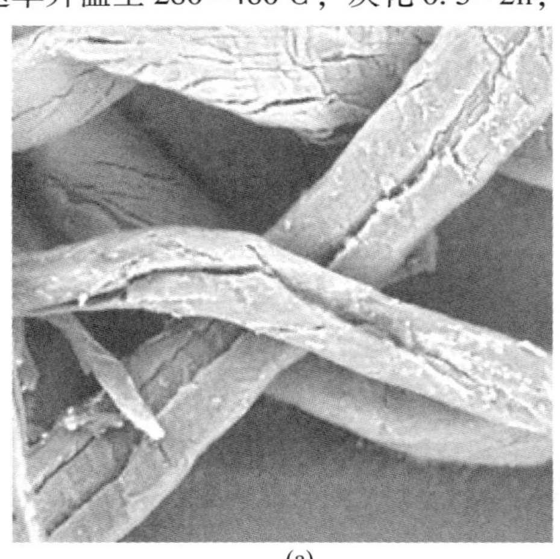

(a)

(b)

图 8-9　废纺织物的热解资源化
（a）原料电镜图；（b）生物炭电镜图

小贴士

纤维状生物炭的含碳量是指纤维状生物炭中的碳元素的含量，碳含量越高越有利于碳储存。具有较高含碳量的纤维状生物炭不仅可以减少肥料的用量，还可以减少温室气体的排放，对实现炭的减排将非常有意义。

纤维状生物炭可以用于作为大气污染物或水体污染物的吸附剂，这是

因为纤维状生物炭具有较高的碘吸附值，说明其具有发达的微孔和很强的吸附能力；纤维状生物炭也含有含钾、钠等元素，可直接应用于植物栽培、土壤改良或土壤保水等领域，或者吸附污染物后再应用于植物栽培、土壤改良或土壤保水等领域。

8.4.2　废毛发的热解资源化

废毛发制备一种粉末状生物炭方法如下。

（1）预处理。将头发样放入烧杯中，加入处理剂，超声清洗 2min（两次），用去离子水冲洗干净，置于电热恒温干燥箱内，于 37℃ 干燥 8h，干燥后的头发剪碎，得到所述处理物。

（2）粉碎。将步骤（1）所得的处理物剪碎为粒径不大于 0.5mm 的粉状物，同时保证粉状物的含水率不大于 10%。若粉状物的含水率>10%，则可以继续进行热风干燥，直至粉状物的含水率不大于 10%为止。

（3）炭化。将步骤（2）所得的剪状物在惰性气体的保护下以 5℃/min 的升温速率升温至 200~450℃，炭化 0.5~2h，得到粉末状生物炭，如图 8-10 所示。

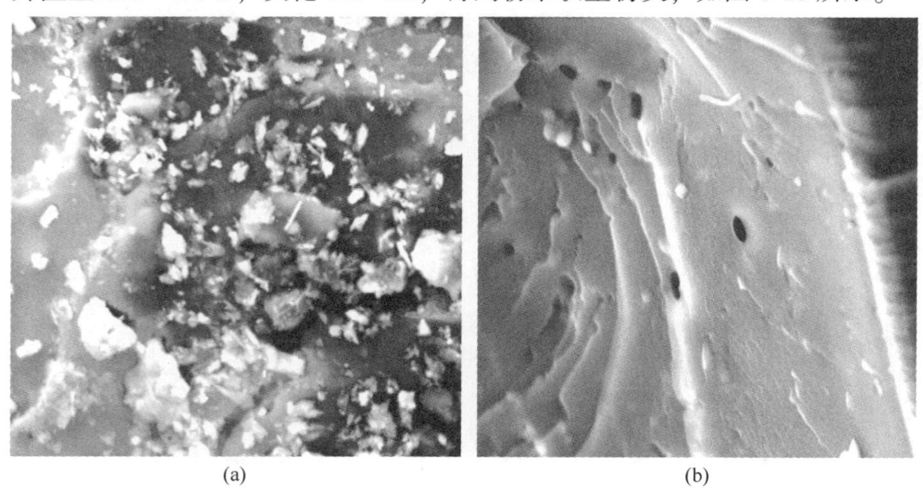

(a)　　(b)

图 8-10　废毛发的热解资源化

（a）原料电镜图；（b）生物炭电镜图

小贴士

炭化温度越低，生物炭的产率越高，然而，炭化温度越低，炭化就越不完全，使得终产物中含有部分未炭化原料；另外，炭化温度越低，碘吸附值也相应变小，说明生物炭吸附能力减小。

8.5　固体废物热解技术案例

8.5.1　案例导入

A 市的城郊建有一处轻工业园区，园区里有多家制药、纺织、食品加工等行业的工厂，每天产生固体废物近100t。这些厂房产生的有机固体废物全都被送到园区内的垃圾焚烧发电厂，产生的电能又供给园区内的工厂生产生活使用，实现了园区工业垃圾处置和电能供给的双重效益。然而，近年来园区内的工厂纷纷进行节能降耗升级改造，厂区对电能的供给需求不断地降低，而厂区内各家工厂的产能却不断上升。对于焚烧发电厂而言，垃圾处理量增多了、垃圾处理费效益也提高了，但是焚烧发电厂产生的电能却卖不出去了。为了防止发电机空耗，垃圾焚烧发电厂关停几乎一半的发电机，垃圾焚烧发电厂几乎不发挥发电功能，仅发挥垃圾处理功能。由于大规模电能不存在目前还成熟、廉价、安全的储存方式，如此的垃圾处理方式造成了有机固体废物中能量的大量浪费。

那么，能否采用其他方式，把有机固体废物中的化学能储存起来，等到需要的时候再燃烧利用或者是运输到其他地方进行燃烧利用呢？这样的技术需要哪些设备、又有什么样的效果？

8.5.2　案例分析

对于该垃圾处理场的实际运行情况，可以考虑采用热解碳化技术工艺，其系统组成包括垃圾碳化热解炉、尾气净化处理系统、余热锅炉、除酸塔、除尘器等。在上述垃圾碳化系统下，A市轻工业园区的垃圾处理厂可将其相对稳定、均质的工业有机固体废物原料转化为品质较高的热解炭产品，从而应用于污染物吸附、缓释肥原料、固体燃料等领域，定期库存出售，产生可观的效益。

事实上，正因为产品高值化、过程可控性强、负荷适配性强等优势，热解技术也越来越受到当下固体废物处理工程的青睐。然而，就热解技术的现实应用而言，副产物控制与脱除优化、产品纯度与价值进一步提升、系统装备经济性提升等方面，仍然有待进一步科研探索。

一、选择题

1. 下列产物中，属于热解产物的是（　　）。

A. CH_4　　B. CO_2　　C. SO_2　　D. NO_x

2. 固体废物热解的条件是（　　）。

A. 缺氧　　B. 需氧

C. 可以需氧也可以缺氧　　D. 常温下进行

3. 固体废物热解的产物有（　　）。

A. 燃料油　　B. 燃料气　　C. 炭渣　　D. 惰性物质

4. 固体废物热解的温度是（　　）。

A. 400～800℃　　B. 100～800℃　　C. 300～800℃　　D. 200～800℃

5. 生活垃圾的热解工艺有（　　）。

A. 双塔循环式流动床系统　　B. 移动床系统

C. 纯氧高温热解系统　　D. 新日铁系统

6. 下列固体废物中，适于热解处理的为（　　）。

A. 厨房垃圾　　B. 旧家具　　C. 废塑料　　D. 电镀污泥

7. 下列属于固体废物热解的特点的是（　　）。

A. 需氧　　B. 放热　　C. 吸热　　D. 产生的污染多

二、判断题

1. 热解处理固体废物可以产生燃料油、燃料气等，而且对大气污染较小，所以可以替代焚烧处理技术。（　　）

2. 热解法适宜处置有机成分多热值高的固体废物，炼油厂脱水污泥不能用该法处理。（　　）

3. 等离子体热解法适宜处置有机成分多，热值高的固体废物，不能处理危险废物。（　　）

4. 固体废物热解是利用有机物的热不稳定性，在无氧或缺氧条件下受热分解的过程。焚烧是放热的，热解是吸热的。（　　）

5. 在固体废物热解过程中，热解温度对于热解产物的产量和组分有着重要的影响。一般来说，高温产生更多的液态油品类物质。（　　）

三、问答题

1. 影响固体废物热解处理的主要因素有哪些？

2. 热解与焚烧的主要区别是什么？

3. 热解炉按结构可以分为哪几类？

4. 简述废纺织品和废毛发的资源化过程。

任务 9　固体废物的堆肥技术与资源化

固体废物的生物处理技术就是利用自然界广泛分布的微生物的作用，通过生物转化，将固体废物中易于生物降解的有机组分转化为腐殖肥料、沼气或其他化学转化品（如饲料蛋白、乙醇或糖类），从而达到固体废物无害化的一种处理方法。

堆肥法是一种古老而又现代的有机固体废物的生物处理技术，是人类进行有机废物资源回收利用最早的方法之一。堆肥法具有十分悠久的历史，古代中国和印度等东方国家的农民已经用这种方法来处理作物秸秆和人、畜粪便，以获得农家肥。我国 20 世纪 50 年代中后期，曾兴起积制土杂肥的热潮，就是这一传统技术的应用。堆肥方法发展至今已经形成了较为成熟的工艺系统和完善的设备系统。我国城市生活垃圾堆肥处理技术在 20 世纪 80 年代开始得到政府相关部门的高度重视，大力发展起来。20 世纪 90 年代以后，世界一些发达国家进一步制订了一系列关于垃圾填埋场和焚烧场的废物排放标准，使得卫生填埋与焚烧处理生活垃圾的成本大大提高。这两种处理方法受到冷落的同时，堆肥法处理城市生活垃圾得到广泛的重视。

好氧堆肥主要利用好氧生物处理技术。好氧生物处理技术是在有游离氧存在的条件下，好氧微生物降解有机物，使其稳定化、无害化的处理方法。

小贴士

微生物利用固体废物中的有机污染物（以溶解状与胶体状的为主）作为营养源进行好氧代谢。这些有机物质经过一系列的生物化学反应，逐级释放能量，最终以无机物质稳定下来，达到无害化的要求，以便返回自然环境或进一步处置。

9.1　固体废物堆肥技术原理

9.1.1　堆肥原理

9.1.1.1　基本概念

堆肥是在人为控制条件下，利用自然界广泛分布的细菌、放线菌、真菌等微生物的作用，促进可降解性有机固体废物发生生物稳定作用后的产物。

好氧堆肥是在通气条件好，氧气充足的条件下，好氧菌对有机固体废物进行吸收、氧化以及分解的过程。好氧微生物通过自身的生命活动，把一部分被吸收的有机物氧化成简单的无机物，同时释放出可供微生物生长活动所需的能量；而另一部

分有机物则被合成新的细胞质，使微生物不断生长繁殖，产生出更多生物体。

小贴士

堆肥过程包括好氧堆肥和厌氧堆肥。本节课主要以好氧堆肥为主，堆肥可以实现“三化”原则。

9.1.1.2　好氧堆肥原理

好氧堆肥是依靠专性好氧微生物和兼性好氧微生物的作用降解有机固体废物的生化过程，将要堆腐的有机料，在合适的水分、通气条件下，使微生物繁殖并降解有机质，从而产生高温，杀死其中的病原菌及杂草种子，使有机物达到稳定化。

在好氧堆肥的过程中，有机废物中的可溶性小分子有机物质透过微生物的细胞壁和细胞膜而为微生物所吸收和利用。其中的不溶性大分子有机物则先附着在微生物的体外，由微生物所分泌的胞外酶分解成可溶性小分子物质，再输入其细胞内为微生物所利用。通过微生物的生命活动（合成及分解过程），把一部分被吸收的有机物氧化成简单的无机物，并提供活动中所需要的能量，而把另一部分有机物转化成新的细胞物质，供微生物增殖所需。

好氧堆肥原理图如图 9-1 所示。

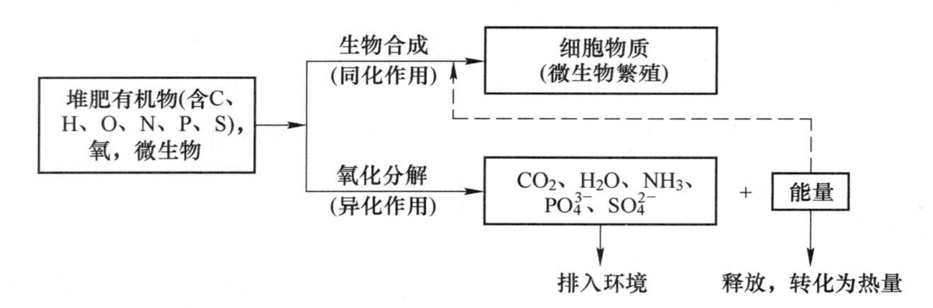

图 9-1　好氧堆肥处理技术的机理

小贴士

好氧堆肥的原理总结为两点：

（1）是有机固体废物中的可溶性物质透过微生物的细胞壁和细胞膜被微生物直接吸收；

（2）不溶的胶体有机物质，先吸附在微生物体外，依靠微生物分泌的胞外酶分解为可溶性物质，再渗入细胞。

9.1.1.3　好氧堆肥的特点

好氧堆肥具有在短时间内消除有机污染、高温灭菌、降低废物水分、减少浸出液量、生产周期短、占地面积小、便于浸出液的收集及处理、不产生易燃气体、安全性好等优点；但其耗电量较大，运行费用较高。

9.1.1.4　堆肥的原料

好氧堆肥主要是好氧微生物降解可降解的有机固体废物，因此好氧堆肥的原料广泛。

A　生活与市政有机固体废物

生活与市政有机固体废物包括厨余、肉菜市场废物、各种生活垃圾、市政污泥、河道底泥、市政管网中淤泥等。这类有机物是很好的堆肥原料，用于制作堆肥，可为农业生产提供大量优质的有机肥料。

B　工业有机固体废物

工业有机固体废物包括糖业废物（如蔗渣、滤泥、甜菜渣等）、造纸废物（如造纸污泥、树皮、黑液浓缩物或木质素粉系列等）、印染污泥、食品加工废物（如啤酒滤泥、葡萄酒厂废渣、西红柿酱废渣）和药厂废渣（如中药渣、抗生素生产废渣等）。

C　农业有机固体废物

农业有机固体废物包括种植、畜牧、水产、林业等产业废物，主要有作物秸秆、禽畜粪便、鱼塘（河流）底泥、林业加工的残枝、木屑。随着农业生产的发展，农业废物的数量和种类迅速增加，如鱼（虾）塘底泥和河流疏浚底泥的处理和利用都成为一个亟待解决的问题。

9.1.1.5　堆肥微生物

根据好氧堆肥的过程中温度的变化，好氧微生物主要分为嗜温型微生物和嗜热型微生物两大类（主要有细菌、真菌和放线菌），见表9-1。

表9-1　堆肥中主要微生物种群

种类	性质和作用	代表性菌种
细菌	具有大比表面积，可快速利用可溶性物质，在数量上通常要比体积更大的微生物（如真菌）多很多 有些细菌（如芽孢杆菌）能形成很厚的孢子壁以抵抗高温、辐射和化学腐蚀等不良环境	枯草芽孢杆菌、地衣芽孢杆菌和环状芽孢杆菌
真菌	真菌在堆肥过程中起重要作用，具有较强的分解堆肥底物中所有木质纤维素的能力	白腐真菌、嗜温真菌地霉菌、嗜热真菌烟曲霉、担子菌、子囊菌、橙色嗜热子囊菌
放线菌	分解纤维素和溶解木质素，比真菌能够耐受更高的温度和pH值 放线菌降解纤维素和木质素的能力并没有真菌强，但它们在堆肥高温期是分解木质纤维素的优势菌群 在恶劣条件下，放线菌则以孢子的形式存活	诺卡氏菌、链霉菌、高温放线菌和单孢子菌

9.1.1.6　好氧堆肥的类型

根据反应器类型、固体流向、反应器床层和空气供给方式进行分类，见表9-2。

按照堆肥过程内物料运动形式不同，分为静态堆肥、间歇式动态堆肥和连续式动态堆肥；按照微生物对氧的需求不同，分为好氧堆肥和厌氧堆肥；按照堆肥的堆制方式不同，分为条垛式堆肥和封闭式堆肥；按照发酵历程，分为一次发酵和二次发酵。

表 9-2　堆肥系统分类

系统	固体流向	供气方式或反应器类型	反应器床层、形状或固体流态
开放式系统	搅拌固体床（条垛式）	自然通风式 强制通风式	
	静态固体床	强制通风静态垛式 自然通风式	
	垂直固体流	搅拌固体床 筒仓式反应器	多床式、多层式、气固逆流式 气固错流失、分散流式
反应器系统	水平和倾斜固体流	滚动固体床（转筒或转鼓） 搅拌固体床（搅拌箱或开放槽） 静态固体床（管状）	蜂窝式、完全混合式 圆形、长方形、 推进式、输送带式
	静止式（堆肥箱）	强制通风式	

小贴士

好氧堆肥化是在通风条件下，有游离氧存在时进行的分解发酵过程。好氧堆肥堆温高，一般在 55℃ 以上，可维持 7～11 天，极限可达 80℃ 以上，亦称高温堆肥法。由于好氧堆肥法具有堆肥周期短、无害化程度高、卫生条件好、易于机械化操作等优点，在有关污泥、城市垃圾、畜禽粪便和农业秸秆等堆肥中被广泛采用。

微课：好氧堆肥过程

9.1.2　好氧堆肥过程

好氧堆肥的微生物学过程可大致分为三个阶段。第一阶段微生物适应新环境后，开始降解有机物，同时合成自身放出热量，堆肥温度开始升高；第二阶段温度继续升高，微生物降解有机物，同时由于温度太高，微生物处于休眠状态，此时微生物的降解作用减弱，温度开始下降；此后就进入第三阶段，微生物将继续降解残留的有机物。好氧堆肥处理技术的机理如图 9-2 所示。

动画：好氧堆肥过程

9.1.2.1　中温阶段

中温阶段也称产热阶段（或升温阶段），是主发酵前期，一般需要 1～3d 完成。中温阶段主要是指堆肥过程初期，堆体温度为 15～45℃。该过程嗜热型微生物较为活跃，主要以糖类和淀粉类物质等可溶性有机物为基质，进行自身的新陈代谢过程。嗜温型微生物主要包括真菌、细菌和放线菌。真菌菌丝体能够延伸到堆肥原料的所有部分，并会出现中温真菌的实体。

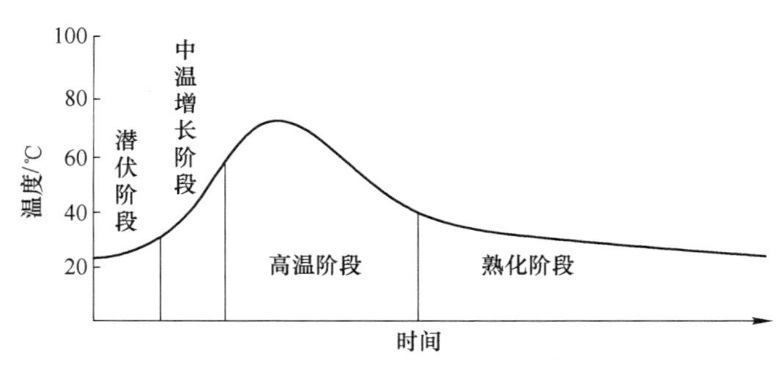

图 9-2　好氧堆肥处理技术的机理

9. 1. 2. 2　高温阶段

高温阶段是主发酵、一次发酵，一般需要 3～8d 完成。当堆温升至 45℃以上时即进入高温阶段，嗜温型微生物受到抑制甚至死亡，取而代之的是嗜热型微生物。堆肥中残留和新形成的可溶性有机物质继续分解转化，复杂的有机化合物如半纤维素、纤维素和蛋白质等开始被强烈分解。通常情况下，在 50℃左右进行活动的是嗜热型真菌和放线菌；温度上升到 60℃时，真菌几乎完全停止活动，仅有嗜热型放线菌与细菌活动；温度升到 70℃以上时，对大多数嗜热型微生物已不适宜，微生物大量死亡或进入休眠状态。

9. 1. 2. 3　腐熟阶段

腐熟阶段又称降温阶段（或熟化阶段），是后发酵、二次发酵，一般需要 20～30d 完成。当高温持续一段时间后，易分解的有机物（包括纤维素等）已大部分分解，只剩下部分较难分解的有机物和新形成的腐殖质，此时微生物活性下降，发热量减少、温度下降。在此阶段嗜温型微生物又占优势，对残余的较难分解的有机物做进一步分解，腐殖质不断增多且稳定化，此时堆肥即进入腐熟阶段，需氧量大大减少，含水量也降低。此阶段堆肥可施用。高温堆肥卫生标准见表 9-3。

表 9-3　高温堆肥卫生标准（GB 7959—1987）

编号	项目	卫生标准
1	堆肥温度	最高温度达 50～55℃以上，持续 5～7 天
2	蛔虫乱死亡率	95%～100%
3	粪大肠菌值	10^{-1}～10^{-2}
4	苍蝇	有效控制苍蝇滋生，堆肥周围没有活的蛆、蛹或新羽化的成蝇

小贴士

总结三个阶段，主要是搞清楚好氧微生物、有机物和温度之间的关系。高温堆肥的三个阶段见表 9-4。

表 9-4　高温堆肥的三个阶段

阶段	物质变化	温度/℃	热量	微生物
中温阶段	蛋白质、糖、淀粉等易分解物质迅速分解	常温~45	产热增加	嗜温型微生物为主（芽孢细菌、霉菌、放线菌）
高温阶段	复杂化合物（纤维素等）强烈分解；腐殖质产生	45~70	产热继续增加	嗜热型微生物
腐熟阶段	难分解的木质素和新形成的腐殖质	<45	产热减少	嗜温型微生物

微课：堆肥过程技术参数及控制

9.2　固体废物堆肥控制因素

要取得好的好氧堆肥效果，就要控制好堆肥过程的技术参数。技术参数主要有供氧量、温度、有机质含量、含水率、C/N 比、C/P 比、pH 和颗粒度。

小贴士

好氧堆肥过程主要的微生物为好氧微生物，因此需要 C 源、N 源、P 源等营养元素。

9.2.1　供氧量

通风供氧是好氧堆肥化生产的基本条件之一，通风量主要决定于堆肥原料有机物含量、挥发度、可降解系数等。

一般原料有机物含量高、挥发度高、可降解系数高，这就要求好氧微生物快速繁殖生长，因此所需要的氧气量增多，才能有好的堆肥效果。

通风供氧的主要作用除了给好氧堆肥工艺提供充足的氧气，加速好氧微生物的发酵过程外，还具有调节堆温和干燥堆料的作用。好氧堆肥过程将会发生一系列的生物化学反应，并逐级放出热量，温度不断升高，温度太高不利于堆肥过程，因此可以采用通风供氧。

9.2.2　温度

温度是好氧堆肥过程中主要的影响因素之一。温度对微生物的生长影响较大，适宜的温度方可维持微生物的活性，使堆肥过程稳定顺利进行。随着物料中微生物活动的增强，其分解有机物所释放的热量增多，当所释放出的热量大于堆肥物料的热耗时，堆肥温度将明显升高。不同的堆肥工艺有不同的堆温。在封闭堆肥系统中堆肥过程达到的温度最高；静态垛系统能够达到的温度最低，且温度分布不均匀，堆层中心高而表层的温度较低。一般认为堆肥的最佳温度在 55~60℃，高温菌对有机物的降解效率高于中温菌。

不同好氧堆肥阶段有相应的堆肥温度，一般中温阶段为 15~45℃，高温阶段为

45~70℃，降温阶段为 45~25℃。嗜热菌对有机固体废物的降解能力明显高于嗜温菌，因此可通过维持一定时间的高温，充分发挥嗜热菌对有机固废的降解能力，缩短堆肥周期。因此，堆肥过程最佳温度为 55~60℃。

9.2.3　有机质的含量

有机质组分的含量直接决定堆肥资源化的效果，对于快速高温机械化堆肥而言，首要的是热量和温度间的平衡问题。大量的研究工作表明，适宜的有机质组分含量（质量分数）为 20%~80%，有机质组分含量过低会导致堆肥过程中产生的热量较少无法维持堆肥过程的持续进行，产品的肥效也难以达到标准，堆肥过程不能达到城市生活垃圾的无害化处理要求。有机质组分含量过高会导致堆肥过程中的微生物需氧量较大，通风供氧不足，容易使堆肥进入厌氧状态，好氧堆肥无法顺利进行。因此，对生活垃圾中的有机质组分含量进行调节是好氧堆肥处理的关键步骤。

9.2.4　含水率

在好氧堆肥过程中，好氧微生物需要从环境中摄取足够的水分来维持微生物的活性，因此水分是好氧堆肥的重要因素之一。水分含量应当适宜，最佳含水率通常是在 50%~60%，若水分含量过低，将影响微生物的生命活动，会抑制微生物的生长、代谢、繁殖等活动。一般需添加调节剂（如污水、污泥、人畜尿、粪便等），以提高其含水量。若水分含量过高，水会充满生活垃圾的所有缝隙中，影响微生物与空气之间的接触，使得好氧堆肥不能顺利进行，并且发生厌氧堆肥过程，产生带有难闻气味的中间产物。可以将一定的成品堆肥循环使用进行调节。

实际上原料垃圾含水率的高低主要取决于其物理组成，一般情况是：

（1）有机物含量（质量分数）小于 50%时，最适宜含水率为 45%~50%；

（2）有机物含量（质量分数）达到 60%时，最适宜含水率也可达 60%；

（3）当无机物灰分过多，原料含水率小于 30%时，这时微生物繁殖较慢，有机物分解迟缓；

（4）若含水率小于 12%，则微生物的繁殖将会停止。

在中温或高温阶段，若水分散失过多，则需要及时补充水分。

9.2.5　碳氮比

碳是微生物的主要能量来源，并且一小部分碳素参与微生物细胞的组成。细菌干细胞质量的 50%以上是蛋白质，氮作为蛋白质组成的主要元素对微生物种群的增长影响巨大。一般用碳氮比（C/N）表征这两种主要营养元素在堆肥中的平衡关系，C/N 是堆肥微生物对有机物分解的最重要的因子之一。

在国内，好氧堆肥的研究和应用中一般认为初始阶段物料合适的 C/N 为 26∶1~35∶1，综合考虑促进微生物降解和氮固定后，初始原料合适的 C/N 比为 30∶1，成品适宜的 C/N 为 10∶1~20∶1。

当氮素受限制（C/N 较高）时，或氮素过量（C/N 较低）时，都会对微生物的需求产生影响。

一般初始原料 C/N 都较高，需要加入氮肥水溶液、粪便、污泥等调节剂进行调节至最佳值。C/N 过低时（即氮素过量），超过了好氧微生物的需求，从而引起杂菌感染，微生物不足，造成碳源浪费和酶产量下降，结果往往以 NH_3 的形式从系统中挥发而流失；成品 C/N 过高，堆肥施入土壤后，将夺取土壤中的氮素，使土壤陷入“氮饥饿”状态，影响作物生长。C/N 过高时（即碳素过量），微生物种群会长时间保持在较少的状态，并且需要更长的时间降解可生化的碳；当 C/N 超过 40∶1 时，为保证堆肥过程稳定有序进行和成品堆肥中适合的碳氮比，必须通过补加氮源物料（含氮较多的物质）的方法来调整 C/N，畜禽粪便、肉食品加工废物、污泥均在可利用之列。各种废物的 C/N 见表 9-5。

表 9-5　部分可堆腐废物的 C/N

物质	N（干重）/%	C/N	物质	N（干重）/%	C/N
水果废物	1.52	34.8	家禽粪	6.3	15
屠宰废物	6.0~10.0	2.0	活性污泥	5.6	6.3
马铃薯叶	1.5	25	生下水污泥	4~7	11
人粪尿	5.5~6.5	6~10	木屑	0.13	170
牛粪	1.7	18	消化活性污泥	1.88	25.7
羊粪	2.3	22	燕麦秆	1.05	48
马粪	2.3	25	小麦秆	0.3	128
猪粪	3.75	20			

9.2.6　碳磷比

碳磷比（C/P）是堆肥微生物对有机物分解的必需的元素之一，适宜的 C/P 为 75∶1~150∶1，可以加入污泥来调整磷元素的含量。

9.2.7　pH 值

pH 值是显著影响有机固体废物好氧堆肥进程的另一个重要参数，一般微生物最适宜的 pH 值为中性偏微酸性的环境条件，适宜细菌生长的 pH 值为 6.0~7.5，适宜放线菌生长的 pH 值为 5.5~8.0。适宜的 pH 值能够加速微生物的繁殖，加快好氧堆肥的速度。

好氧堆肥进程中 pH 值是动态变化的。在堆肥的初始阶段，由于好氧微生物将有机固体废物分解为大量小分子的挥发性脂肪酸和 CO_2，此时有利于好氧微生物生存繁殖，pH 值可下降到 4.5~5.0。随着反应的进行，有机酸被好氧微生物吸收逐步分解，温度升高，CO_2 挥发，蛋白质分解产生 NH_3，pH 值逐渐升高，最终可以达到 8~8.5。好氧堆肥的 pH 值在 5.5~6.5 时，是大多数微生物活动的最佳范围。pH 值也会影响堆肥中氮的存在形式，进而影响堆肥产品最终的氮素损失。新鲜堆肥产品对酸性土壤有好处，但对正在发芽的种子不利。二次发酵可除去大部分氨，最终的成品堆肥 pH 值基本维持在 6.5 左右，成为一种中性肥料。堆肥过程中，一般无须进行 pH 值的调节，因为生活垃圾进行堆肥的过程中具有良好的缓冲作用，会自行适应值的变化。若 pH 值有下降趋势，可通过逐步增强通风来调节。

9.2.8　颗粒度

有机固体废物好氧堆肥过程还受原料理化性质的影响（如颗粒度大小等）。颗粒度过大，比表面积太大，分解缓慢，延缓堆肥的进程；颗粒度太小，通风困难，产生厌氧环境，不利于堆肥。因此，好的堆肥效果就要有适宜的颗粒度，对堆肥原料进行粉碎预处理，使其具有适宜的粒径，可以有效调节堆体通气透水性能，防止粒径过小形成局部厌氧环境，也可避免底物粒径过大造成降解过程中堆体坍塌，影响升温。一般认为适合餐厨垃圾好氧堆肥的粒径大小为 5~10mm，秸秆等适宜破碎为 10~50mm。

小贴士

好氧堆肥效果受众多技术参数的影响，在堆肥过程中需要控制好各个技术参数的条件。

9.3　固体废物好氧堆肥工艺与设备

9.3.1　好氧堆肥工艺流程

以二次发酵堆肥系统为例，好氧堆肥的基本工序通常都由前处理、主发酵（一次发酵）、后发酵（二次发酵）、后处理、脱臭及贮存等工序组成。堆肥化的一般流程如图 9-3 所示。

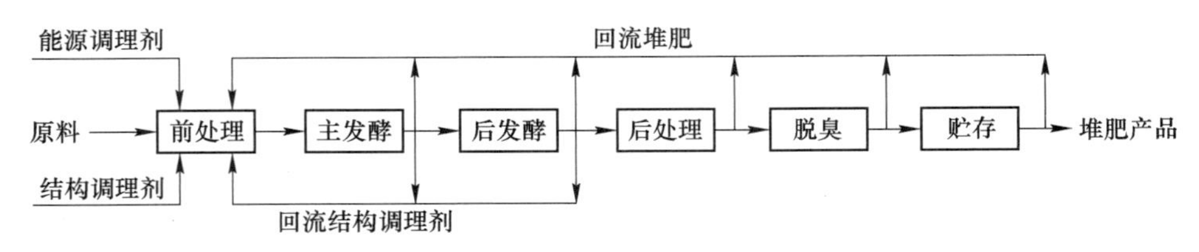

图 9-3　堆肥过程的流程示意图

9.3.1.1　前处理

前处理往往包括分选、破碎、筛分和混合等预处理工序。主要是去除大块和堆肥化物料如石块、金属物等。前处理还应包括养分和水分的调节，如添加氮、磷来调节 C/N 值和 C/P 值。在前处理时应注意：

（1）在调节堆肥物料颗粒时，颗粒不能太小，否则会影响通气性，一般适宜的粒径是 2~60mm。

（2）用含水率较高的固体废物（如污水污泥、人畜粪便等）为主要原料时，前处理的主要任务是调整水分和 C/N 值，有时需要添加菌种和酶制剂，以便发酵过程正常进行。

9.3.1.2 主发酵

主发酵也称一级发酵（或初级发酵），主要在发酵仓内进行，也可露天堆积，靠强制通风或翻堆搅拌来供给氧气。以生活垃圾和家禽粪便为主体的好氧堆肥，主发酵期约 4~12d。

9.3.1.3 后发酵

后发酵也称二级发酵（或二次发酵），是将主发酵工序尚未分解的易分解有机物和较难分解的有机物进一步分解，使之变成腐殖酸、氨基酸等比较稳定的有机物，从而得到完全腐熟的堆肥制品。后发酵可在封闭的反应器内进行，但在敞开的场地、料仓内进行较多。后发酵通常采用条堆或静态堆肥的方式，发酵期为 20~30d。

9.3.1.4 后处理

没有完全去除的塑料、玻璃、金属、小石块等杂物还要经过一道分选工序去除。后处理可以用回转式振动筛、磁选机、风选机等预处理设备分离去除上述杂质，在散装堆肥中加入 N、P、K 等添加剂后生产复合肥。

9.3.1.5 脱臭

常见的产生臭味的物质有氨、硫化氢、甲基硫醇、胺类等。去除臭气的方法主要有：

（1）化学除臭剂除臭；
（2）碱水和水溶液过滤；
（3）熟堆肥或活性炭、沸石等吸附剂吸附法等。

9.3.1.6 贮存

堆肥一般在春秋两季使用，在夏冬两季就需贮存，所以一般的堆肥化工厂有必要设置至少能容纳 6 个月产量的贮存设备。贮存方式可直接堆存在发酵池中或装袋，要求干燥透气，闭气和受潮会影响堆肥产品的质量。

9.3.2 好氧堆肥系统

一个完整的好氧堆肥系统，好氧堆肥设备是整个工艺的重心，而必要的辅助机械和设施也是必不可少的。好氧堆肥系统设备依据功能的不同通常可区分为计量设备、进料供料设备、预处理设备、发酵设备、后处理设备及其他辅助处理设备。其基本工作流程如图 9-4 所示。

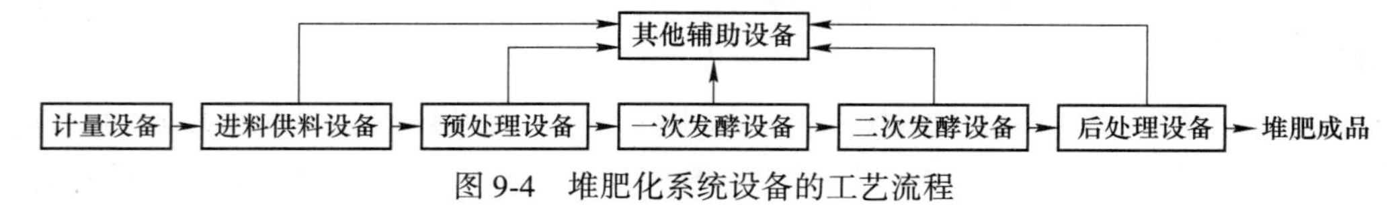

图 9-4 堆肥化系统设备的工艺流程

堆肥物料在经计量设备称重后，通过进料供料设备进入预处理装置，完成破碎、分选与混合等工艺；接着送入一次发酵设备，将发酵过程控制在适当的温度和通气量等条件下，使物料达到基本无害化和资源化的要求；经一次熟化后物料送至二次发酵设备中进行完全发酵，并通过后处理设备对其进行更细致地筛分，以去除杂质；最后烘干、造粒并压实，形成最终堆肥产品后包装运出。在堆肥的整个过程中易产生多种二次污染（如臭气、噪声和污水等），需采用相应的辅助设备予以去除，以达到保护环境的要求。

动画：强制通风堆肥系统

9.3.2.1　条垛式堆肥系统

条垛式堆肥系统是最简单最古老的一种。它是在露天或棚架下，将堆肥物料以长条状条垛或条堆堆放，在好氧条件下进行发酵。垛的断面可以是梯形、不规则四边形或三角形。物料通常均堆制成条垛式，如图 9-5 所示。

图 9-5　条垛式堆肥系统

条垛式堆肥系统分为搅拌式或翻堆式堆肥系统和固定堆强制通风堆肥系统。

小贴士

条垛式堆肥系统常见于较大型城市生活垃圾堆肥场、污泥堆肥场等。

条垛式堆肥系统的特点是采用定期翻堆，使物料均匀，并提供充足氧气，有时辅以强制通气（常采用抽气方式进行）。翻堆作业通常采用翻堆机进行，如图 9-6 所示。

固定堆强制通风堆肥法则是利用鼓风机或空气压缩机强行鼓风或抽风方式供氧。比较快，在 3~5 周内能完成整个堆肥周期，如图 9-7 所示。强制通风堆肥系统需要在地面下设置通风沟，在通风沟内埋设通风管（通风管上开有许多通风用的小孔），通风管一端封闭，一端与风机相连。

开放的条垛式堆肥系统的特点是基建投资少，工艺简单，操作简便易行，处理容量大。但缺点是敞开式堆肥，在冬季低温条件下，堆肥不宜升温和保温，通常占地较大，堆肥时间比发酵仓式堆肥要长，臭味控制相对较难。

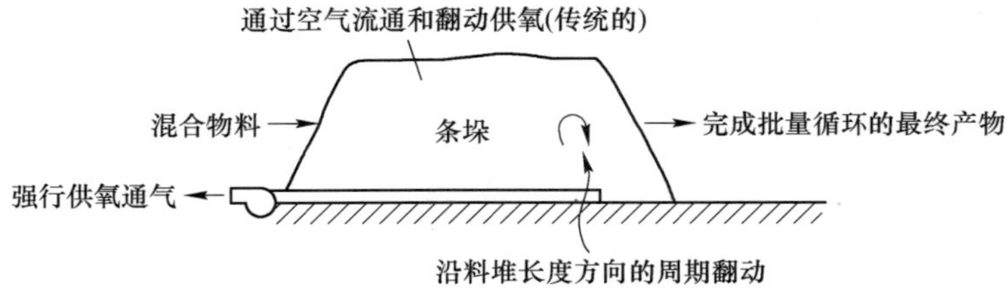

图 9-6　条垛式堆肥系统

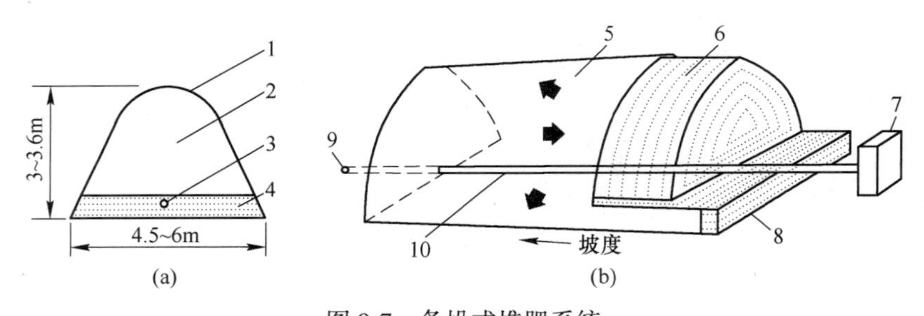

图 9-7　条垛式堆肥系统

1，5—覆盖层；2，6—树叶；3—PVC 管；4，8—多孔填充料；7—鼓风箱；9—堵头

9.3.2.2　槽式堆肥系统

对于畜禽粪便堆肥，较多的是采用槽式堆肥方法。发酵槽的宽度为 2.0~6.0m，深度为 0.3~2.0m，长度为 20~60m。这种堆肥方式的一次发酵时间一般为 15~25d，然后再将完成一次发酵的堆肥送入二次发酵场地进行后熟发酵。发酵槽上方常设置密封的塑料大棚，以防臭气外逸，并加上抽气装置。槽式堆肥系统如图 9-8 所示。

槽式堆肥常见的翻堆机多数为铲式或旋转式翻堆机。铲式翻堆机是将一些三角形挡板均匀地固定在两根链条上面，这些挡板在随链条转动过程中将前面的材料搅动并将其带至上方，然后从传动装置的上方落下（前进方向的后方）。这样，每搅拌一次就将原料向出口（前进方向的反方向）搬运一定的距离。

仿真：好氧堆肥发酵塔

9.3.2.3　立式堆肥发酵塔

立式堆肥发酵塔也称多段竖炉式发酵塔，通常由 5~8 层组成，如图 9-9 所示。堆肥物料由塔顶进入塔内，塔内堆肥物料在各层堆积发酵，并通过不同形式的

图 9-8　槽式堆肥系统

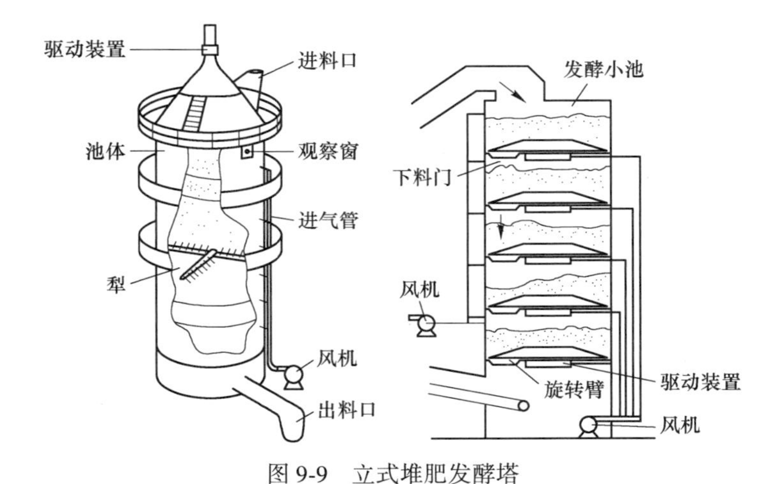

图 9-9　立式堆肥发酵塔

机械运动和重力作用，由塔顶一层层地向塔底移动。一般经过 5～8d 的好氧发酵，堆肥物料即由塔顶移动至塔底而完成一次发酵。

立式堆肥发酵通常为密闭结构，塔内温度分布从上层到下层逐渐升高，塔式装置的供氧通常以风机强制通风。此堆肥设备具有处理量大、占地面积小等优点，但其一次性投资较高。

9.3.2.4　卧式（水平）发酵滚筒

卧式（水平）发酵滚筒形式多样，最为典型的为达诺式发酵滚筒。其主要优点是结构简单，可采用较大粒度的物料，使预处理设备简单化，如图 9-10 所示。

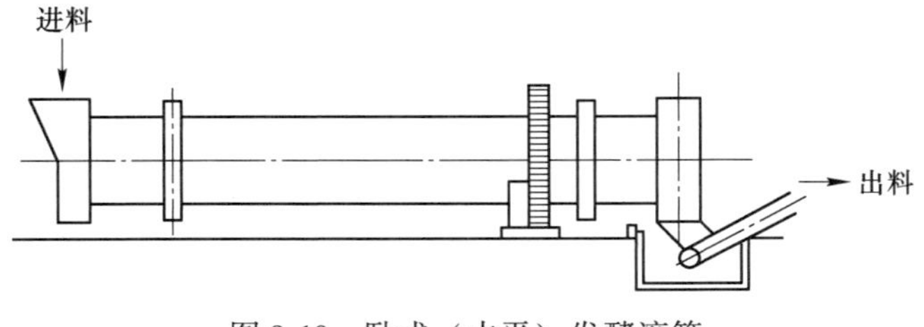

图 9-10　卧式（水平）发酵滚筒

发酵滚筒在水平方向上呈倾斜放置，直径为2.5~4.5m，长度为20~40m，强制供气。在该装置中废物靠与筒体内表面的摩擦沿旋转方向提升（转速为0.2~3r/min），同时借助自身重力落下。通过如此反复升落，废物被均匀地翻倒，同时与供入的空气接触，并通过微生物的作用进行发酵。经1~5d发酵后排出，条垛放置熟化。

9.3.2.5　筒仓式堆肥发酵仓

筒仓式堆肥发酵仓主要分为筒仓式静态发酵仓和筒仓式动态发酵仓。

筒仓式堆肥静态发酵仓为单层圆筒状，发酵仓深度一般为4~5m，大多由钢筋混凝土构成。发酵仓内供氧均采用高压离心风机强制供气，以维持仓内堆肥好氧发酵。空气从仓底进入发酵仓，堆肥原料由仓顶加入，经过6~12d的好氧发酵，初步腐熟的堆肥从仓底通过螺杆出料机出料，如图9-11所示。

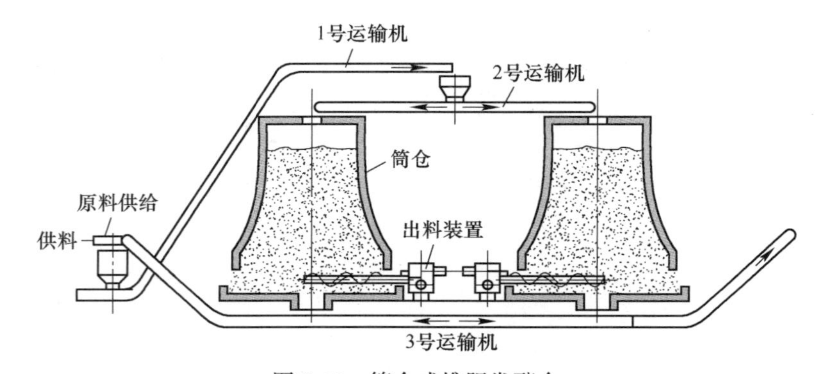

图9-11　筒仓式堆肥发酵仓

筒仓式动态发酵仓呈单层圆筒形。堆肥物料经过预处理工序分选破碎后，被输送机传送至池顶中央，然后由布料机均匀地向池内布料。物料在其停留时间内受到位于旋转层的螺旋钻的搅拌，这样的操作可以防止沟槽的形成，并且螺旋钻的形状和排列能经常保持空气的均匀分布。物料受到重复搅拌后送到槽中心部位的排出口排出，如图9-12所示。

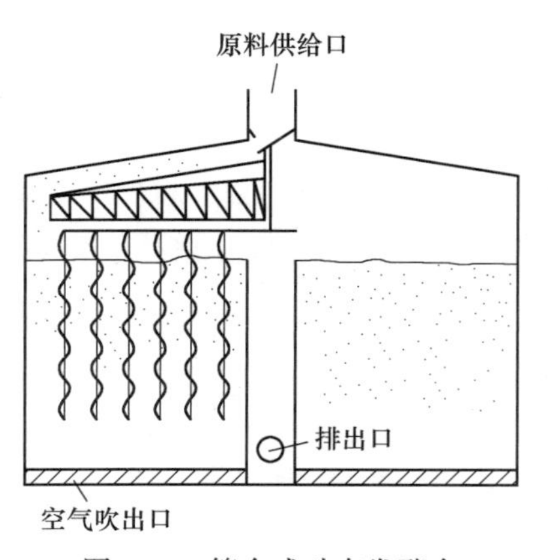

图9-12　筒仓式动态发酵仓

筒仓式动态发酵工艺的特点为发酵仓每天顶部进料一层，底部出料一层，顶部输入的为经过预处理的新物料，而底部排出的是已经发酵完全的熟化物料。

9.4　固体废物堆肥的腐熟度

堆肥腐熟度就是堆肥的腐熟程度，是通过微生物的作用，堆肥产品达到稳定化、无害化，不对环境产生不良影响。堆肥稳定性是反映有机质降解的一种状态。堆肥腐熟度判断的方法通常可分为物理指标、化学指标、工艺指标和生物指标。

9.4.1　物理指标

物理指标又称表观分析法，通过外观、气味和温度等评价堆肥的稳定性。堆肥原料通常具有令人不快的气味，在运行良好的堆肥过程中，这种气味逐渐减弱并在堆肥结束后消失，堆肥产品具有潮湿泥土的气息。堆肥原料外观呈茶褐色或暗灰色，无恶臭，具有土壤的霉味，不再吸引蚊蝇；其产品呈现疏松的团粒结构；放置一两天后，由于真菌的生长，其产品出现白色或灰白色菌丝，而未腐熟的堆肥呈浅褐色。同时，堆体温度的变化反映了堆肥过程中微生物活性的变化，这种变化与堆肥中可被氧化分解有机质的含量呈正相关。有机质被微生物降解时会放出热量，使堆体温度升高；有机质被基本降解完后，放出的热量减少，堆体温度与环境温度趋于一致，且一周内持续不变，则可认为堆肥已完成一次发酵过程。

9.4.2　化学指标

化学指标是通过分析堆肥过程中物料的化学成分或性质的变化来评价堆肥腐熟度，参数包括碳氮比、氮化合物、有机化合物和腐殖质等。

9.4.2.1　碳氮比

在堆肥过程中，碳源被消耗，转化成二氧化碳和腐殖质物质，而氮则以氨气的形式散失，或变为亚硝酸盐和硝酸盐，或是由生物体同化吸收。因此，碳和氮的变化是堆肥的基本特征之一。一般地，堆肥的固相 C/N 值从初始的（25~30）: 1 或更高，降低到（15~20）: 1 以下时，认为堆肥达到腐熟。

9.4.2.2　氮化合物

铵态氮（NH_4-N）、硝态氮（NO_3-N）和亚硝态氮（NO_2-N）的浓度变化，也是堆肥腐熟评估常用的参数。堆肥初期 NH_4-N 含量较高，堆肥结束时 NH_4-N 含量减少或消失，NO_3-N 含量增加，数量最多，NO_2-N 含量次之。有研究表明，当总氮量超过干重的 0.6%，其中有机氮达 90%以上、NH_4-N 含量（质量分数）小于 0.04%时，堆肥达到腐熟。

9.4.2.3　有机化合物

堆肥过程中，有机固体废物中的水溶性糖类、淀粉、纤维素等不稳定有机质分解转化为二氧化碳、水、矿物质和稳定化有机质，堆料的有机质含量变化显著，可以指示堆肥中有机质的腐殖化过程。在堆肥过程中，水溶性糖类首先消失，接着是淀粉，最后是纤维素。据报道，纤维素、半纤维素、脂类等经过成功的堆肥过程，可降解 50%~80%，蔗糖和淀粉的利用接近 100%。

9.4.2.4　腐殖质

在堆肥过程中，原料中的有机质经微生物作用，在降解的同时还进行着腐殖化过程。堆肥开始时一般含有较高的非腐殖质成分及富里酸（FA）和较低的胡敏酸（HA），随着堆肥过程的进行，前两者保持不变或稍有减少，而后者大量产生成为腐殖质的主要部分。

9.4.3　工艺指标

一般情况下，耗氧速率以 400mg/(kg・h）为最佳，可认为达到腐熟。

9.4.4　生物指标

反映堆肥腐熟和稳定情况的生物活性参数有呼吸作用参数（较为普遍使用），即耗氧速率和 CO_2 产生速率。

9.4.4.1　呼吸作用

在堆肥中，好氧微生物的主要生命活动形式就是在分解有机物的同时消耗 O_2 产生 CO_2。研究表明，CO_2 生成速率与耗氧速率具有很好的相关性，标志着有机物分解的程度和堆肥反应的进行程度。

9.4.4.2　种子发芽实验

种子发芽实验是测定堆肥植物毒性的一种直接而快速的方法。植物在未腐熟的堆肥中生长受到抑制，而在腐熟的堆肥中生长得到促进。

9.5　固体废物堆肥技术资源化

垃圾堆肥含有丰富的有机质、氮、磷等养分，不仅可作为土壤改良剂，而且可作为有机肥用于粮食、蔬菜、花卉、林木等方面的生产。

9.5.1　堆肥作为土壤改良剂

9.5.1.1　改善土壤结构

堆肥有机质含量较高，通过有机肥料与土壤的相融，有机胶体与土壤矿质黏粒复合，可以促进土壤团粒结构的形成，相应增加了土壤固兼容积，能明显改善土壤物理性状，提高了土壤空隙度和毛管空隙度，从而提高了土壤的通透性能，调节土壤的水、肥、气、热比例；施用堆肥还可提高土壤的阳离子交换量，改善土壤对酸碱的缓冲能力；在土壤有机质增加、结构改善、质地改善的同时，土壤耕作性能得以改善，便于通过耕作形成良好的种植条件。

9.5.1.2　增加土壤养分

有机堆肥含有作物生长必需的氮、磷、钾养分，而且各种有机肥料所含养分各有特点，粪尿类含氮、磷比较丰富，多数秸秆含钾较多。有研究结果表明，施用垃圾堆肥可以补充土壤由于长期使用无机营养肥料而损失的氮素，同时绿化植物废物堆肥能提高土壤持水能力，降低土壤酸碱度，增加土壤有机质、总 N 量、总 P 量、有效 P 量、生物量 C、N 和微生物总量。

9.5.2　堆肥的增产作用

堆肥中的有机物经微生物分解转化产生的降解物（如维生素、腐殖酸、激素等)，具有刺激作用，能促进作物根系旺盛生长，提高其对养分尤其是磷钾元素的吸收能力；同时还可增强作物的光合作用，使作物根系发达，从而生长茁壮，产量提高。堆肥含有的多种无机元素能促进作物正常生长发育，使其不易因缺乏某种元素而影响其品质，有目的地施用某种有机肥，还可以改善并提高产品的品质风味，例如把富含钾的草木灰、秸秆类有机肥施用于甜菜，可提高其含糖量；种植薄荷施入人粪尿，其中的铵态氮可以促进植株体内的还原作用，增加挥发性油的含量。

9.5.3　土壤生物修复作用

垃圾堆肥不仅提高了土壤中微生物的活性，促进植物生长的速率，同时还可使除草剂、杀虫剂钝化，达到土壤生物修复的目的。在垃圾堆肥过程中，土壤中残留的杀虫剂很容易被微生物通过水解反应而逐步降解。添加堆肥可提高微生物活性及植物生长，促进农药分解，可修复被农药污染的土壤，是处理农药污染的一种经济、有效的方法。

9.5.4　堆肥产品的利用

堆肥产品的用途很广，既可以用作农田、绿地果园、葡萄园、菜园、苗圃、畜牧场、庭院绿化、风景区绿化、林业等种植肥料，也可以作蘑菇盖面、过滤材料、隔音板及制作纤维板等。

9.5.5　好氧堆肥与生物质炭

生物质炭是生物质（如木材、农作物废物、植物组织或动物骨骼等）在缺氧和相对湿度“较低”条件下热解而形成的产物。它们主要是有芳香烃和单质炭或具有石墨结构的炭组成，含有 60%以上的碳元素，还包括 O、N、H、S 及少量的微量元素，能够为微生物提供碳源和营养物质，有利于堆肥中微生物的繁殖。生物质炭可溶性极低，具有高度羧酸酯化和芳香化结构，在堆肥过程中可降解为小分子的芳香族化合物，不易生成水溶性物质，有利于堆肥腐殖化的形成。其拥有加大的孔隙度和比表面积，可以较好地保持水分和空气的通融性。可见，生物质炭无疑是一种改善堆肥环境良好的调理剂。

9.6　固体废物堆肥技术案例

9.6.1　案例导入

为保证农业产品的稳定高效产出，现代化的农业生产高度依赖化学肥料的使用。近年来，A 市农业种植行业渐渐出现了两方面变化。一方面，随着当地社会发展与居民生活水平的提高，A 市居民对使用化学肥料生产出的农产品对健康的影响产生一定的顾虑，大家普遍更加青睐各种“有机食品”“绿色食品”。卖相差、产量少的“有机食品”“绿色食品”甚至能卖出比传统农产品高得多的价格。另一方面，随着连年种植作物，A 市农民明显感觉到土地的肥力在逐渐下降，对化肥施用的需求越来越高，这也为农民带来不小的成本负担。

从某种意义上讲，随着人们环境保护意识的提高，A 市越来越多的农作物秸秆被作为固体废物被集中运往当地垃圾焚烧厂进行处置利用，这让当地农民也反思起近年来作物减产、化肥需求增长的可能原因：作物秸秆虽然是种植业生产过程的副产品，但构成秸秆的养料养分还是来自土地。过去秸秆就地焚烧后，村民们习惯把烧完的草木灰重新播撒在土地里，这样原本秸秆从土地中吸收的养分，很多又重回到了土地中。而现在的农作物秸秆中的养分再也无法被送回土壤进行农业生产，因此只能逐年依赖化学肥料的施用。这会不会就是 A 市种植业对化学肥料的需求量越来越大的原因呢？

9.6.2　案例分析

采用堆肥技术手段，可以在减量化处置农业固体废物的同时，把农业固体废物中的营养成分最大限度地保留下来，进而施加到土地里，让土地中被吸收的营养成分回归，从而减少化学肥料的使用。从物质循环的角度来讲，采用堆肥技术手段让从土地中来的养分回归土地，构成一种和谐的农业生产模式。

对于 A 市的农业秸秆处置利用现状而言，则非常适于采用由前处理、主发酵（一次发酵）、后发酵（二次发酵）、后处理、脱臭及贮存等工序组成二次好氧发酵堆肥工艺，通过控制供氧量、温度、有机质含量、含水率、C/N 值、C/P 值、pH 值和颗粒度等技术参数，将农业秸秆转化为土壤改良剂、土壤修复剂、有机肥等农用产品，从而使 A 市的农用土壤再次恢复以往的肥力。

虽然堆肥过程相对简易，但如果堆肥工艺没有经过合理的设计，也容易存在有害微生物影响、土壤养分障碍等问题，严重的甚至会抑制作物的生长。此外，传统堆肥工艺在减量化效率、异味防控等方面，也存在一定局限性。因此，堆肥看似容易，实则并不简单。

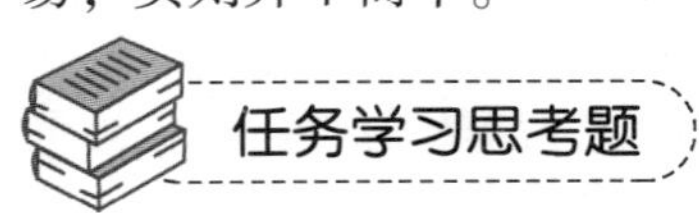

一、选择题

1. 下列工序属于好氧堆肥的工艺流程的有（　　）。

A. 前处理　　B. 驯化　　C. 一次发酵　　D. 脱臭

2. 好氧堆肥过程中，当堆温升至（　　）以上即进入高温阶段，在这一阶段的主体是嗜热微生物。

A. 40℃　　B. 45℃　　C. 50℃　　D. 60℃

3. 中国颁布的“城市生活垃圾堆肥处理厂技术评价指标”中规定：堆肥产品的含水率必须小于（　　）。

A. 30%　　B. 40%　　C. 50%　　D. 60%

4. 中国颁布的“城市生活垃圾堆肥处理厂技术评价指标”中规定：堆肥产品的有机质含量（以C计）必须不小于（　　）。

A. 5%　　B. 10%　　C. 15%　　D. 20%

5. 堆肥处理时，初始物料碳氮比以（　　）：1最为适宜。

A. 15　　B. 30　　C. 40　　D. 50

6.（　　）不属于好氧堆肥化从废物堆积到腐熟的微生物生化过程。

A. 潜伏阶段　　B. 中温阶段　　C. 高温阶段　　D. 腐熟阶段

7. NH_3是在好氧堆肥的（　　）产生的。

A. 升温阶段　　B. 高温阶段　　C. 降温阶段　　D. 腐熟阶段

8. 腐殖质是在好氧堆肥的（　　）产生的。

A. 升温阶段　　B. 高温阶段　　C. 降温阶段　　D. 腐熟阶段

二、判断题

1. 高温好氧堆肥中，当有机质含量大于80%时，由于对通风的要求很高，往往由于达不到完全好氧而产生恶臭。（　　）

2. 堆肥的稳定化常用堆肥腐熟度来表示，堆肥腐熟度即堆肥达稳定化的程度。（　　）

3. 好氧堆肥中，C/N太高（大于40：1）时，可供应消耗的碳元素多，细菌和其他微生物的生长不会受到限制，有机物的分解速度就快，发酵过程缩短。（　　）

4. 好氧堆肥中，温度的升高是由通入高温空气引起的。（　　）

5. 评价堆肥进行程度的指标通常为腐熟度。（　　）

6. 高温好氧堆肥中，当有机质含量小于20%时，不能产生足够的热量来维持堆肥化过程所需要的温度，影响无害化，同时还限制微生物的生长繁殖，导致堆肥工艺失败。（　　）

三、填空题

1. 按照微生物对氧的需求，堆肥过程可以分为________和________两大类。

2. 好氧堆肥的微生物学过程大致可分为三个阶段，即________、________和腐熟阶段。

3. 影响堆肥过程的因素有______、______、______、______、______和pH值。

四、问答题

1. 影响固体废物好氧堆肥处理的主要因素有哪些？

2. 简述好氧堆肥处理的过程。

3. 如何评判堆肥的腐熟度？

4. 简述好氧堆肥的工艺流程。

5. 简述好氧堆肥系统。

任务 10　固体废物的厌氧消化与资源化

厌氧消化技术是最重要的生物质能利用技术之一，它使固体有机物变为溶解性有机物，再将蕴藏在废物中的能量转化为沼气用来燃烧或发电，以实现资源和能源的回收；厌氧消化后残渣量少，性质稳定；反应设备密闭，可控制恶臭的散发。厌氧消化极大地改善了有机废物处理过程的能量平衡，在经济上和环境上均有较大优势。

厌氧消化技术属于厌氧生物处理技术。厌氧生物处理技术是在没有游离氧存在的条件下，兼性细菌与厌氧微生物降解和稳定有机物的生物处理方法。厌氧生物处理过程是有机物的转化过程。

10.1　固体废物厌氧消化技术原理

10.1.1　基本概念

厌氧消化又称沼气发酵（或厌氧发酵），是指有机废物（如作物秸秆、杂草、人畜粪便、垃圾、污泥及城市生活污水和工业有机废水等）在厌氧条件下，通过种类繁多、数量巨大、功能不同的兼性菌和厌氧细菌将可生物降解的有机物分解为 CH_4、CO_2、H_2O 和 H_2S 等气体的消化技术，即最终产生沼气的过程。

厌氧消化可以去除废物中 30%～50%（质量分数）的有机物，并使之稳定化，因此被广泛应用于污水畜禽粪便和城市有机废物处理等方面沼气工程技术，又可以实现循环经济发展、环境保护、减少温室气体排放和生产可再生能源等目标。

ⓧ贴士（小贴士）

用有机废物生产沼气已有一百多年的历史，但其发现是在三百多年前。早在 1630 年海尔曼（Van Helmont）首先发现有机物腐烂过程中可以产生一种可燃气体，并发现动物肠道也存在这种气体。据有关调查，世界上已有 600～800 万个家庭式或低技术含量的厌氧消化器，厌氧消化产生的沼气主要用于炊事和照明。

10.1.2　厌氧消化原理

10.1.2.1　生物质的有机物组成

生物质的有机物组成主要为碳水化合物、蛋白质和脂肪三类。碳水化合物由 C、

H、O 三种元素组成，主要包括淀粉类物质、纤维素类物质、多糖及单糖等，大分子糖降解生成小分子单糖。蛋白质是一种复杂的有机化合物，主要是由 C、H、O、N 组成，一般还会含有 P、S 等元素。氨基酸是蛋白质的基本单位，通过脱水缩合肽链连接组成。脂肪是由甘油和脂肪酸组成的三酰甘油酯，甘油组成比较简单，脂肪酸的种类和长短却不相同。在厌氧消化过程中，不同的有机物的降解途径不同。

10.1.2.2　厌氧消化原理

厌氧消化是有机固体废物在无氧条件下被微生物分解，转化成甲烷和二氧化碳等，并合成自身细胞物质的生物学过程。厌氧发酵微生物过程如图 10-1 所示，总反应方程式为：

有机垃圾+H_2O+营养物细胞质⟶CH_4+CO_2+NH_3+H_2+H_2S+…+抗性物质+热量

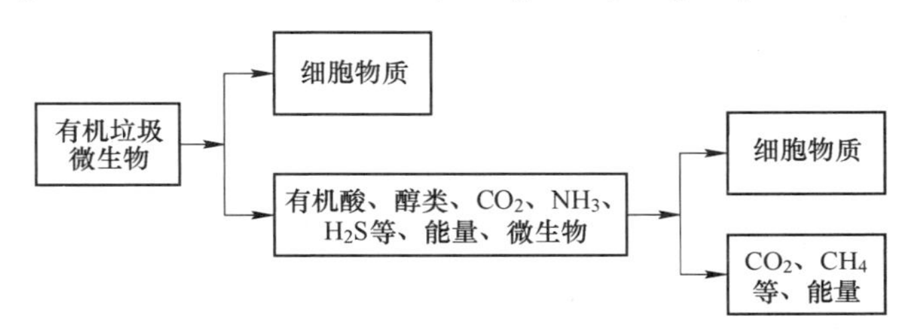

图 10-1　厌氧消化处理技术的机理

10.1.2.3　厌氧发酵的阶段

厌氧发酵一般可以分为水解阶段、产氢产乙酸阶段和产甲烷阶段三个阶段。每一阶段各有其独特的微生物类群起作用。

A　水解阶段

水解过程是指复杂的固体有机物在水解酶的作用下被转化为简单的溶解性单体或二聚体。微生物无法直接代谢碳水化合物（如淀粉、木质纤维素等）、蛋白质和脂肪等生物大分子，必须先降解为可溶性聚合物或者单体化合物才能被酸化菌群利用。淀粉在淀粉酶作用下被水解成麦芽糖、葡萄糖和糊精。纤维素在多种纤维素酶的协同作用下水解成糖。蛋白质是植物合成的一种重要产物，它在蛋白酶作用下肽键断裂生成二肽和多肽，再生成各种氨基酸。脂肪首先在脂肪水解酶的作用下水解为长链脂肪酸及甘油，再经异构化生成磷酸甘油酸，经糖酵解途径转化为丙酮酸，最终进入糖酵解途径实现彻底氧化及利用。

发酵细菌利用胞外酶对有机物进行体外水解，使固体物质变成可溶于水的物质，然后细菌再吸收可溶于水的物质，并将其分解成为不同产物。纤维素、淀粉等水解成单糖类，蛋白质水解成氨基酸，再经脱氨基作用形成有机酸和氨，脂肪水解后形成甘油和脂肪酸。

B　产氢产乙酸阶段

产氢产乙酸阶段主要分为酸化阶段和产氢产乙酸阶段。

酸化阶段是指将溶解性单体或二聚体形式的有机物转化为以短链脂肪酸或醇为

主的末端产物。这些水解成的单体会进一步被微生物降解成挥发性脂肪酸、乳酸、醇、氨等酸化产物和氢、二氧化碳，并分泌到细胞外。产酸菌是一类快速生长的细菌，它们倾向于生产乙酸，这样能获取最高的能量以维持自身生长。氨基酸的降解首先通过氧化还原氮反应实现脱氨基作用，生成有机酸、氢气及二氧化碳。

产氢产乙酸阶段主要是将水解产酸阶段产生的两个碳以上的有机酸或醇类等物质，转化为乙酸、H_2等可为甲烷菌直接利用的小分子物质的过程。标准情况下，有机酸的产氢产乙酸过程不能自发进行，氢气会抑制此步反应的进行，降低系统的氢分压有利于产物产生。

小贴士

产氢产乙酸阶段主要是将水解阶段产生的简单的可溶性有机物在产氢和产酸细菌的作用下，进一步分解成挥发性脂肪酸（如丙酸、乙酸、丁酸、长链脂肪酸）、醇、酮、醛、CO_2和H_2等。

C　产甲烷阶段

产甲烷阶段是由专性厌氧的产甲烷细菌将乙酸、一碳化合物和H_2、CO_2等转化为CH_4和CO_2的过程。产甲烷细菌的代谢速率一般较慢，对于溶解性有机物厌氧消化过程，产甲烷阶段的生化反应相当复杂，其中72%的CH_4来自乙酸。

产甲烷阶段是整个反应过程的控制重点；水解阶段是整个厌氧消化过程的控制重点。

10.1.3　厌氧消化的特点

厌氧消化的特点主要有：

（1）厌氧消化后残渣量少，性质稳定；

（2）反应设备密闭，可控制恶臭的散发；

（3）资源化效果好，可将潜在于废弃有机物中的低品位生物能转化为可以直接利用的高品位沼气；

（4）沼渣和沼液通过固液分离后可以直接利用或回收做农肥、饲料或堆肥化原料；

（5）与好氧生物处理相比，厌氧消化处理动力消耗小、设施简单，运行成本低；

微课：厌氧消化过程技术参数及控制

（6）厌氧消化极大地改善了有机废物处理过程的能量平衡，在经济上和环境上均有较大优势；

（7）厌氧消化过程会产生H_2S等恶臭气体，需要脱硫、脱碳、脱水处理。

10.2　固体废物厌氧技术参数

要取得好的厌氧消化效果，就要控制好厌氧消化过程的技术参数，其技术参数主要有温度、料液的 pH 值、碳氮比、搅拌、接种物、添加物和抑制物等。

小贴士

厌氧消化过程主要的微生物为兼性菌和厌氧微生物，因此需要 C 源、N 源、P 源等营养元素。

10.2.1　厌氧条件

厌氧条件是厌氧消化过程的基本条件，产酸阶段微生物大多数是厌氧菌，产气阶段的细菌是专性厌氧菌。

10.2.2　温度

在所有环境因素下，温度是影响厌氧发酵的最重要因素。微生物只有在适宜的温度下才能生存并进行一系列的代谢活动。在厌氧消化过程中，温度的范围是很宽泛的，从低温到高温都存在。例如，北极下水道中发现有极低温度下存活的甲烷菌。

通常情况下，依据微生物活性把温度范围分为三类：第一类是嗜寒的，温度范围为 1~20℃；第二类是嗜温的，温度范围为 2~45℃，通常使用 37℃；第三类是嗜热的，温度范围为 50~65℃（通常使用 55℃）。

温度过低，厌氧消化的速率低，产气量低，不易达到卫生要求上杀灭病原菌的目的；温度过高，微生物处于休眠状态，不利于消化。

10.2.3　料液的 pH 值

pH 值是反映水相体系中酸浓度的重要指标之一。厌氧发酵菌（尤其是产甲烷菌）对反应体系中的酸浓度是极为敏感的，较低 pH 值条件下，甲烷菌的生长就会受到抑制。在产酸菌和产甲烷细菌共存的厌氧消化过程中，系统的 pH 值应控制在 6.5~7.5。最佳 pH 值控制是 7.0~7.2，因此需要维持一定的碱度，可通过投加石灰或氮物料的办法进行调节。

10.2.4　搅拌

搅拌可使消化原料分布均匀，增加微生物与消化基质的接触，使消化产物及时分离，也可防止局部出现酸积累和排除抑制厌氧菌活动的气体，从而提高产气量。

搅拌的目的包括：

（1）搅拌使发酵原料分布均匀，增加微生物与原料的接触面，加快产气速度，提高产气量、提高原料利用率；

（2）搅拌可防止原料浮面结壳，产生的沼气释放不出来；

（3）搅拌可防止局部酸的积累。

10.2.5　碳氮比与碳磷比

目前，粪便和秸秆是主要的厌氧发酵原料，秸秆碳多氮少，碳氮比大，是“富碳原料”；粪便氮多碳少，碳氮比小，是“富氮原料”。碳氮比的关系是指有机原料中总碳和总氮的比例。厌氧消化过程中碳氮比是有最适范围的，一般是从 20：1 到 30：1，超过 35：1 产气量明显下降，既不能太高也不能太低，否则都会对厌氧发酵过程产生影响。不合适的碳氮比会造成大量的氨态氮的释放或是挥发性脂肪酸的过度累积，而氨态氮和挥发性脂肪酸都是厌氧消化中重要的中间产物，不合适的浓度都会抑制甲烷发酵过程。

碳氮比过小，细菌增殖量降低，氮不能被充分利用，过剩的氮变成游离的 NH_3，抑制了产甲烷细菌的活动，厌氧消化不易进行；碳氮比过高，反应速率降低，产气量明显下降。

厌氧发酵对磷（以磷酸盐的形式）的需求量大约为氮的 1/5。如果原料中没有足够的磷来满足微生物的生长，可通过加入磷酸盐来保证代谢速度。

10.2.6　添加物和抑制物

在厌氧消化过程中，可以添加少量的硫酸锌、磷矿粉、炼钢渣、碳酸钙、炉灰等，有助于促进厌氧发酵，提高产气率和原料利用率，其中以添加磷矿粉的效果最佳。添加少量钾、钠、镁、锌、磷等元素也能提高产气率。但厌氧消化原料中铜、锌、铬等重金属及氰化物等含量过高，会不同程度地抑制厌氧消化。厌氧消化过程中应尽量避免这些物质的混入。

10.2.7　接种物

用于厌氧发酵的原料在接种了含有厌氧发酵细菌的接种物后，才能被厌氧菌利用生成沼气。不同来源的厌氧发酵接种物，对产气有不同的影响。添加接种物可有效提高消化液中微生物的种类和数量；添加适宜的接种物能使厌氧发酵快速稳定地进行，当添加量少时，厌氧微生物菌群的繁殖较慢，启动时间长，易造成酸累积，使厌氧发酵失败。因此，加大接种量可以有效防止酸积累，保证厌氧发酵正常有序地进行。厌氧消化中细菌数量和种群会直接影响甲烷的生成。

正常沼气发酵是一定数量和种类的微生物来完成的。开始发酵时一般要求菌种量达到料液量的 5%以上。

㊌㊍㊏ 小贴士

厌氧消化效果受众多技术参数的影响，在厌氧消化过程中需要控制好各个技术参数的条件。

10.3　固体废物厌氧消化工艺与设备

10.3.1　厌氧消化工艺

一个完整的厌氧消化系统包括预处理、厌氧消化反应器、消化气净化与贮存、消化液与污泥的分离、处理和利用。

10.3.1.1　根据消化温度划分的工艺类型

A　高温消化工艺

高温消化工艺的最佳温度是 47～55℃，适用于城市生活垃圾、粪便和有机污泥的处理。其程序如下。

（1）高温消化菌的培养：高温消化菌种的来源一般是将污水池或地下水道中有气泡产生的中性偏碱的污泥加到备好的培养基上，进行逐级扩大培养，直到消化稳定后即可作为接种用的菌种。

（2）高温的维持：通常是在消化池内布设盘管，通入蒸汽加热料浆。我国有城市利用余热和废热作为高温消化的热源。

（3）原料投入与排出：在高温消化过程中，原料的消化速率快，要求连续投入新料与排出消化液。

（4）消化物料的搅拌：高温厌氧的消化过程要求对物料进行搅拌，以迅速消除临近蒸汽管道区域的高温状态和保持全池温度的均一。

B　自然消化工艺

自然温度厌氧发酵是指在自然界温度影响下发酵温度发生变化的厌氧发酵。目前我国农村都采用这种发酵类型，夏季产气率较高，冬季产气率较低。其工艺流程如图 10-2 所示。

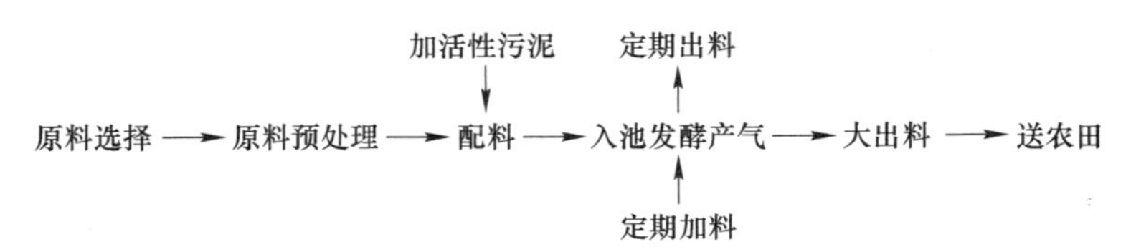

图 10-2　自然消化工艺流程图

这种工艺的发酵池结构简单、成本低廉、施工容易、便于推广。我国地域广大，采用自然温度发酵，其发酵周期需视季节和地区的不同加以控制。

C　城市粪便的厌氧发酵处理

根据人口聚居状况，城镇粪便可有两种厌氧发酵处理工艺，即化粪池处理和厌氧发酵处理。

化粪池也称为腐化池，是 19 世纪末发展起来的粪便发酵处理系统。粪便发酵会产生难闻臭气，故只在农村分散孤立的建筑中使用。但它管理方便，不需要消耗能源，故近年来又受到城市的关注，用来处理粪便和污水。

化粪池如图 10-3 所示，它兼有污水沉淀和污泥发酵双重作用。

粪便厌氧发酵池包括常温发酵、中温发酵和高温发酵。常温发酵在不加新料的情况下，需经 35d 才能使大肠杆菌值达到卫生标准；中温发酵温度为 30～38℃，一般需要 8～23d；高温发酵温度一般为 50～55℃，可以达到无害化卫生标准。

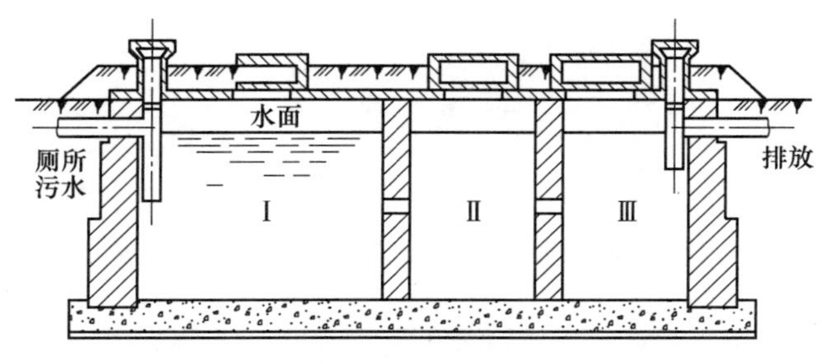

图 10-3　化粪池

10.3.1.2　根据投料运转方式划分的工艺类型

A　连续消化工艺

投料启动后，经一段时间的消化产气，连续定量的添加消化原料和排出旧料；其消化时间能够长期连续进行。工艺易于控制，能保持稳定的有机物消化速率和产气率，但该工艺要求较低的原料固形物浓度。连续消化工艺如图 10-4 所示。

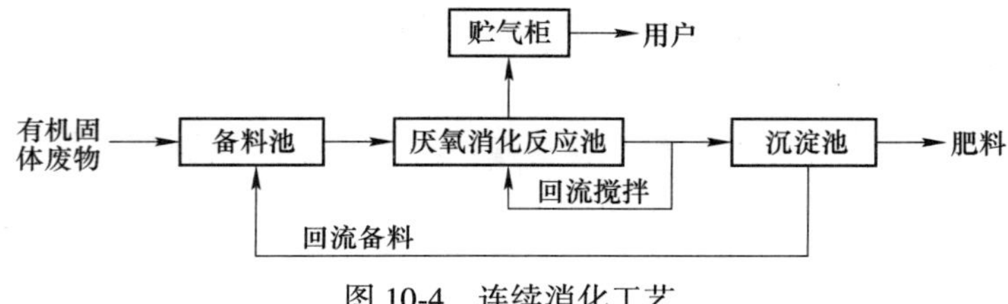

图 10-4　连续消化工艺

B　半连续消化工艺

启动时，一次性投入较多的消化原料，当产气量趋于下降时，开始定期添加新料和排出旧料，以维持比较稳定的产气率。半连续消化工艺是固体有机物原料沼气消化最常采用的消化工艺，农村较适用。连续消化工艺如图 10-5 所示。

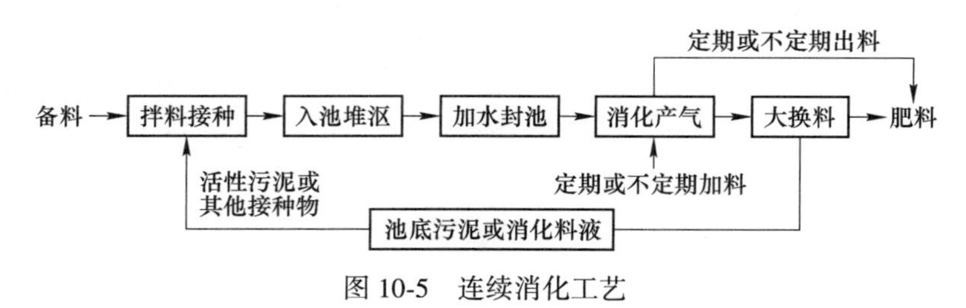

图 10-5　连续消化工艺

C　两步消化工艺

两步发酵工艺是根据沼气发酵分段学说，将沼气发酵全过程分成两个阶段，在两个池子内进行。第一个水解产酸池，装入高浓度的发酵原料，在此沤制产生浓的挥发酸溶液；第二个产甲烷池，以水解池产生的酸液为原料产气。该工艺可大幅度提高产气率，气体中甲烷含量也有提高；同时实现了渣液分离，使得在固体有机物的处理中，引入高效厌氧处理器成为可能，具体工艺流程如图 10-6 所示。

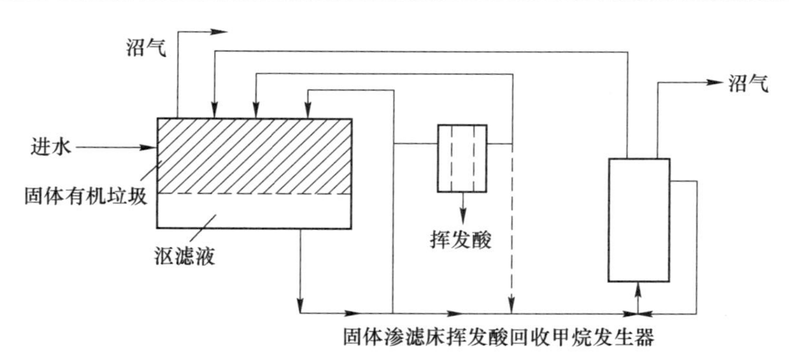

图 10-6　两步发酵工艺处理固体有机垃圾工艺

10.3.2　厌氧发酵典型设备

厌氧消化池也称厌氧消化器。消化罐是整套装置的核心部分。

10.3.2.1　水压式沼气池

动画：水压式沼气池

水压式沼气池是我国推广最早、数量最多的池形，是在总结“三结合”“圆、小、浅”“活动盖”“直管进料”“中层出料”等群众建池的基础上，加以综合提高而形成的沼气池。

小贴士

水压式沼气池的“三结合”就是厕所、猪圈和沼气池连成一体，人畜粪便可以直接打扫到沼气池里进行发酵。“圆、小、浅”就是池体圆、体积小、埋深浅。“活动盖”就是沼气池顶加活动盖板。

这种池型的池体上部气室完全封闭，随着沼气的不断产生，沼气池内压力相应提高。这个不断增高的气压，迫使沼气池内的一部分料液进到与池体相通的水压间内，使得水压间内的液面升高。这样一来，水压间的液面跟沼气池体内的液面就产生了一个水位差。用气时，沼气开关打开，沼气在水压下排出，当沼气减少时，水压间的料也又返回池体内，使得水位差不断下降，导致沼气压力也随之相应降低。用气时料液压沼气供气。产气、用气循环工作，依靠水压箱内料液的自动提升使气室内的水压自动调节，如图 10-7 所示。

水压式沼气池具有结构简单、造价低、施工方便等特点；但由于温度不稳定，产气量不稳定，因此原料的利用率低。其特点包括：

（1）池体结构受力性能良好，而且充分利用其特定的承载能力，因此省工省料，成本比较低；

（2）适于装填多种发酵原料，特别是大量的作物秸秆；

（3）为便于经常进料，厕所、猪圈可以建在沼气池上面，粪便随时都能打扫进池；

（4）沼气池周围都与土壤接触，对池体保温有一定的作用；

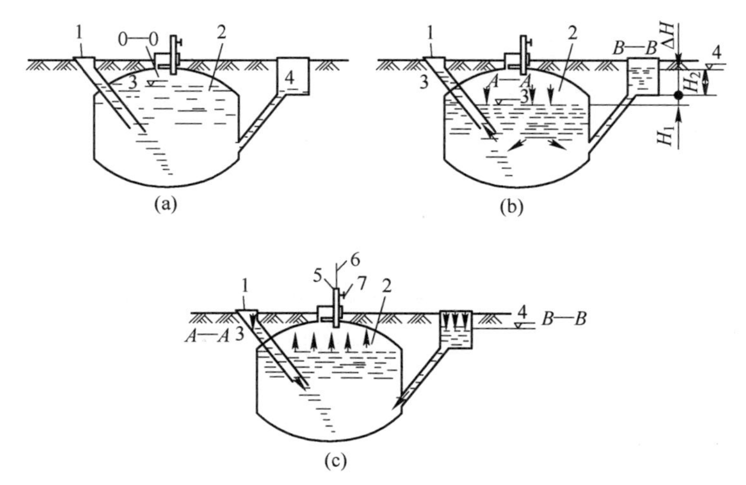

图 10-7　水压式沼气池

(a) 启动前状态；(b) 启动后状态；(c) 使用状态

1—加料管；2—发酵间（贮气部分）；3—池内液面；4—出料间液面；5—沼气输气口；6—沼气输气管；7—阀门

(5) 由于气压反复变化，而且一般在 4~16kPa 变化，这对池体强度和灯具、灶具燃烧效率的稳定与提高都有不利影响；

(6) 由于没有搅拌装置，池内浮渣容易结壳，又难于破碎，所以发酵原料的利用率不高，池容产气率偏低，一般产气率仅为 0.15m/(m · d) 左右；

(7) 由于活动盖直径不能加大，对发酵原料以秸秆为主的沼气池，大出料工作比较困难。

10.3.2.2　长方形（或正方形）甲烷消化池

发酵池由发酵室、气体贮藏室、贮水库、进料口和出料口、搅拌器、导气喇叭口等部分组成，如图 10-8 所示。发酵室主要用于贮藏供发酵的废料。气体贮藏室与发酵室相通，位于发酵室的上部空间，用于贮藏产生的气体。物料分别从进料口和出料口加入和排出，贮水库的主要作用是调节气体贮藏室的压力。若室内气压很高时，就可将发酵室内经发酵的废液通过进料间的通水穴，压入贮水库内。相反，若气体贮藏室内压力不足时，贮水库中的水由于自重便流入发酵室，就这样通过水量调节气体贮藏的空间，使气压相对稳定，保证供气。通过搅拌器使发酵物不至沉到底部加速发酵，产生的气体通过导气喇叭口输送到外面导气管。

该池型的特点是：

(1) 气体储藏室与消化室相同，位于消化室的上方，设一贮水库来调节气体储藏室的压力；

(2) 搅拌器的搅拌可加速消化；

(3) 产生的气体通过导气喇叭口输送到外面导气管。

10.3.3　红泥塑料沼气池

红泥塑料沼气池采用红泥塑料（红泥-聚氯乙烯复合材料）。该工艺多采用批量

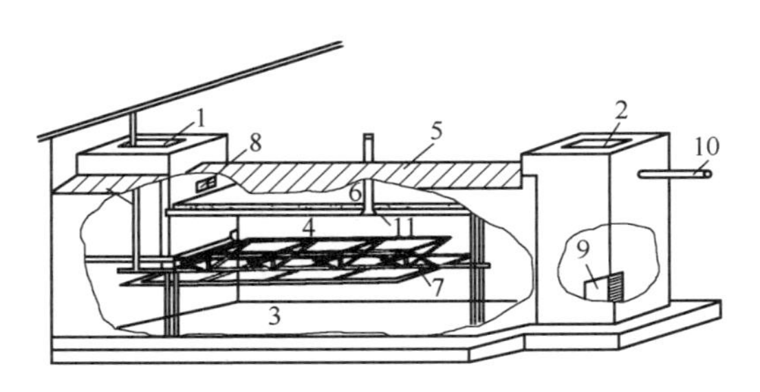

图 10-8　条垛式堆肥系统

1—进料口；2—出料口；3—发酵室；4—气体贮藏室；5—木板盖；6—贮水库；7—搅拌器；8—通水穴；9—出料门洞；10—粪水溢水管

进料方式。红泥塑料沼气池有半塑式、两模全塑式、袋式全塑式和干湿交替式等。

10. 3. 3. 1　半塑式沼气池

半塑式沼气池由水泥料池和红泥塑料罩两大部分组成。水泥料池上部设有水封池，用来密封红泥塑料罩与水泥料池的结合处。这种消化池适于高浓度料液或干发酵的成批量进料，可以不设进出料间，如图 10-9 所示。

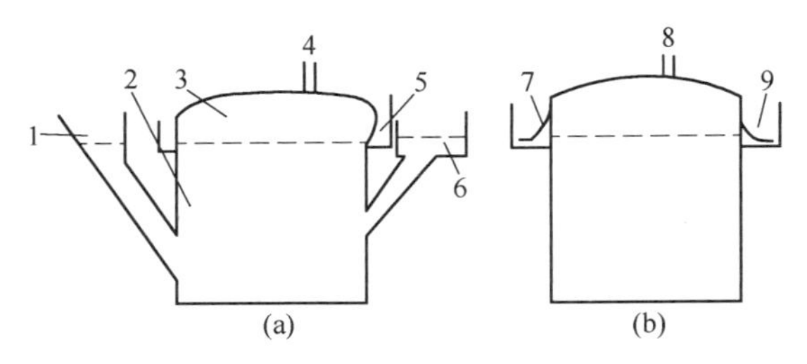

图 10-9　半塑式沼气池

1—进料间；2—水泥料池；3—红泥塑料罩；4，8—导气管；5，9—水封池；6—出料间；7—系绳

10. 3. 3. 2　两模全式沼气池

两模全式沼气池的池体与池盖有两块红泥塑料盖膜组成，它仅需挖一个浅土坑，压平整成形后即可安装。安装时，先铺上红泥塑料地膜，然后装料，再将红泥塑料盖膜覆上，把二者的边沿对上，以便黏合紧密。待合拢后向上翻折数卷，卷紧后用砖或泥把卷紧处压在池边沿上，其加料液面应高于两块模黏合处，这样可以防止漏气，如图 10-10 所示。

10. 3. 3. 3　袋式全塑式沼气池

袋式全塑式沼气池的整个池体由红泥-塑料膜热合加工制成，设进料口和出料口，安装时需建槽，主要用于处理牲畜粪便的沼气发酵，是半连续式进料，如图 10-11 所示。

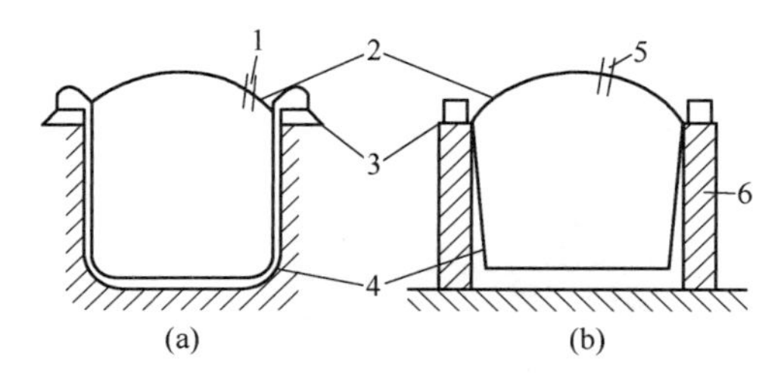

图 10-10　两模全式沼气池

（a）无支撑墙型；（b）有支撑墙型

1，5—导气管；2—红泥塑料盖膜；3—封口；4—红泥塑料底膜；6—支撑墙

10.3.3.4　干湿交替式沼气池

干湿交替式沼气池设有两个消化室，上消化是用来进行批量投料干消化，所产沼气由红泥塑料罩收集，如图 10-12 所示。下消化室用来半连续进料湿消化，所产沼气贮存在消化室的气室内。下消化室中的气室处在上消化室料液的覆盖下，密封性好。上下消化室之间用连通管连通，在产气和用气过程中，两个消化室的料液可随着压力的变化而上下流动。下消化室产气时，一部分料液通过连通管压入上消化室浸泡干消化原料。用气时，进入上消化室的浸泡液又流入下消化室。

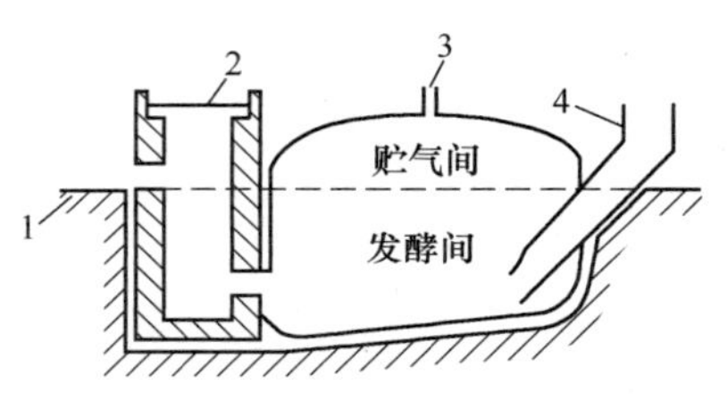

图 10-11　袋式全塑式沼气池

1—出料口；2—盖板；

3—导气管；4—进料口

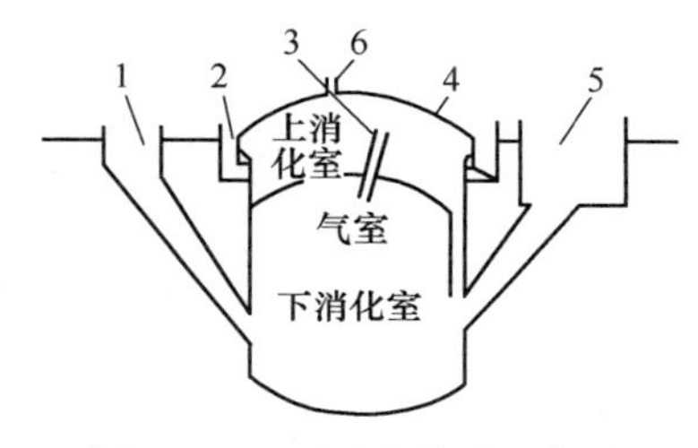

图 10-12　干湿交替式沼气池

1—进料口；2—水封槽；3—连通管；

4—红泥塑料罩；5—出料间；6—导气管

10.4　固体废物厌氧消化的资源化

在厌氧条件下，各种农业废物和人畜粪便等有机物质经过沼气发酵后，除碳、氮组成沼气外，其他有利于农作物的元素氮、磷、钾几乎没有损失。这种发酵余物是一种优质的有机肥，通常称为沼气肥。其中，沼液称为沼气水肥，沼渣称为沼气渣肥。

10.4.1　沼气的利用

沼气是中热值的可燃气体，沼气是一种混合气体，其中甲烷（CH_4）占总成分的 50%～70%，其余为二氧化碳（CO_2），另外含少量氮气（N_2）、氢气（H_2）和硫化氢（H_2S）等。沼气发酵综合技术在实现废物资源循环利用，改善农村能源、环境、卫生条件和降低温室气体减排方面作用明显。

目前，利用方式主要有：

（1）用作热源；

（2）用作动力源；

（3）作为压缩气体利用；

（4）与城市燃烧气混合利用。

10.4.2　沼液的利用

沼液中含有氮、磷、钾等作物所需的营养元素及多种微量元素，还含有氨基酸、木质素等有机物质，沼液是一种速效肥料，适于菜田或有灌溉条件的旱田追肥使用。长期施用沼液可促进土壤团粒结构的形成，使土壤疏松，增强土壤保肥保水能力，改善土壤理化性状，使土壤有机质、全氮、全磷及有效磷等养分均有不同程度地提高，因此对农作物有明显的增肥效果。用沼液进行根外追肥，或进行叶面喷施，其营养成分可直接被作物茎叶吸收，参与光合作用，从而增加产量，提高品质，同时增强抗病和防冻能力。同时，沼液对防治作物病虫害很有益，若将沼液和农药配合使用，会大大超过单施农药的治虫效果。

10.4.3　沼渣的利用

沼渣是沼气发酵后的产物，其含有大量的氮、磷、钾等矿物质元素和硼、铜、铁、锰、锌等微量元素。沼渣含有较全面的养分和丰富的有机物，是一种缓速并改良土壤功效的优质肥料。连年施用沼气渣肥的试验表明，使用沼渣的土壤中，有机质与氮磷含量比未施沼渣肥的土壤均有所增加，而土壤容重下降，孔隙度增加，土壤的理化性状得到改善，保水保肥能力增强。沼渣单做基肥效果很好，若与沼液浸种、根外追肥相结合，效果更好，还可使作物和果树在整个生育期内基本不发生病虫害，减少化肥和农药的施用量。此外，还可用沼渣培养食用菌、养鱼、养蚯蚓等。

10.5　固体废物厌氧消化技术案例

10.5.1　案例导入

在北方一处村镇 A 村里，秋收季节的作物秸秆和人畜粪便一起，送到家家户户的沼气池中进行沼气利用。村民们只需要把各种农业固体废物放进沼气池里，沼气池的另一端就会源源不断地产出燃气。燃气品质很高，足够满足炊事需求，只是夏季沼气相对充足，而冬季沼气产率相对较低。

近年来，随着农业生产的机械化水平提高，作物秸秆和禽畜粪便的产量越来越大，A 村家用的小沼气池已经远远满足不了这些农业固体废物的处理处置需求。村民们不禁想到，如果把家用的沼气池的体积扩大一下，建成一个更大的沼气池，是不是就能解决这些农业固体废物的处理处置需求了呢？但是在实际的沼气池扩建过程中，村民们却发现了一系列问题：首先，沼气池体积扩大之后，池体内的物料、温度等条件分布非常不均匀，直接影响了发酵产沼气的效果；其次，沼气池进料量增大以后，沼气的总产量也大大提高，尤其在夏天，全村村民也消耗不了这么多的沼气，如果把沼气储存起来大家很怕出现安全风险，所以只能把多余的沼气排掉，浪费极了；此外，大体积沼气池的沼渣和沼液的清理问题，也让村民们大大头疼。

那么，沼气池生产沼气的原理到底是什么呢，现代化、大规模的沼气工程有哪些工艺环节和设备装置，又是如何控制发酵条件和沼渣沼液处理问题的？

10.5.2　案例分析

沼气池生产沼气主要是基于微生物的厌氧消化原理，整个厌氧消化过程分为水解、产氢产乙酸、产甲烷等多个阶段，虽然操作上看似简单，但实际上反应过程错综复杂。

对于 A 村实际情况而言，相对适用于采用自然消化工艺，经过原料选择→原料预处理→配料→加活性污泥→入池发酵产气→出料，产出沼气燃气。其中，农作物秸秆的供给并不持续稳定，因此宜采用半连续式消化工艺，启动时一次性投入较多的消化原料，当产气量趋于下降时，开始定期添加新料和排出旧料，以维持比较稳定的产气率。

沼气工程规模的扩大并不简单意味着原有沼气池体积的增长，还需要考虑到沼渣沼液处理、沼气提纯与存储、发酵反应调控等多方面的问题。要想把控厌氧微生物的厌氧消化过程，需要从进料、温度、酸碱度、含水率等多个方面进行调节控制，这些对于大型化的沼气工程而言，都具有挑战。

一、选择题

1. 厌氧消化原料的 C/N 适宜范围是（　　）。

A.（10~20）∶1　　B.（20~30）∶1　　C.（30~40）∶1　　D.（40~50）∶1

2. 厌氧发酵的产物主要是（　　）。

A. 甲烷　　B. 氧气　　C. 氢气　　D. 氮气

3. 日处理能力在 10 万立方米以上的污水二级处理设施产生的污泥，宜采取（　　）工艺进行处理，产生的沼气应综合利用。

A. 厌氧消化　　B. 好氧　　C. 堆肥　　D. 综合利用

4. CH_4是在厌氧消化的（　　）产生的。

A. 水解阶段　　B. 产氢产乙酸阶段　　C. 酸化阶段　　D. 产甲烷阶段

5. 厌氧消化最佳的 pH 值范围是（　　）。

A. 6.5~7.5　　B. 7.0~7.2　　C. 7.0~7.5　　D. 6.5~8.5

二、判断题

1. 沼气是有机物在厌氧条件下经厌氧细菌的分解作用产生的以氨气和二氧化碳为主的可燃性气体。（　　）

2. 与水压式沼气池相比，浮罩式沼气池将发酵和贮气合并于同一个空间，下部为发酵间，上部为贮气间。（　　）

3. pH 值直接影响沼气发酵过程的产气率，发酵通常适用于在偏酸性环境下进行。（　　）

4. 产甲烷菌适合在酸性条件下生存。（　　）

5. 厌氧消化的微生物可分为水解菌与产甲烷细菌两类。（　　）

三、填空题

1. 厌氧消化分为________、________和________三个阶段。

2. 搅拌的目的是________、________、________。

3. 影响厌氧消化的因素有__________、__________、__________、________、________和 pH 值。

四、问答题

1. 影响固体废物厌氧消化处理的主要因素有哪些？

2. 简述厌氧消化处理的工艺。

3. 简述厌氧消化的典型设备。

4. 简述厌氧消化的资源化。

任务 11　固体废物卫生处置场的运行与管理

11.1　固体废物的处理处置技术

11.1.1　我国固体废物处理处置技术现状

近 30 年来，我国城市生活垃圾产生量大幅增加，自 1979 年以来，中国的城市生活垃圾平均以每年 8.98%的速度增长，少数城市（如北京）的增长率达 15%～20%。

根据 2015 年中国环境状况公报显示：2015 年，全国设市城市生活垃圾清运量为 1.92×10^8t；城市生活垃圾无害化处理量为 1.80×10^8t。其中，卫生填埋处理量为 1.15×10^8t，占 63.9%；焚烧处理量为 0.61×10^8t，占 33.9%；其他处理方式占 2.2%。无害化处理率达 93.7%，比 2014 年上升 1.9%。2015 年，全国生活垃圾焚烧处理设施无害化处理能力为 2.16×10^5t/d，占总处理能力的 32.2%。

至 2012 年，我国有 677 座城市生活垃圾处理设施，其中垃圾填埋场 547 座，实际处理量约 1.0×10^8t/a；垃圾焚烧厂 109 座，实际处理量约 2.6×10^7t/a，垃圾堆肥厂 21 座，实际处理量约 4.27×10^6t/a。由此可见，垃圾填埋和焚烧的应用不断增长，堆肥处理的应用处于萎缩状态。垃圾焚烧具有减量多、耗时短、占地面小等优点，可有效缓解城市生活垃圾与土地资源紧缺的矛盾。

为了保证城市固体废物处理处置工作的快速发展，根据《城市生活垃圾处理行业 2014 年发展综述》，我国新出台一系列与生活垃圾管理有关的标准与政策，比如《垃圾发电工程建设预算项目划分导则》（DL/T 5475—2013）、《水泥窑协同处置固体废物污染控制标准》（GB 30485—2013）、《水泥窑协同处置固体废物环境保护技术规范》（HJ 662—2013）、《垃圾填埋场用非织造土工布》（CJ/T 430—2013）、《生活垃圾卫生填埋处理技术规范》（GB 50869—2013）、《生活垃圾焚烧厂垃圾抓斗起重机技术要求》（CJ/T 432—2013）、《生活垃圾渗沥液检测方法》（C/T 428—2013）、《生活垃圾化学特性通用检测方法》（CJ/T 96—2013）、《生活垃圾收集运输技术规程》（CJJ 205—2013）、《垃圾填埋场用土工滤网》（C/T 437—2013）、《垃圾填埋场用土工网垫》（C/T 436203）、《生活垃圾土土工试验技术规程》（CJJ/T 204—2013）、《餐厨垃圾车》（QC/T 935—2013）、《车厢可卸式垃圾车》（QC/T 936—2013）、《烟囱设计规范》（GB 50051—2013）、《国务院关于印发循环经济发展战略及近期行动计划的通知》（国发〔2013〕5 号）、《国务院关于加快发展节能环保产业的意见》（国发〔2013〕30 号）、《国务院关于加强城市基础设施建设的意见》（国发〔2013〕36 号），以此来保证城市固体废物处理处置工作的快速发展。

11.1.2　固体废物处理处置技术的总结分析

固体废物处理是指将固体废物转变成适于运输、利用、储存或最终处置的过程，主要方法有物理处理、化学处理、生物处理、热处理等。而固体废物处置是指最终处置或安全处置，是固体废物污染控制的末端环节，解决固体废物的归宿问题，主要方法有陆地处置和海洋处置。固体废物处理处置技术涉及物理学、化学、生物学、机械工程等多种学科，主要处理处置技术有如下几方面。

11.1.1.1　固体废物的预处理

在对固体废物进行综合利用和最终处理之前，往往需要实行预处理，以便于进行下一步处理。预处理主要包括固体废物的破碎、筛分、粉磨、压缩等工序。

11.1.1.2　物理法处理固体废物

利用固体废物的物理和物理化学性质，从中分选或分离有用或有害物质。根据固体废物的特性可分别采用重力分选、磁力分选、电力分选、光电分选、弹性分选、摩擦分选和浮选等分选方法。

11.1.1.3　化学法处理固体废物

通过固体废物发生化学转换回收有用物质和能源。煅烧、焙烧、烧结、溶剂浸出、热分解、焚烧、电离辐射都属于化学处理方法。

11.1.1.4　生物法处理固体废物

利用微生物的作用处理固体废物，其基本原理是利用微生物的生物化学作用，将复杂有机物分解为简单物质，将有毒物质转化为无毒物质。沼气发酵和堆肥即属于生物处理法。

11.1.1.5　固体废物的最终处置

没有利用价值的有害固体废物需进行最终处置。最终处置的方法有焚化法、填埋法、海洋投弃法等。固体废物在填埋和投弃海洋之前尚需进行无害化处理。

11.1.3　固体废物处理处置发展的趋势

（1）综合处理优势多，是今后城市或区域性处理固体废物的首选技术，能回收的回收，有机质做堆肥处理，可燃物则焚烧，不可燃物送去填埋；

（2）在分类收集基础上的再生利用越来越受到重视，比例逐渐提高；

（3）固体废物填埋标准越来越高，场地越发难选择，运距越来越远，运转费用越来越高，填埋将呈逐步下降趋势；

（4）由于固体废物中厨余垃圾含量在逐年增加，加上生物制肥技术进一步推广，堆肥综合处理技术将得到迅速发展，有利资源循环再利用，回归大自然，有利于改良我国广大农田有机质的严重缺乏和土壤板结化；

（5）固体废物热值大幅度提高，焚烧及尾气净化技术设备进一步国产化，焚烧将稳步发展，焚烧余热综合利用（蒸汽、发电）比例将有所上升。

11.1.4　固体废物的处置技术

固体废物的处置技术是指采取能将已无回收价值或确属不能再利用的固体废物（包括对自然界及人身健康危害性极大的危险废物）长期置于与生物圈隔离地带的技术措施，也是解决固体废物最终归宿的手段，故也称为最终处置技术。

固体废物处置的目的是使固体废物最大限度地与生物圈隔离，以保证有害物质不对人类及环境的现在和将来造成不可接受的危害。

11.1.4.1　固体废物处置的基本要求

（1）处置场所要安全可靠，通过天然或人工屏障使固废被有效隔离，使污染物质不会对附近生态环境造成危害，更不能对人类活动造成影响。

（2）处置场所要设有必需的环境保护监测设备，要便于管理和维护。

（3）被处置的固体废物中有害组分含量要尽可能少，体积要尽量小，以方便安全处理，并减少处置成本。

（4）处置方法要尽量简便、经济，既要符合现有的经济水准和环保要求，也要考虑长远的环境效益。

11.1.4.2　固体废物处置方法的分类和特点

A　按照屏障不同分类

按照屏障不同分类，可分为天然屏障隔离处置和人工屏障隔离处置。

a　天然屏障隔离处置

天然屏障隔离处置是利用自然界已有的地质构造和特殊地质环境所形成的屏障，或是各种圈层之间本身存在的对污染的阻滞作用。

b　人工屏障隔离处置

人工屏障隔离处置中，隔离的界面由人为设置，如使用废物容器、废物预稳定化、人工防渗工程等。

B　按照场所的不同分类

按照场所的不同分类，可分为陆地处置和海洋处置。

a　陆地处置

陆地处置是利用土地对废物进行隔离或储存的一种处置方法，主要分为土地填埋、土地耕作和深井灌注等类型。

（1）土地填埋是从传统的堆放和土地处置发展起来的一项最终处置技术，不是单纯的堆、填、埋，而是一种按照工程理论和土工标准，对固体废物进行有效管理的一种综合性工程方法。具有工艺简单、成本较低、适于处理多种类型固体废物等优点，但存在渗滤液的收集控制等问题。最典型的方法为卫生土地填埋方法。

（2）土地耕作是把废物当作肥料或土壤改良剂直接施到土地上或混入土壤表

层，通过土壤中微生物种群的作用，使废物中的有机物和部分无机物分解为便于为植物吸收的较简单的形式。

(3) 深井灌注是将废物注入地下与饮用水和矿脉层隔开的可渗透性的岩层中。该方法主要用来处理那些实践证明难于破坏、难于转化、不能采用其他方法处理处置或者采用其他方法费用昂贵的废物。深井灌注的关键是选择适于处置废物的地层，适于深井处置的地层必须位于地下饮用水源之下，有不透水岩层把注入废物的地层隔开；要求废物同建筑材料、岩层间的液体以及岩层本身具有相容性。

b　海洋处置

海洋处置是利用海洋具有的巨大稀释能力和净化能力，选择适宜的倾倒场所（海岸距离，深度等）来消纳废物的一种方法。海洋处置分为海洋倾倒和远洋焚烧等类型。

(1) 海洋倾倒是利用船舶、航空器、平台及其他载运工具，向海洋倾倒废物或其他有害物质的行为。该方法具有处置成本低，可用于处置多种废物的特点。

(2) 远洋焚烧是以高温破坏为目的而在海洋焚烧设施上有意焚烧废物或其他物质的行为。废气通过气体净化装置与冷凝器，凝液排入海中，气体排入大气，余渣倾入海洋。

小贴士

卫生填埋技术作为生活垃圾的最终处理方法，目前是我国大多数城市解决生活垃圾出路的主要方法。

11.1.4.3　卫生土地填埋技术

卫生填埋就是利用工程技术的手段，将所处置的固体废物如居民生活垃圾、商业垃圾等在密封型屏障隔离的条件下进行土地填埋，使其对人体健康和环境安全不会产生明显的危害。

卫生填埋技术采取防渗、填埋、压实、覆盖和填埋场地气体、渗沥水治理等环境保护处理措施，它是生活垃圾最终处理的形式，是将生活垃圾集中到一个特定的地方、埋起来，同时既要解决垃圾污水的渗漏及覆土，又要解决蝇蚊滋生、臭气，并对发酵时产生的气体进行导引，以防止甲烷富集引发堆场爆炸等问题。

卫生填埋的特点包括：

(1) 占地多、运距较远、日处理量大，单位投资少、运行费用低，是国内外普遍采用的一种方式；

(2) 操作简单，抗冲击负荷大，可以处理不同种类的垃圾；

(3) 二次污染严重，垃圾发酵产生的甲烷气体是火灾及爆炸隐患，排放到大气中又会产生温室效应；

(4) 填埋地点很难找。

卫生土地填埋技术首先要选择填埋场地，填埋场的类型可以按照填埋场址地形分类，也可以按照填埋场中废物的降解机理分类。

A　按照填埋场址地形分类

按填埋场址地形可分为平原型填埋场、滩涂型填埋场和山谷型填埋场。平原型填埋场适用于地形比较平坦且地下水埋藏较浅的地区，高层埋放垃圾的方式；滩涂型填埋场是海边或江边滩涂，平面作业法；山谷型填埋场是地处重丘山地，斜坡作业法。

B　按照填埋场中废物的降解机理分类

按填埋场中废物的降解机理分为好氧填埋场、厌氧填埋场和准好氧填埋场。

好氧填埋场适用于填埋有机物含量高，含水率低的生活垃圾。结构设计比较复杂，施工要求高，建设运行费用高，在大中型填埋场中的推广和应用较少；厌氧填埋场不需供氧，有机物厌氧分解。该方法结构简单，成本低，操作方便，可回收甲烷气体，基本上不受外界气候条件、垃圾成分和填埋高度的限制。该方法在实际应用中，不断完善成改良型厌氧卫生填埋，是目前世界上应用最广泛的；准好氧填埋场介于好氧和厌氧之间，利用填埋场的集水管道与大气相通，自然通风。与空气接触的垃圾进行好氧分解，接触不到空气的垃圾进行厌氧分解。与好氧填埋相比，成本较低。

微课：卫生土地填埋场址选择

11.2　卫生填埋场的场址选择

11.2.1　目的与范围

场址选择是卫生填埋场规划设计的第一步工作。本节将简要介绍填埋场选址在法律法规、技术和经济等方面的考虑，以及选址的程序、提供如何应用选址程序进行填埋场选址。此外，选址工作也受到公众参与和接受程度的影响，公众参与应该贯穿整个选址过程。

选址工作是一个反复的过程，一般需较长的时间。选址期间，要对多个备选场址进行反复的对比论证、评价和筛选，最终选出最优场址。图 11-1 是场址的筛选流程。在选址前，应清楚地认识到一个填埋场址从许可、评估、公众复审到购买和开发通常要花 3~5 年或者更久。

填埋场选址工作主要遵循安全原则和经济原则两大原则。安全原则是选址工作的基本原则，是指填埋场从建设到使用过程中，对场址周围的水、大气、土壤等生态环境不良影响的最小化。经济原则指填埋场在建设和使用过程中，单位垃圾的处理费用最低，而资源化价值最高。因此，选址工作总的技术原则是以最小的投资达到最理想的经济效果，实现环保目的。

11.2.2　法规要求

11.2.2.1　相关法规

所选的场地对周围环境的影响必须符合环境保护的有关法律和法规，使用后对周围环境可能产生的影响也必须符合有关法律和法规的规定。选址及征地主要可依据《中华人民共和国环境保护法》《中华人民共和国固体废物污染环境防护法》，以

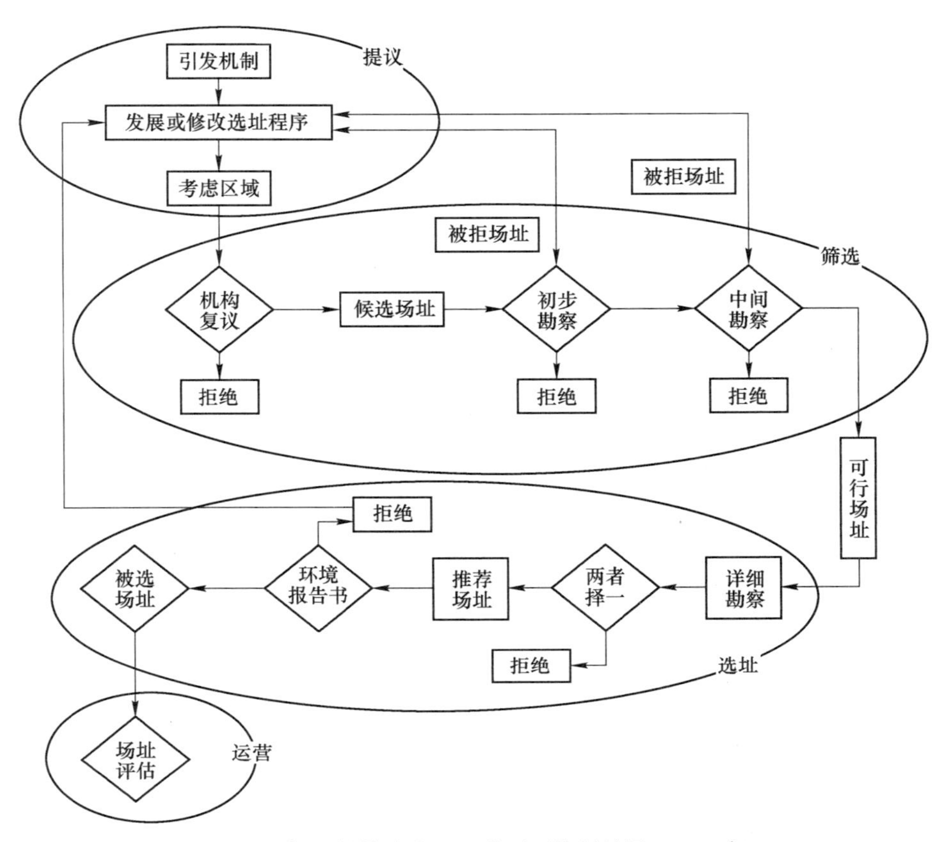

图 11-1　场址的筛选流程（美国环境保护局，1985 年）

及当地城市建设总体规划和境卫生事业发展规划。现行国家标准《生活垃圾卫生填埋处理工程项目建设标准》（建标〔2009〕124 号）、《城市生活垃圾卫生填埋技术规范》（CJJ 17—2004）、《生活垃圾填埋场污染控制标准》（GB 16889—2008），均对填埋场选址应满足的要求做了具体的规定。

小贴士

所选场址应符合国家和地方政府的法律法规，如大气污染防治法、水资源保护法、自然资源保护法、水污染控制法等，特别要参照水源或水域的保护法，不能与法律发生抵触。

11.2.2.2　濒危物种保护

《中华人民共和国野生动物保护法》（2018）、《中华人民共和国野生植物保护条例》（2017）和其他法规，规定了一些生物保护措施，以保护我国濒危物种资源。《中华人民共和国野生动物保护法》第十二条规定，建设项目对国家或者地方重点保护野生动物的生存环境产生不利影响的，建设单位应当提交环境影响报告书；环境保护部门在审批时，应当征求同级野生动物行政主管部门的意见。

11.2.2.3　地质稳定性

垃圾填埋单元不能设在地震冲击带、断层区和不稳定区三种地质特征区域附近的位置。

A　地震冲击带

地震冲击带是一个区域，在这个区域里，某一震级下（测得的值为重力的10%）某种地面运动（地面水平加速运动）每250年就有10%（或者更大）的发生机会。当地震烈度达到6级时，疏松的土质就可能出现小裂缝；震烈度达到7级时，就可能出现地裂缝。因此，当地震烈度接近6级时，就要对场地的抗震性做出评价。原则上，场址不能选在历史上最大地震强度超过6级的地点。

对于设在地震冲击区的填埋场，所设计的填埋单元能经得起有记录以来的最大水平加速度，以确保填埋单元的结构（如衬垫层、渗滤液收集系统），不因地面运动而裂缝或崩溃，同时确保渗滤液不因地震活动而释放。

B　断层区

地壳岩层因受力达到一定强度而发生破裂，并沿破裂面有明显相对移动的构造称断层。填埋单元应设在全新世断层的60m以外，此距离可确保断层区域发生地面运动时单元结构不受损害，以及渗滤液不会通过断层泄漏到环境中。除非颁发许可证部门有其他说明，否则必须遵循这一管理实践。

断层性质决定着填埋单元是否可设在全新世断层60m内。这项调查包括现有地图、日志、报告、科学著作，以及保险权利授权书等的复审；单元半径8km范围内的空中侦察。识别断层区有两种有用的工具：一种是全新世断层位置的地图；另一种是高海拔、高分辨率的区域立体照片。

C　不稳定区

填埋单元不得设在不稳定区。不稳定区是指自然或人类活动能破坏单元结构的区域。不稳定区包括许多土壤移动的土层（如滑坡），下面的石灰岩（或其他物质）溶解导致地面沉降或塌陷。这项要求保护了填埋单元的结构免受自然或人力的破坏。要确定不稳定条件不发生在候选单元，当地的地质研究是必不可少的。如果能跟上这些管理，垃圾中的污染物质很少会由于不稳定的地质条件而释放到环境中。填埋单元是否处于一个地质不稳定区，可以使用相关部门提供的地图确认。国家也有描绘地质不稳定区位置的地质勘查。

D　湿地保护

湿地是指表面常年或经常覆盖着水或充满了水，介于陆地与水体之间的过渡带，在土壤浸泡在水中的特定环境下，生长着很多的特征植物，包括沼泽地、湿原、泥炭地或水域地带。填埋单元不得设在湿地内，在湿地内设填埋场需相关主管部门颁发许可证。

E　地表水保护地表径流和渗滤液的收集

流域地表面的降水（如雨、雪等），沿流域的不同路径向河流、湖泊和海洋汇集的水流称为径流。必须按照国家污染物质排放系统的许可要求和其他相关要求收集和处置填埋单元的径流水。

垃圾在垃圾填埋单元堆放和填埋过程中由于压实、发酵等生物化学降解作用，同时在降水和地下水的渗流作用下产生了一种高浓度的有机（或无机）成分的液体，称为垃圾渗滤液。如果填埋单元有衬垫与渗滤液收集系统，必须按照要求收集和处理渗滤液，这包括国家污染物质排放系统许可的渗滤液作为地表水点面污染排放的要求。在我国垃圾填埋场《生活垃圾填埋场污染控制标准》（GB 16889—2008）对填埋场渗滤液排放标准作了具体的规定。

F　地下水保护

含水层常指土壤通气层以下的饱和层，其介质孔隙完全充满水分，可补充井水和泉水。堆放在填埋单元的垃圾不得污染含水层。当地含水层的评估是一个必要的步骤，它可以帮助保证（确保）填埋单元不污染含水层。所要收集的资料包括：

（1）地下水深度（包括历史高点与历史低点）；

（2）水力坡度（梯度）；

（3）目前地下水水质；

（4）当前的和计划的地下水使用；

（5）主要补给区位置。

垃圾不得堆放在可能直接与地下水面接触的地方；并且，主要补给区应该消除污染，尤其是唯一源含水层。填埋底部与已知的最高地下水水位应保持尽可能远的距离。为了准确评估潜在的污染，应描绘靠近含水层的结构特性与矿物特性（针对硝酸盐氮）；应识别填埋单元邻近范围的断层、大断裂、节理组；应避免喀斯特地形和其他溶蚀构造。通常情况下，石灰石、白云石、裂隙性结晶岩远不及沉积岩、松散的冲积层和其他松散层可取。

11.2.3　填埋场选址标准

除了上述的法规要求，许多其他的考虑因素影响着填埋场场址的适用性，包括场址使用年限与大小、地形学、土壤、植被、场址使用权、土地利用、场址的考古和历史意义、费用等。填埋场选址标准见表 11-1。

表 11-1　填埋场选址标准

自然场地	场址应足够大，以充分容纳废物
就近原则	场址尽可能靠近生产设施，以减少处理和运输成本；场址应尽可能远离水源（建议最小 1000m）和地界线（建议最小 250m）
场址入口	全天候具有最小的交通拥挤，足够的宽度和承载能力
地形	场址应利用自然条件将铲土运输减少到最小；除非能保证良好的地表水控制（建议场址坡度小于 5%），场址应避免建在自然洼地和山谷中，因为这些地方可能出现水污染
地质	场址应避免设在地震、滑坡、山崩、雪崩、断层、地下矿藏、阴沟口、污水坑和溶洞等处
水文	场址应设在降雨稀少和蒸发量大的地区，以及不受潮汐和季节性高水位的影响
土壤	场址应有天然的黏土基础，或用作垫层的黏土，以及可利用的终场覆盖材料；应该有稳固的土壤/岩石结构；应避免设在下场地上（地下水上面土壤很薄，浅层地下水上的土壤渗透性强，有非常大的侵蚀潜力的土壤）

续表 11-1

排水系统	场址应设在地面排水系统完备和径流易于控制的区域
地表水	抗洪场址的保护；场址应避免设在湿地或其他地下水位高的区域
地下水	场址不得接触地下水；填埋场基底必须在地下水水位高点以上；场址应避免设在唯一源含水层上和地下水补给区
温度	场址不得设在经常发生逆温现象的区域

11.2.4　填埋场选址的方法及程序

填埋场场址的确定是填埋场选址技术最重要的任务之一。选择一个好的场址将会收到事半功倍的效果。一般来说，填埋场选址一般应按下列顺序进行。

（1）确定填埋场选址区域。以垃圾产生地为圆心，以有效经济运输距离为半径画圆，确定出一个区域，排除受到有关土地法规限制的土地（如军事要地、自然保护区、文物古迹等），缩小可征用土地范围。如果在这个区域内没有找到合适的填埋场址，可适当扩大有效经济运输半径，继续进行寻找。

（2）搜集区域和地方的社会、经济和综合地质调查资料。

1）搜集已有的区域地质调查资料。填埋场选址工作应充分搜集和利用已有的区域地质调查资料，比如地质图、地形图、交通图、气象资料、土壤分布图、土地使用规划图、水利规划图、洪泛图、航测图片等。通过对这些资料的收集，可掌握区域地质、水文地质和工程地质的基本特征。此外，还应搜集交通、电力、供水、通信等基础设施，资金保障等经济方面的资料，以及人文原始资料及民意调查等社会方面的资料，了解人们对建设使用填埋场地的态度。

2）利用地面卫星遥感技术搜集最新的地面信息资料。地面卫星遥感图像是一个快捷可靠的信息资料，它能够准确显示出地面上的物标，清晰地指示出填埋场选址的工作范围，使选址工作有的放矢，做出详尽的选址规划。因此，充分利用地面卫星遥感图像可使选址工作得以顺利进行并少走弯路。

（3）选出可能场址。根据城市总体规划、有关法律法规、已确定的选址标准、区域地形地貌和搜集到的地质资料等选出可能场址。

（4）提出初选场址。与当地有关主管部门（土地、规划等）研究讨论可能场址名单，并充分考虑当地公众对这些可能场址的态度。根据这些讨论和调查排除掉那些有可能遇到较大困难和阻力的场址，提出初选场址名单（名单应该包括 3 个以上）。利用以上调查，制定选址的实地踏勘路线和计划以指导选址的下一步工作。

（5）对初选场址的实地踏勘。实地踏勘是选址工作中的最重要的环节，可直接掌握初选场址的地形，地貌土地利用状况、交通条件、周围居民点的分布情况、水文网分布情况，以及其他与选址相关的资料。

（6）对初选场址的社会、经济和法律条件调查。进一步调查初选场址的社会、经济和法律条件，考核其对城市整体经济发展规划（或工农业发展规划）及城市景观的影响。调查其社会影响以及公众对在此处建设填埋场的反映。对照国家和地方的法律、法规和政策，评价初选场址与相关法律和法规冲突与否，并取消受法律、法规限制的初选场地，如地下水保护区、洪泛区、淤泥区、活动的坍塌地带、地下蕴矿区、灰岩坑基及溶岩洞区等。

（7）确定备选场址。根据对初选场址实地踏勘取得的资料和社会、经济和法律条件的调查资料，结合搜集到的其他资料和图片进行整理和分析，对初选场址进行技术、经济等方面的综合评价和比较，通过对比选出较为理想的卫生填埋场场址。可采用的技术方法有专家系统法、地理信息系统（GIS）、灰色系统理论的灰色聚类法、模糊数学中的模糊综合评判法、层次分析法等。其中，专家系统法是指分别由有关专家做出有关地质、技术、经济、社会等方面因素的评价。这一评价如果是量化的评分，在评分之前需要确定评价因子、评价标准和加权系数。根据评价结果排出初选场址的评价顺序。将评价顺序靠后的初选场址排除掉，选出 1~3 个场址作为备选场址。

（8）编制备选场址可行性研究报告。备选场址确定后应提交备选场址可行性研究报告，该报告包括环境影响评价、场址水文地质调查、填埋场规划、场址安全评价等必要的可行性研究内容。提交备选场址可行性报告的目的是说明场地具有可选性。其主要程序是首先报请项目主管单位，再由主管单位报请政府主管部门审批，从而列入国家或地方的计划项目，使项目从可行性研究阶段进入工程项目阶段。

（9）备选场址的初步勘察工作。前述 8 项选址工作选出了较为理想的场址，并征得管理部门的同意。但是场址的综合地质条件满足工程要求与否，则应进行综合地质初步勘察，目的是查明场址的地质、水文地质和工程地质特征等。如果初步勘察证明场址地层的渗透性 $K>10^{-6}$m/s，或是含水丰富的含水层，或含有发育的断层，则场址的地质质量很差，会大量增加工程投资，因此该场址应放弃而另选其他场址。如果初勘证明场址具有良好的综合地质条件，则备选场址的可选性得到最终定案。因此，填埋场备选场址的地质初步勘察是场址是否具有可选性的最终依据。

（10）备选场址的综合地质条件评价技术报告。场址初步勘察工作结束后，钻探施工单位提交《场址地质勘查技术报告》，结合《备选场址可行性研究报告》，项目主管单位编制选址工作的总报告《场址综合地质条件评价技术报告》。报告详细说明场址的综合地质条件，全面阐述对场址的有利和不利因素，并作出场址可选性的结论。

《场址综合地质条件评价技术报告》是场址选择的最终依据，也是工程的立项依据，标志着卫生填埋场项目由选址阶段正式过渡到工程阶段。同时，该报告也是场址详细勘察的依据。

（11）转入工程实施阶段。如果《场址综合地质条件评价技术报告》得出了备选场址可以选用的结论，填埋场项目可转入工程实施阶段，并进行场址的详细勘察设计和施工。如果得出了场址不可选用的结论，则选址工作要重新开始或进行第二或第三备选场址的初步勘察工作。

综上所述，卫生填埋场址选择是一项技术性很强的工作。整个选址过程要经过以上环节，才能最终确定并过渡到工程阶段。

小贴士

一般来说，要找到一个十分合适的填埋场场址是非常困难的：一方面是因为城市的土地资源有限且利用率较高；另一方面，受经济运输距离的限制，不能将填埋场场址选择在远离城市的地方。为了尽可能选择一个较为合适的填埋场场址，就只能在选址技术方面下功夫。填埋场选址涉及许多学科，因此在选址的过程中，应有不同学科的专业人员参加，组成一个选址小组。选址小组一般应有建设单位所在的市政各部门，以及专业设计单位的技术人员参加。选址步骤中的各阶段要以文字报告形式备案，并作为工程竣工验收的组成部分。目前，大多数填埋场的选址工作还难以严格按照以上步骤进行，不过还是应该遵循科学的发展观，使填埋场的选址过程科学化、合理化；应该避免地区或部门利益左右选址结果，以确保填埋场的场址选择有一定的社会效益、环境效益和经济效益。

微课：卫生土地填埋工艺

11.3　卫生填埋场的填埋工艺

动画：固体废物卫生填埋场的构成

仿真：卫生土地填埋工艺

11.3.1　卫生填埋场填埋工艺

把运送填埋场的废物在限定的区域内铺撒成40~75cm的薄层，然后压实以减少废物的体积，每天操作之后用一层15~30cm厚的土壤覆盖并压实，由此就构成一个填筑单元。具有同样高度的一系列相互衔接的填筑单元构成一个升层。完整的卫生填埋场是有一个或多个升层组成的。当土地填埋达到最终的设计高度之后，再在该填埋层上覆盖一层厚90~120cm的土壤，并压实，这样就得到了一个完整的卫生填埋场，如图11-2所示。

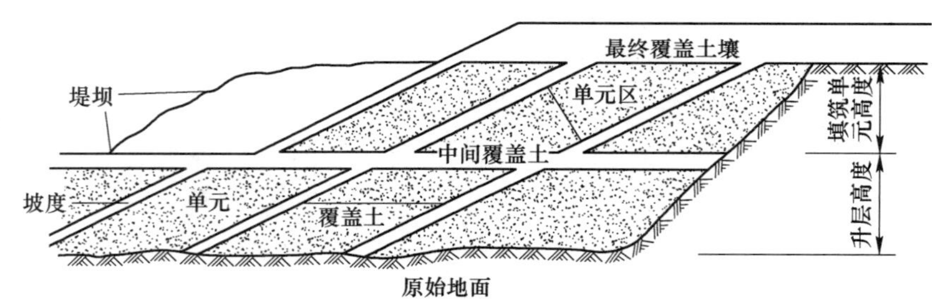

图11-2　卫生填埋场填埋工艺

11.3.2　卫生填埋场填埋具体过程

卫生填埋场填埋步骤是卸料、推铺、压实和覆土，其工艺流程如图11-3所示。

11.3.2.1　卸料

垃圾按指定的作业点卸下，以使后续填埋作业更加有序。采用填坑作业法卸料时，往往设置过渡平台和卸料平台；而采用倾斜面作业法时，则可直接卸料。推铺

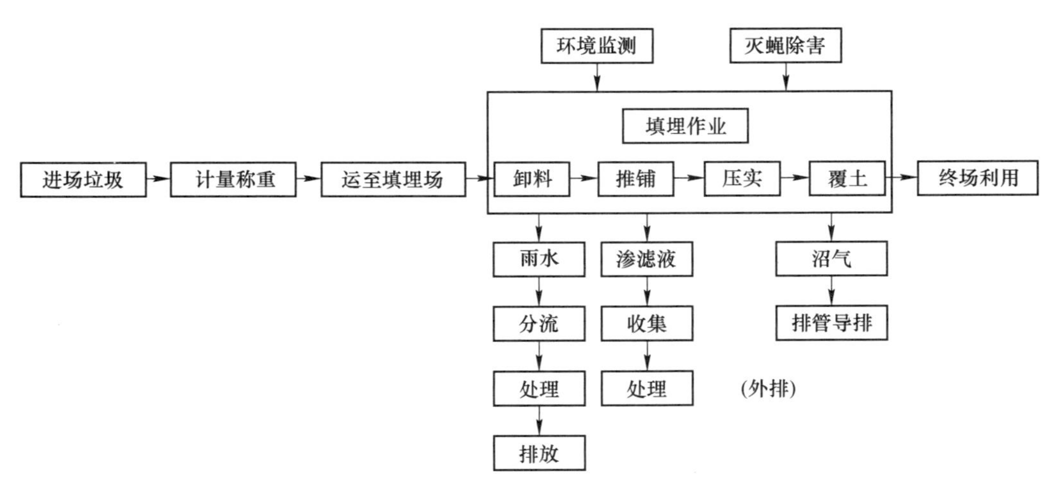

图 11-3　卫生填埋场填埋工艺流程

和压实从底部开始较容易而且效率高，故应将作业区放在作业面的顶端。若倾倒从上部开始，应避免轻质废物被风刮走和废物被堆成一个陡峭的作业面，并影响当天的压实效果。此外，还应尽量缩小作业面，保持作业区清洁、平整，防止车辆损坏或倾翻。

11.3.2.2　推铺

推铺由推土机完成，卸车后用推土机推铺开，先将废物按顺序铺在作业区一定范围内，使其推铺厚度达到 30~60cm 时，再用压实机碾压。分层压实到一定的高度后在上面覆盖黏土和聚乙烯膜材料，每层覆盖自然土或黏土厚度为 15~30cm。重复卸料、推铺、压实和覆盖过程，当该范围内的填埋废物高度达到 2.5~4.5m 时，即构成一填埋单元。每日一层作业单元。通常四层厚度组成一个大单元。垃圾的压实密度应大于 $0.8t/m^3$。

填埋时一般从右向左推进，然后从前向后推进。左、中、右之间的连线之间呈圆弧形，使覆盖表面排水畅通地流向两侧，进入排水沟或边沟等，减少雨水渗入填埋场垃圾内。当单元厚度达到设计尺寸后，可进行临时封场，在其上面覆盖 45~50cm 厚的黏土并均匀压实，然后覆盖大约 15cm 厚的营养土，种植浅根植物，最终封场覆土厚度应大于 1m。

11.3.2.3　压实

压实由垃圾压实器完成，压实是填埋作业中一道重要工序。其主要功能是：

(1) 减少废物体积，延长填埋场的使用年限；

(2) 增加填埋体的稳定性，减少填埋场的不均匀沉降；

(3) 填埋废物的压实还能减少蝇、蚊的滋生和有利填埋机械的移动作业等。

11.3.2.4　覆土

覆土的目的在于避免废物与环境长时间接触，最大限度地减少环境问题的产生。

按覆土时间和具体功能的不同，覆土可分为每日覆盖（土），中间覆盖（土）和最终覆盖（土）。

A　每日覆盖

每日覆盖是指作业面在一天工作结束、填埋层达到一定厚度时，而实施的覆盖土。其目的是：

（1）防止风沙和废物中轻质物质（如纸、塑料等）的飞扬；

（2）减少恶臭散溢；

（3）防止蝇蚊滋生，减少疾病传播风险。

每日覆盖要求确保填埋层的稳定，并且不阻碍废物的生物分解，因而要求覆盖材料具有良好的通气功能。一般选用沙质土等进行日覆盖，覆盖厚度一般为15~30cm。

B　中间覆盖

中间覆盖常用于需要较长时间维持开放的填埋场部分区域（如道路和暂时闲置的填埋部分）。其作用是：

（1）防止填埋气体的无序排放；

（2）将降落在该层表面的雨水排出填埋场外，减少降雨入渗。

中间覆盖要求覆盖材料的渗透性能较差。一般选用黏土等材料作为中间覆盖，覆盖厚度为30cm左右。

C　终场覆盖

终场覆盖是废物填埋场运行结束后，在最上层实施的覆盖土。其功能包括：

（1）削减渗滤液的产生量；

（2）控制填埋场气体从填埋场上部无序释放；

（3）避免废物的扩散，抑制病原菌的繁殖；

（4）提供一个可供景观美化和填埋土地再用的表面等。

11.3.3　卫生填埋场设计计算

填埋场的理论容量为各个填埋场体积加和。

填埋场的总填埋容量等于填埋垃圾的体积与覆土体积之和，即：

$$V = 365 \times \frac{MPt}{\rho} + V_s \tag{11-1}$$

式中　V——填埋场的总填埋容量，m^3；

M——人均每天废物产量，kg/(人·d)，通常按0.8~1.2kg/(人·d) 考虑；

P——填埋场服务区域内的预测人口，人；

t——填埋场使用年限，年；

ρ——填埋后废物的最终压实密度，kg/m^3，通常为500~700kg/m^3；

V_s——覆土体积，m^3，覆土和垃圾之比为1∶4（或1∶3）。

填埋场体积等于填埋场的面积与该填埋场高度的乘积，即：

$$V = Ah \tag{11-2}$$

式中　V——填埋场体积；

A——填埋场面积；

h——填埋场高度。

例题 11-1　一个有 100000 人口的城市，平均每人每天产生垃圾 2.0kg，如果采用卫生土地填埋处置，覆土与垃圾体积之比为 1∶4，填埋后废物压实密度为 600kg/m³。试求：

（1）1 年填埋废物的体积是多少？

（2）如果填埋高度为 7.5m，一个服务期为 20 年的填埋场占地面积为多少，总容量为多少？

解：（1）1 年填埋废物的体积为：

$$V_1 = 365 \times \frac{MPt}{\rho} + V_s = 365 \times \frac{2.0 \times 100000}{600} + \frac{2.0 \times 100000}{600 \times 4} = 152083(m^3)$$

（2）如果不考虑该城市垃圾产生量随时间的变化，则运营 20 年所需库容为：

$$V_{20} = 20V_1 = 20 \times 152083 = 3.0 \times 10^6(m^3)$$

如果填埋高度为 7.5m，则填埋场面积为：

$$A_{20} = \frac{3.0 \times 10^6}{7.5} = 4 \times 10^5(m^2)$$

11.4　卫生填埋场的防渗设计

防渗系统是指在垃圾填埋场场底和四周边坡上为构筑渗滤液防渗屏障所选用的各种材料组成的体系。其内容涉及防渗系统工程设计、防渗系统工程材料、防渗系统工程施工、防渗系统工程验收及维护等。本节只介绍防渗系统工程设计中的部分内容，其他内容可查阅《生活垃圾卫生填埋场防渗系统工程技术规范》（CJJ 113—2007）。

11.4.1　场地处理

场地处理主要包括场地平整和坚硬物体（如石块等）的清除。其目的是稳定和强化岩土层的承载力，避免填埋场库区地基在垃圾堆积后产生不均匀沉降，保护复合防渗层中的防渗膜。填埋场的场地平基（主要是山坡开挖与平整）不宜一次性完成，而是应与膜的分期铺设同步，采用分层实施的方式。其目的是防止水土流失和避免二次清基、平整。

11.4.2　防渗材料

防渗材料可分为无机天然防渗材料、天然与有机复合防渗材料和人工合成有机材料三大类。无机材料主要包括黏土、亚黏土、膨润土等，具有造价低廉、施工简单等优点。其中黏土衬层较为经济，目前在填埋场中仍被广泛采用。天然与有机复合防渗材料，例如聚合物水泥混凝土、沥青水泥混凝土等。人工合成有机材料通常称为柔性膜，主要包括聚乙烯、聚氯乙烯、氯化聚乙烯、氯磺聚乙烯、塑化聚烯烃、乙烯-丙烯橡胶、氯丁橡胶、热塑性合成橡胶等。柔性膜防渗材料通常具有较低的渗透性，其渗透系数均可达到 10^{-11}cm/s。目前应用最广泛的是高密度聚乙烯（HDEP）。

动画：填埋场区防渗系统

11.4.3　防渗系统设计

11.4.3.1　垂直防渗系统

垂直防渗系统是利用填埋场下方存在的独立水文地质单元、不透水或弱透水层等，在填埋场一边（或周边）设置垂直的防渗墙（或防渗板、注浆帷幕）等，防渗墙深入不透水层，将垃圾渗滤液封闭于填埋场中进行有控地导出。根据施工方法的不同，垂直防渗工程包括土层改性法防渗墙、打入法防渗墙和工程开挖法防渗墙等。

由于山谷型填埋场大多数具备独立的水文地质单元条件，垂直防渗系统应用较多，如国内的杭州天子岭、南昌麦园、长沙、贵阳、合肥等垃圾填埋场都采用了垂直防渗系统。另外，老填埋场的污染治理工程也经常用到，尤其对不准备清除已填垃圾的老填埋场，其基底防渗是不可能的，因而周边垂直防渗显得特别重要。

11.4.3.2　水平防渗系统

水平防渗系统是在填埋场底及其四周边坡表面铺设防渗衬层（如黏土、膨润土、人工合成防渗材料等），将垃圾渗滤液封闭于填埋场中进行有控地导出。水平防渗结构类型可分为单层防渗结构和双层防渗结构。

A　单层防渗结构

单层防渗结构可分为 HDPE 膜+压实土壤复合防渗结构、HDPE 膜+GCL 复合防渗结构、压实土壤单层防渗结构和 HDPE 膜单层防渗结构四种形式。其结构层次从上至下分别为渗滤液收集导排系统、防渗层（含防渗材料及保护材料）、基础层和地下水收集导排系统，其中，HDPE 膜+压实土壤复合防渗结构如图 11-4 所示。该防渗结构要求 HDPE 膜上应采用非织造土工布作为保护层，规格不得小于 600g/m^2；HDPE 膜厚度不得小于 1.5mm；压实土壤渗透系数不应大于 1.0×10^{-9}m/s，厚度不应小于 750mm。其他三种形式可查阅《生活垃圾卫生填埋场防渗系统工程技术规范》（CJJ 113—2007）。

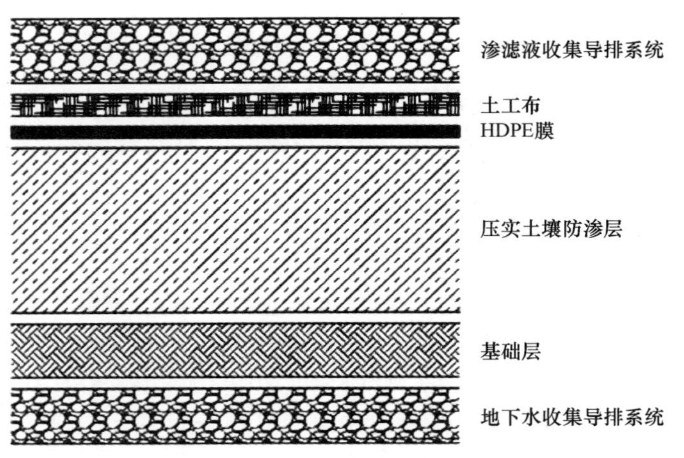

图 11-4　HDPE 膜+压实土壤复合防渗结构示意图

B　双层防渗结构

如图 11-5 所示，双层防渗结构从上至下分别为渗滤液收集导排系统、主防渗层（含防渗材料及保护材料）、渗漏检测层、次防渗层（含防渗材料及保护材料）、基础层和地下水收集倒排系统。

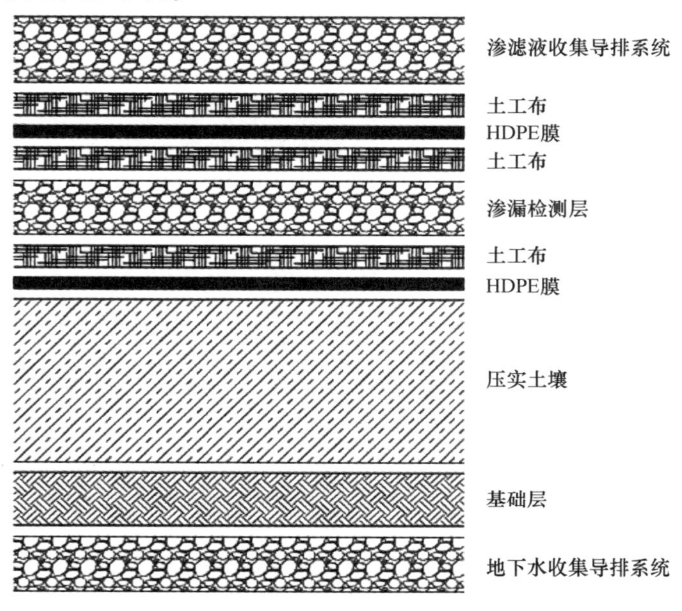

图 11-5　双层防渗结构示意图

11.5　卫生填埋场渗滤液的收集与处理技术

微课：渗滤液的性质与收集系统

11.5.1　渗滤液的来源与性质

动画：填埋场渗滤液的组成

垃圾渗滤液是指垃圾在填埋和堆放过程中由垃圾中有机物质分解产生的水和垃圾中的游离水、降水及入渗的地下水，通过淋溶作用而形成的污水。垃圾渗滤液的来源较多，有降水入渗、外部地表水入渗、地下水入渗、垃圾自身的水分、覆盖材料中的水分、有机物分解生成水等多种来源。渗滤液中不仅包含有机物、以氮元素为主的植物营养素、重金属，还有许多未知的有毒有害物质，因此，渗滤液是一种成分复杂的高浓度有机废水，并且水质和水量在现场多方面的因素影响下波动较大。

填埋场渗滤液的产生量通常由区域降水及气候情况、场地地形地貌及水文地质条件、填埋垃圾性质及组分、填埋场构造、操作条件等五个相互作用的因素及其他一些因素制约。因此，垃圾渗滤液生产量可采取以下措施进行控制。

（1）控制入场垃圾的含水率，一般要求质量分数小于 30%。

（2）控制地表水的渗入量，主要可采取的措施有控制间歇暴露地区产生的临时性侵蚀和淤塞；最终覆盖区域采取土壤加固，植被整修边坡等控制侵蚀；加设衬层，以防止在暴雨期间大流量的冲刷；建缓冲池以减少洪峰的影响；流经未覆盖垃圾的径流引致渗滤液处理与处置系统等。

（3）控制地下水的渗入量，通过控制浅层地下水的横向流动，使之不进入填埋区。主要方法有设置隔离层，地下水排水管和抽取地下水等。

仿真：渗滤液收集系统

11.5.2　渗滤液收集系统

渗滤液收集系统通常由导流层、收集沟和多孔收集管、集水池、提升多孔管、潜水泵、调节池和清污分流等组成。如果多孔收集管直接穿过垃圾主坝接入调节池，则集水池、提升多孔管和潜水泵可省略。渗滤液收集系统的主要功能是将填埋库区内产生的渗滤液收集起来，并通过调节池输送至渗滤液处理系统进行处理。典型的渗滤液导排系统断面及其和水平衬垫系统、地下水导排系统的相对关系如图 11-6 所示。

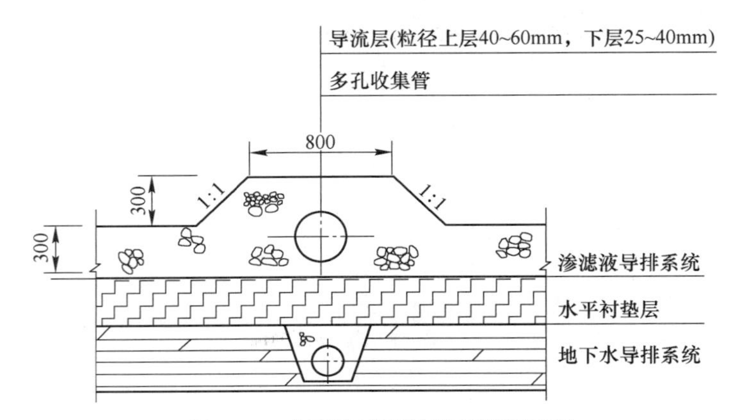

图 11-6　典型渗滤液导排系统断面图

其中，导流层的目的是将全场的渗滤液顺利地导入收集沟内的渗滤液收集管内（包括主管和支管）。在场底清基的时候，因为对表面土地扰动而需要对场地进行机械或人工压实，特别是已经开挖了渗滤液收集沟的位置，通常要求压实度要达到 85%以上。导流层铺设在经过清理后的场基上，厚度应不小于 300mm，由粒径 40～60mm 的卵石铺设而成，在卵石来源困难的地区，可考虑用碎石铺设，但会对渗滤液的下渗有不利影响。

收集沟设置于导流层的最低标高处（见图 11-7），并贯穿整个填埋场底，断面通常采用等腰梯形或菱形。收集沟中填充卵石或碎石，粒径按照上大下小形成反滤，一般上部卵石粒径采用 40～60mm，下部采用 25～40mm。

集水池位于垃圾主坝前的最低洼处，全场的垃圾渗滤液汇集到此处并通过提升多孔管越过垃圾主坝进入调节池。

调节池是渗滤液收集系统的最后一个环节，作用是对渗滤液进行水质和水量的调节，平衡丰水期和枯水期的差异，为渗滤液处理系统提供恒定的水量，同时可对渗滤液水质起到预处理作用。

清污分流的作用是将进入填埋场未经污染或轻微污染的地表水（或地下水）与垃圾渗滤液分别导出场外，从而减少污水量，降低处理费用。其中，控制地表径流主要是指排出雨水的措施。滩涂填埋场往往利用终场覆盖层造坡，将雨水导排进入

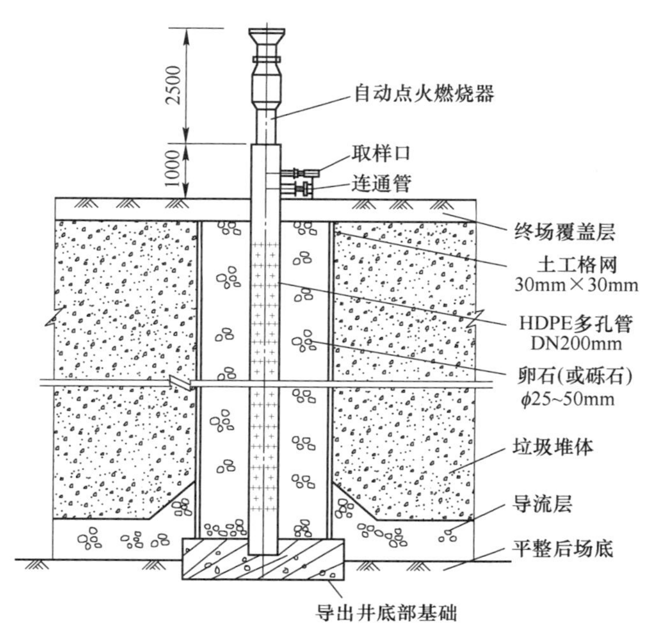

图 11-7　典型渗滤液多孔收集管断面图

填埋区四周雨水明沟。山谷型填埋场往往利用截洪沟坡面排水沟将雨水排出。

11.5.3　渗滤液的处理技术

微课：渗滤液的处理技术

渗滤液的处理方法和工艺取决于其数量和特性，而渗滤液的特性取决于所埋废物的性质和填埋场使用的年限。

生活垃圾填埋场渗滤液处理的基本方法包括渗滤液循环、渗滤液蒸发、处理后处置和排往城市废水处理系统等。其中，渗滤液循环是指收集渗滤液后再回灌到填埋场。在填埋场的初级阶段，渗滤液中包含有相当量的 TDS、BOD、COD、氮和重金属。通过循环，这些组分在填埋场内发生生物作用和其他物理化学反应而被稀释。为了防止渗滤液循环造成填埋场气体无控释放，填埋场内要安装气体回收系统，最终必须收集、处理和处置剩余的渗滤液。渗滤液蒸发是指修建一个底部密封了的渗滤液容纳池，让渗滤液蒸发掉。渗滤液管理系统最简单的方法就是蒸发，剩余的渗滤液喷洒在完工的填埋场上。当未使用渗滤液循环或者蒸发法而又不可能将渗滤液排往污水处理厂时，就需要加以一定的预处理或者完全处理。

根据《生活垃圾填埋场渗滤液处理工程技术规范》（HJ 564—2010），渗液处理工艺可分为预处理、生物处理和深度处理三种。由于渗滤液的难处理性，单一的处理工艺难以达到理想效果，因此渗滤液处理一般采用组合工艺。比如，预处理+生物处理+深度处理组合工艺，预处理+深度处理组合工艺，生物处理+深度处理组合工艺。

预处理工艺大多采用物理和化学法，该工艺主要用于去除渗滤液中的 COD、氨氮、重金属、SS，以及色度、浊度等，比如吹脱、混凝沉淀、吸附、高级氧化法

（如 Fenton 法、光催化氧化法）等。

生物处理工艺可采用好氧生物处理法和厌氧生物处理法，该工艺主要用于去除 COD、氨氮和磷。好氧生物处理包括活性污泥法（氧化沟、SBR、AB 法、CASS、PACT 等）和生物膜法（生物转盘、生物接触氧化法、生物活性炭流化床）。厌氧生物处理法主要有普通厌氧消化、两相厌氧消化、厌氧滤池（AF）、上流式厌氧污泥床（UASB）、厌氧折流板反应器（ABR）、厌氧序批式反应器（ASBR）、厌氧混合床过滤池（AHBF）等。厌氧法处理时间长、出水 COD 和 NH_3-N 浓度仍然较高，所以对温度和 pH 值要求严格，因此，厌氧生物处理一般与好氧生物处理联合作为处理渗滤液的手段。例如，北京阿苏卫的“厌氧+氧化沟”工艺；广州兴丰的“UASB+SBR”工艺；福建红庙岭的“UASB+氧化沟”工艺等。

深度处理工艺可采用膜分离（微滤、超滤、纳滤和反渗透），也可采用自然处理（如稳定塘和人工湿地）。该工艺主要用于去除渗滤液中的悬浮物、溶解物和胶体等。

渗滤液成分变化很大，因此有多种处理方法。表 11-2 中整理了渗滤液处理的生物、化学和物理过程。

表 11-2　用于渗滤液处理的生物、化学和物理过程及应用说明

处理过程		应　用	说　明
生物过程	活性污泥法	除去有机物	可能需要去泡沫添加剂，需要分离净化剂
	顺序分批反应器法	除去有机物	类似于活性污泥法，但不需要分离净化剂
	曝气稳定塘	除去有机物	需要占用较大的土地面积
	生物膜法	除去有机物	常用于类似于渗滤液的工业废水，其填埋场中的使用还在实践中
	好氧塘/厌氧塘	除去有机物	厌氧法比好氧法能耗低、污染低、需加热、稳定性不如好氧法，时间比好氧法长
	硝化作用/反硝化作用	除去有机物	硝化作用、反硝化作用可以同时完成
化学过程	化学中和法	控制 pH 值	在渗滤液的处理应用上有限
	化学沉淀法	除去金属和一些离子	产生污泥，可能需要按危险废物进行处置
	化学氧化法	除去有机物，还有一些无机成分	用于稀释废物流效果最好
	湿式氧化法	除去有机物	费用高，对顽固有机物效果好，很少单独使用，可以和其他方法合用
物理过程	物理沉淀法/漂浮法	除去悬浮物	仅在三级净化阶段使用
	过滤法	除去悬浮物	高能耗，需要冷凝水，需要进一步处理
	空气提	除去氨和挥发有机物	费用依渗滤液固定

续表 11-2

处理过程		应用	说明
物理过程	蒸气提	除去挥发有机物	仅在三级净化阶段使用
	物理吸附	除去有机物	在渗滤处理上应用有限
	离子交换	除去溶解无机物	
	极端过滤	除去细菌和高分子有机物	高费用，需要广泛的预处理
	反渗透	稀释无机溶液	形成污泥可能是危险废物，高费用（除非干燥区）
	蒸发	适用于渗滤液不允许排放处	

如图 11-8 所示，当垃圾渗滤液属于高浓度有机废水，可采用生物法进行处理。例如采用 A/O+内置式 MBR 工艺，渗滤液经过 A/O 硝化反硝化工艺，降低其中的 COD 和 NH_3-N，然后进入 MBR 池，在 MBR 池中通过深度处理进一步去除有机物和 NH_3-N。

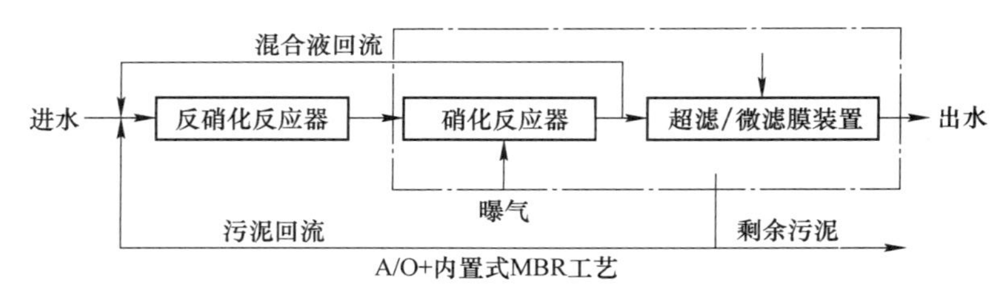

图 11-8 典型的渗滤液生物处理方法

具体采用何种处理过程主要取决于要除去的污染物的范围和程度。如图 11-9 所

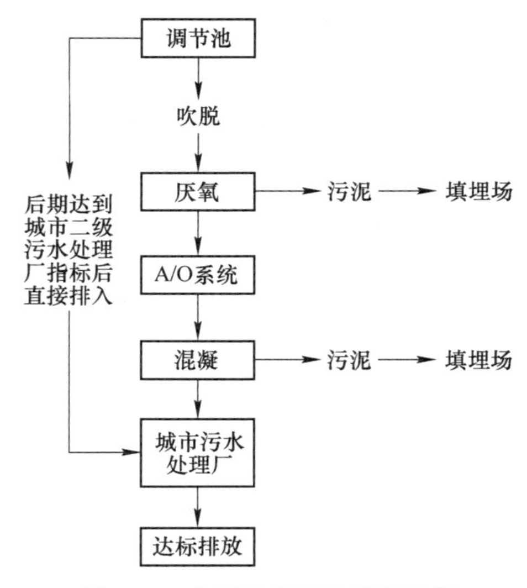

图 11-9 典型的渗滤液处理工艺

示，根据深圳市城市生活垃圾成分特点和经过对现有垃圾填埋场渗滤液水质实测资料，预测初期渗滤液 COD 浓度为 20～60g/L，BOD_5为 10～36g/L，NH_3-N 为 400～1500mg/L。经技术经济和环境指标比较，确定对垃圾填埋场渗滤液采取相应的处理工艺。

11.6 卫生填埋场气体的收集与封场管理

我国城市垃圾的处理方法目前还比较落后，其主要方法是填埋（约占整个垃圾处理方法的95%以上），焚烧仅占很少部分，且仅在少数几个城市实行（如深圳市）。因此，垃圾填埋场可能产生的污染问题、爆炸问题应引起足够的重视，目前，我国所采用的填埋方法基本上是随意堆放的方法，未经无害化处理。在填埋过程中，厌氧分解产生大量的甲烷气体，如果不加以收集处理就会发出臭味，并可能产生火灾危险。

11.6.1 垃圾填埋气的产生机理及其影响因素

11.6.1.1 垃圾填埋气的产生机理

垃圾进入卫生填埋场后，经过压实覆盖后，外界的 O_2就不能进入到垃圾体内。当填埋作业过程中进入垃圾体的 O_2被微生物的好氧代谢耗尽后，垃圾体逐渐过渡到厌氧分解的阶段。同时，随着好氧代谢过程的减弱，初始大量产生的 CO_2体积比例逐渐降低；随着厌氧发酵过程的进行，CH_4的比例逐渐提高。在过渡阶段，主要有 H_2产生。在经历了最初的不稳定阶段后，CH_4和 CO_2的浓度在很长一段时间里都能保持基本稳定。通常情况下，CH_4含量（体积分数）约为 40%～60%，CO_2含量（体积分数）为 40%～60%，同时会产生少量的 NH_3、H_2S、H_2O 等。

11.6.1.2 影响填埋气产生的因素

垃圾填埋气的成分和产气速率是由垃圾的组成成分、pH 值、温度、含水率、填埋作业方法和填埋时间等因素决定的。垃圾中的可降解有机物含量越多，其产气量也就越大，而且产气持续时间也越长；调节填埋体的含水率在 50%～70%，有利于 CH_4的产生，适宜产生填埋气的 pH 值是 6.8～7.2，通常可在填埋垃圾时加入生石灰粉或在填埋场地表喷洒生石灰水来控制 pH 值；低温会降低微生物的活性，不利于填埋气的产生，可以通过加厚顶部的覆盖层隔绝垃圾和大气的接触来保温；提高垃圾堆体的压实密度，增大垃圾填埋深度，加强垃圾填埋体的密封性等措施都可以提高填埋气的产量；在垃圾被填埋的头 1～2 年产气速率增长最快，15～20 年垃圾体已基本达到稳定，产气量很低。

11.6.2 我国城市垃圾填埋场气体利用存在的主要问题

（1）我国大多数垃圾填埋场建设初始并未考虑填埋气体的收集和利用。除了少数填埋场外，大多数填埋场技术水平低，设备设施落后，没有配备填埋气体收集装置，垃圾所产生的填埋气体处于无控制排放状态，缺乏现场测试记录，使今后回收利用填埋气体产生较大的困难，同时还有爆炸火灾的风险。

（2）国内对填埋产气的估算大都照搬国外的模型和参数，不能很好地反映我国垃圾的产气特性。近年来，随着我国城市能源结构的变化和人民生活水平的提高，生活垃圾中可生物降解的有机物的比例逐渐增大。我国大多数地区的城市生活垃圾所含有机物以食品垃圾（淀粉、糖、蛋白质、脂肪）为主，C/N 值低于国外垃圾 C/N 值典型值，因此，我国垃圾厌氧分解的速度会比国外快很多，达到产气高峰的时间也相对较短。但目前针对垃圾成分变化趋势研究的文章很少，而国内外垃圾成分不同，国内各地区之间也存在差异，因此，这也是今后垃圾填埋气体利用必须要研究的重要问题之一。

（3）缺乏垃圾气体收集利用装置的制造、安装、运行上的经验，核心设备和技术需要从国外引进。例如，我国杭州市天子岭废物处理总场是我国内陆第一家利用填埋气体发电的。其发电项目由香港惠民环境技术有限公司投入全部技术，承担项目的设计、建设、运行和管理，其发电设备是由美国公司提供。我国的南京水阁垃圾填埋场垃圾发电项目是在全球环境基金（GEF）赠款下建立的，部分技术和设备由澳大利亚博兰堡集团提供。

11.6.3　填埋气的收集技术

微课：填埋气体的收集与利用

动画：填埋场气体的竖向收集；填埋场气体的水平收集

填埋场气体收集系统需合理设计和建造，以保证填埋场气体的有序收集和迁移而不造成填埋场内不必要的气体高压。填埋气收集和导出通常有竖向收集导出和水平收集导出方式两种形式。其中，竖向收集导出方式应用较广，其填埋气收集系统主要包括随垃圾填埋逐渐建造的垂直收集井，以及以每个竖井为中心，向四周均匀敷设多根水平导气支管。随着垃圾填埋作业的推进，填埋气井将有效地收集、导排、处理和利用填埋气。水平收集系统以每个收集井为中心，向四周均匀敷设多根水平导气支管。导气水平收集支管敷设在浅层碎石盲沟内，盲沟内填 64～100mm 碎石。如果库区堆高大的话，水平收集系统在高度方向上，可以每 6m 设置一层。收集井顶部设置集气装置，并采用 HDPE 管与集气站相连后通过集气干管连着至输送总管，最终送至贮存容器或用户。

11.6.4　填埋气的利用

填埋气体的利用方法取决于其处理程度。未处理的填埋气体热值是天然气的 1/2。填埋气体的低位热值约 17MJ/m^3。处理程度影响应用的经济性，为适合气体的最终使用需要，填埋气体预处理系统更改了填埋气体的组成。经不同处理可以进行不同的利用，进而得到不同产品。国内外常见的填埋气体利用方式有如下几种。

（1）用于发电。利用填埋气体作为燃料，或者利用填埋气体燃烧产生的热烟气或锅炉蒸汽来带动发电机发电。这种利用方式投资少，工艺技术和设备成熟，需要对填埋气体进行冷却脱水处理，是比较常用的一种填埋气体利用方式。我国已建成多个垃圾填埋气发电电站，其中目前亚洲最大的垃圾填埋气发电项目上海老港垃圾填埋气发电项目（建设规模为 15MW 级燃气内燃机发电机组）已经正式并网。该项

目的并网标志着上海老港填埋场将逐渐由单一的无害化处理基地向资源回收与循环利用的废固基地转变。

（2）用于锅炉燃料。这种利用方式是用填埋气体作为锅炉燃料，用于采暖和热水供应。这是一种比较简单的利用方式，这种利用方式不需要对填埋气体进行净化处理，且设备简单、投资少，适合于附近有用户的地方。

（3）用于民用燃气。这种方式是将填埋气体净化处理后，用管道输送到居民用户，作为生活燃料。此种利用方式需要对填埋气体进行比较细致的处理，包括去除CO_2、少量有害气体、水蒸气以及颗粒物等。这种利用方式投资较大，技术要求高，不太适用于小型民用生产生活，适合于大规模的填埋场气体利用工程。

（4）生产压缩天然气。此种方式是将填埋气体净化后，压缩成液态天然气，罐装储存，用作汽车燃料。这种方法需要对填埋气体施加高达 20MPa 的压力，工艺设备复杂，不易推广。

小贴士

城市生活垃圾中含有丰富的能源资源，对城市生活垃圾填埋场中的填埋气体进行导出，既是保持填埋垃圾体安全和稳定的需要，又是环境保护的需要，对填埋气体的收集和利用，可变废为宝、开发新能源，并有着明显的经济效益和社会效益。

微课：填埋场的封场与管理

11.6.5　填埋场的封场与管理

封场是卫生填埋场建设中的一个重要环节。封场的目的在于：

（1）防止雨水大量下渗；

（2）避免垃圾降解过程中产生的有害气体和臭气直接释放到空气中造成空气污染；

（3）避免有害固体废物直接与人体接触；

（4）阻止或减少蚊蝇的滋生。

仿真：终场覆盖层的一般结构；终场覆盖层的结构类型

封场覆土上可以栽种植被，进行复垦或作其他用途。

终场覆盖层应由五层组成，从上至下分别为表层、保护层、排水层、防渗层和排气层。各机构层的主要功能及常用材料见表 11-3 所示。其中，表层和保护层主要由天然土壤构成。表层的主要功能取决于填埋场封场后的土地利用规划，能生长植物并保证植物根系不破坏下面的保护层和排水层，具有抗侵蚀能力，可能需要地表水排水管道等建筑。保护层的主要功能是防止上部植物根系以及挖洞动物对下层的破坏，防止排水层的堵塞，维持稳定。排水层主要由沙、石、土工网络、土工合成材料、土工布等构成，其主要功能是排泄入渗进来的地表水等，降低入渗层对下部防渗层的压力，还可以有气体导排管道和渗滤液回收管道等。防渗层主要由压实黏土、柔性膜、人工改性防渗材料和复合材料等构成，其主要功能是防止入渗水进入堆填废物中，防止填埋场气体逸出。排气层主要由沙、土工网格、土工布等构成，其主要功能是控制填埋场气体，将其导入填埋场气体收集设施进行处理或利用。

表 11-3　填埋场终场覆盖系统

结构层	主要功能	常用材料	备　注
表层	取决于填埋场封场后的土地利用规划，能生长植物并保证植物根系不破坏下面的保护层和排水层，具有抗侵蚀等能力，可能需要地表水排水管道等建筑	可生长植物的土壤以及其他天然土壤	需要有地表水控制层
保护层	防止上部植物根系以及挖洞动物对下层的破坏，保护防渗层不受干燥收缩、结冻解冻等破坏，防止排水层的堵塞，维持稳定	天然土等	需要有保护层，保护层和表层有时可以合并使用一种材料
排水层	排泄入渗进来的地表水等，降低入渗层对下部防渗层的压力，还可以有气体导排管道和渗滤液回收管道等	沙、石、土工网格、土工合成材料、土工布	此层并非必需层，只有当通过保护层入渗的水量较多或对防渗层的渗透压力较大时才是必要的
防渗层	防止入渗水进入堆填废物中，防止填埋场气体逸出	压实黏土、柔性膜、人工改性防渗材料和复合材料等	需要有防渗层，通常由保护层、柔性膜和土工布来保护防渗层，常用复合防渗层
排气层	控制填埋场气体，将其导入填埋场气体收集设施进行处理或利用	沙、土工网格、土工布	只有当废物产生大量填埋场气体时才是必需的

根据防渗层所采用的材料的不同，将终场覆盖层的结构类型分为黏土覆盖结构和人工材料覆盖结构，二者的区别在于防渗层材料的不同。黏土覆盖结构防渗层材料采用压实的黏土，而人工材料覆盖结构防渗层材料采用的是人工合成材料如高密度聚乙烯及相应的保护层。

需要指出的是，无论采用何种覆盖结构封场，填埋场封场顶面坡度不应小于5%。边坡大于10%时宜采用多级台阶进行封场，台阶间边坡的坡度不宜大于1∶3，台阶宽度不宜小于2m。其次，填埋场封场后应继续进行填埋场气体、渗滤液处理及环境与安全监测等运行管理，直至填埋体稳定。

封场后填埋场的再利用必须在填埋体达到稳定安全期后方可进行，使用前必须做出场地鉴定和使用规划。土地利用主要有：

（1）绿化用地，植树、种草；

（2）耕地、菜园、果园；游艺或运动场；

（3）库房用地；建筑用地等。

但是，在未经环卫、岩土、环保专业技术鉴定之前，填埋场地严禁作为永久性建筑物用地。

11.7　固体废物卫生处置场运行案例分析

11.7.1　案例导入

在国际能源形势日益严峻、环保要求日益提高等时代背景下，焚烧、热解、堆肥、厌氧等固体废物的新兴资源能源化利用技术逐渐受到人们的青睐，但对于北方

相对发达的沿海城市 A 市，其所收运的垃圾，有一半以上仍然是采用填埋方式进行处置的。这使得 A 市居民对当地这种垃圾处理方式感到十分关切，居民们非常担心是否会对土壤和地下水环境造成危害。

为了打消居民的疑惑，A 市垃圾填埋场主动邀请感兴趣的市民亲临垃圾填埋场现场进行参观。当志愿居民们来到垃圾填埋场时却发现，想象中又脏又臭、污水横流、苍蝇乱飞的场景并没有出现，反而在填埋坑最后面种起了一片小树林，小树林边的填埋区里，压缩后的垃圾被整齐地堆砌在填埋坑中，异味并不明显。填埋区旁一间发电站在不停地运转，而发电站不远处又盖起了一间巨大的厂房，从厂房的铭牌可以看出，这是一间专门处理垃圾渗滤液的污水处理厂。

11.7.2　案例分析

垃圾的卫生填埋处置和粗放填埋有着本质的区别，人们刻板印象中又脏又臭、污水横流、苍蝇乱飞的垃圾填埋场景已经被时代所摒弃。一间规范的垃圾填埋场，不但要做好垃圾中有害物质二次污染的防控工作，还要把垃圾填埋过程所产生的填埋气、渗滤液等处置利用起来，这样才能最大限度地避免垃圾填埋对土壤与水体环境的负面影响。

由于填埋方式并不能在最大程度上把垃圾中潜藏的资源与能源利用起来，未来垃圾填埋技术极有可能被其他资源化能源利用方式所取代。但在当下，考虑到垃圾处理的经济成本，以及垃圾资源能源化利用过程中二次产生的固体废物处置需求，填埋处理方式依然具有其优势与作用。

一、选择题

1. 从世界范围来看，目前城市生活垃圾的处理处置方式以（　　）为主。

A. 卫生填埋　　B. 焚烧　　C. 堆肥　　D. 热解

2. 卫生土地填埋中常用的人工防渗材料是（　　）。

A. 缩合的聚丙烯　　B. 缩合的聚乙烯

C. 高密度的聚丙烯　　D. 高密度的聚乙烯

3. 防渗方式中，防渗层向水平方向铺设，防止渗滤液向周围及垂直方向渗透而污染土壤和地下水的方式是（　　）

A. 倾斜防渗　　B. 垂直防渗　　C. 水平防渗　　D. 辅助防渗

二、填空题

1. 典型固体废物处理技术主要有________、________和________。

2. 防渗材料主要有________、________和________三大类。

3. 填埋场气体的利用方式主要有________、________、________和________。

三、问答题

1. 固体废物处理技术包括哪些？

2. 固体废物处理的总趋势是什么？

3. 简述卫生填埋的填埋工艺。
4. 简述卫生填埋场渗滤液的收集流程。
5. 简述卫生填埋场渗滤液的处理技术。
6. 简述卫生填埋场填埋气体的收集与利用方法。
7. 简述卫生填埋场的终场覆盖层。

模块四

典型固体废物处理与资源化

1. 了解生活垃圾的性质、组成和分类收集；
2. 理解生活垃圾的收运系统；
3. 掌握生活垃圾的处理与资源化；
4. 熟悉餐厨垃圾的处理与资源化；
5. 了解煤矸石的产生、分类、组成及危害；
6. 了解并熟悉煤矸石、粉煤灰、钢渣、高炉渣的资源属性与利用途径；
7. 熟悉农业固体废物的处理与资源化；
8. 理解危险废物的分析与鉴别；
9. 掌握危险废物的处理与资源化。

1. 会对生活垃圾进行性质、组成和分类收集；
2. 会设计简单的生活垃圾的收运系统；
3. 会选择合适的生活垃圾的处理与资源化方法；
4. 会选择合适的餐厨垃圾的处理与资源化方法；
5. 会对煤矸石的产生、分类、组成及危害进行分析；
6. 会对煤矸石、粉煤灰、钢渣、高炉渣的资源属性与利用途径进行分析；
7. 会选择合适的农业固体废物的处理与资源化；
8. 会对危险废物进行分析与鉴别；
9. 会选择合适的危险废物的处理与资源化。

任务 12　生活垃圾的分类收运与资源化

随着我国城市化发展得越来越快，城市居民的生活水平也相应地提高了，随之而来的就是与日俱增的生活垃圾，这也影响了城市的建设和发展。垃圾如何处置，已经是城市发展过程中需要迫切解决的问题。但是我国大部分城市生活垃圾采用的是传统的填埋方法。垃圾填埋过程中没有对垃圾进行分类处理，不经过筛选而直接填埋。垃圾填埋需要大量的土地资源，垃圾不分类填埋势必造成大量的土地资源浪费，因此，在我国生活垃圾如何处理和资源化就显得尤其重要。

微课：生活垃圾的组成与特性

12.1　生活垃圾的组成与特性

12.1.1　生活垃圾的基本概念

城市生活垃圾是指城市中的单位和居民在日常生活及为生活服务中产生的废物，以及建筑施工活动中产生的垃圾。

小贴士

建筑垃圾属于生活垃圾。

12.1.1.1　城市生活垃圾特点

（1）成分复杂。我国垃圾收集目前大多数城市都采用混合收集的方式，而没有分类收集，因而各类垃圾混杂在一起，成分复杂。

（2）含水率高。垃圾中含有大量蔬果皮，因而含水率高达 30%~50%。

（3）无机物质含量高。目前我国大多数城市仍以煤为主要燃料，垃圾中的煤渣、砂石、金属、玻璃等无机物含量很高。

（4）有机物质含量少。在我国的垃圾中，有机物中的厨房废物垃圾较多，含水率高。纸张、塑料、木料、纺织物、皮革等高热值物质含量较少，热值较低。

小贴士

随着人民生活水平的提高，城市垃圾中有机物含量会大大提高，垃圾的热值也会不断增加。如北京市的垃圾热值已由 20 世纪 90 年代末的平均每年 3349kJ/kg 提高到现在的平均每年 5862kJ/kg。

12.1.1.2　城市生活垃圾的危害

城市生活垃圾产生的危害不仅体现在占用太多的土地，形成垃圾包围城市的恶劣环境，而且会对大气环境、地下水源、土壤和农作物造成污染。垃圾中的有机物变质所散发的大量有害气体进入大气会严重污染环境，影响到城市居民的生活与健康。垃圾中的有害物质溶入地下水、渗入土壤，会造成对地下水源及土壤的污染，危及周围地区人民的健康及生命安全，并且此类污染的危害很难消除。

另外，城市垃圾中有机物含量较高，垃圾发酵后产生沼气，沼气的主要成分是甲烷和二氧化碳，会对大气造成污染，阻碍植被生长，破坏臭氧层。更危险的是，垃圾集中堆放产生的甲烷是可燃气体，当与空气混合达到一定比例时，遇火花会发生爆炸，直接威胁人们的生命财产安全。同时，垃圾中还含有致病菌和寄生虫卵等危害人类健康的因素，因此处理不当会造成疾病的传播，影响人类的生活环境。

12.1.2　生活垃圾的来源与分类

12.1.2.1　来源

（1）生活垃圾来自城市日常生活及其相关服务。
（2）收运的主要对象为分类回收后剩余的生活垃圾。

小贴士

生活垃圾成分复杂，数量庞大，因此，一定要分类回收后才能进行收运。

12.1.2.2　分类

在行业标准层面，我国城建行业早在2004年就颁布实施了《城市生活垃圾分类及其评价标准》（CJJ/T 102—2004），将城市生活垃圾分为可回收物、大件垃圾、可堆肥垃圾、可燃垃圾、有害垃圾和其他垃圾六大类，并规定各个地区的垃圾分类方法应根据城市环境卫生专业规划要求及垃圾的特性和处理方式进行选择。在地方标准层面，上海市于2019年5月1日起实施《生活垃圾分类标志标识管理规范》（BD31/T 1127—2019），对生活垃圾分类的术语和定义、类别、设计、标志和标识、标识管理要求做出了统一的规范。在团体标准层面，中国城市环境卫生协会发布的《生活垃圾分类投放操作规程》（T/HW 00001—2018），适用于城镇各类场所生活垃圾分类投放操作及管理。

生活垃圾的类型主要从三个方面进行分类：

（1）按垃圾产生源，可将生活垃圾分为居民垃圾、商业垃圾、事业垃圾和工业垃圾等；

（2）按构成比例，可将生活垃圾分为有机垃圾、无机垃圾和废品垃圾等；

（3）按可处理性，可将生活垃圾分为回收垃圾、焚烧垃圾、堆肥垃圾和填埋垃圾等。

12.1.2.3　生活垃圾的产生量及影响因素

生活垃圾的产生量主要与城市人口、城市经济发展水平、居民收入与消费结构、燃料结构、管理水平、地理位置等因素有关。

（1）城市人口。城市生活垃圾产生量随着城市人口的增长呈直线增长态势，人口越多，垃圾产生量越多。

（2）城市经济发展水平。经济快速发展时期垃圾的产量也会大幅增加，发展到一定时期增长速度逐渐放慢。

（3）居民收入与消费结构。居民生活水平和消费结构的改变不仅影响城市垃圾的产量，也影响着城市垃圾的成分。近年来，居民收入不断增加，人民的生活水平不断提高，包装材料、一次性使用材料和用品日益增多，从而导致垃圾量也大幅增加。

（4）燃料结构和地理位置。垃圾产量与地理位置和当地的燃料结构有关，如：北方取暖期长，燃料以煤为主，因而垃圾产生量高于南方的城市，无机物含量也高于南方的城市。

（5）管理水平。城市市政管理水平的提高以及公民环保意识的增强会逐步加大垃圾的回收率，从而减少垃圾的人均产生量。

此外，垃圾处理产业化、社会化的管理水平也直接影响生活垃圾的减量化、资源化、无害化的效果。

12.1.2.4　生活垃圾产生量的预测

生活垃圾产生量一般根据人口和生活垃圾日产量进行预测。其计算公式为：

$$W = MP \tag{12-1}$$

式中　W——垃圾产生量，kg/d；

M——人均垃圾产生量，kg/(人 · d)；

P——规划人口数，人。

小贴士

可以想想一年和十年的产生量怎么算。在实际工作过程中，可通过中华人民共和国城镇建设行业标准《生活垃圾产生量计算及预测方法》（CJ/T 106—2016）进行计算。

12.1.3　生活垃圾的组成与特性

12.1.3.1　组成

城市生活垃圾由多种特性迥异的物质组成，是一种非均质的混合物，与单一物质具有固定的特性不同，城市生活垃圾的物理性质和化学性质变动范围较大。主要由以下两个方面组成：

（1）无机组成：主要含无机成分，比如金属制品、玻璃、砖石等；

（2）有机组成：主要含有机成分，比如炊厨废物、纸类、塑料、橡胶等。

12.1.3.2　物理特性

在城市垃圾的处理处置过程中，常涉及城市生活垃圾的物理特性有含水率和容重等。城市生活垃圾的容重一般在 180～350kg/m³ 变化，且随着城市燃气进程化的发展，容重有逐渐降低的趋势。

近年来，随着垃圾资源化技术的发展，关系到垃圾容重、孔隙率、热值、生物处理和热处理处理效率的一个重要的物理特性，即垃圾粒度尺寸也逐渐被分析和探讨。粒度尺寸是指垃圾松散体不同成分的尺寸大小，它是垃圾进行资源回收、生物和化学处理时的一个重要数据。

物理性质的指标有容重、孔隙率、含水率和内摩擦力等；也可以采用感官直接判断，即用废物的色、嗅、新鲜和腐败程度等表示。

A　容重

容重是单位体积垃圾的质量，容重是选择和设计储存容器、收运机具及计算处理利用构筑物和埋填处置场规模等必不可少的参数，其主要包括自然容重、垃圾车装载容重和填埋容重。

自然容重是将垃圾堆积成圆锥体的自然形状时，垃圾单位体积的质量，常用于垃圾调查分析。垃圾自然容重为（0.53±0.26）t/m³。垃圾车装载容重是在垃圾装入垃圾车作业时，由于人为的装填、压实作业使垃圾容重增加，垃圾车装载容重为 0.8t/m³左右。填埋容重是指在城市生活垃圾填埋过程中，由于人为地压实所产生的容重，会发生变化。垃圾填埋容重为 1t/m³。

小贴士

试着比较一下这三种容重的大小和不同。

B　孔隙率

孔隙率是垃圾中物料之间孔隙的容积占垃圾堆积容积的比例，它是垃圾通风间隙的表征参数。即容重越小的垃圾，其孔隙率一般也越大，物料之间的孔隙也越大，物料的通风断面积也越大，越有利于垃圾的通风。

C　含水率

含水率是指单位质量的垃圾的含水量，用质量分数表示。其计算公式为：

$$W = \left(1 - \frac{B}{A}\right) \times 100\% \qquad (12\text{-}2)$$

式中　A——鲜垃圾（或湿垃圾）试样原始质量；

B——试样烘干后的质量。

影响垃圾含水率的主要因素为垃圾中动植物含量和无机物含量。

D　内摩擦力

摩擦力不利于垃圾的流动和输送，如在一些垃圾料斗中，往往出现难于自流、下料的情况；摩擦力有利于垃圾皮带输送，可减少设备之间的距离，节约场地。

12.1.3.3 化学特性

城市生活垃圾的化学特性根据其处理方法的不同，化学指标也不同。例如，对于城市生活垃圾的热处理（如热解、气化和焚烧处理），需考虑的化学特性主要有垃圾热值、固定碳、挥发份和灰分含量等；而对于生物法处理如堆肥，涉及的垃圾特性主要有水分、有机质及元素组成等。

生活垃圾的化学特征指标参数主要有挥发分、灰分、元素组成、热值等。

A 挥发分

垃圾在隔绝空气加热至一定温度时，分解析出的气体产物即挥发分，它是反映垃圾中有机物含量近似值的参数。垃圾的焚烧主要是挥发分的燃烧，因此挥发分是垃圾中可燃物的主要形式。

B 灰分

灰分是指垃圾中不能燃烧也不能挥发的物质，也可表示为灼烧残留量（%），是垃圾中无机物含量的参数。

C 元素组成

元素组成是指 C、H、O、N、S 的含量（原子质量分数）。测知垃圾化学元素组成可估算垃圾的热值，以确定垃圾焚烧方法的适用性，也可用于垃圾堆肥等处理方法中生化需氧量的估算。

D 热值

热值是指单位质量有机垃圾完全燃烧，并使反应物温度回到参加反应物质的起始温度时能产生的热量，是分析垃圾燃烧性能、判断能否选用焚烧处理工艺、设计焚烧设备、选用焚烧处理工艺的重要依据。

12.1.3.4 生物特性

生物特性主要包括垃圾生物性质和可生化性。

A 垃圾生物性质

致病微生物含量包括大肠杆菌（粪大肠杆菌）、沙门氏菌等的含量；生物毒性包括急性毒性、慢性毒性、基因毒性等。

B 可生化性

可生化性是选择生物处理方法和确定处理工艺的主要依据（如堆肥、厌氧消化等）。主要取决于垃圾中有机物质的含量，也可用挥发性有机物含量（VS）、生化需氧量（BOD_5）、木质素含量等参数来衡量可生化性。

12.2 生活垃圾的分类收集

微课：生活垃圾的分类收集

生活垃圾分类收集是指从垃圾产生的源头开始，将生活垃圾按不同处理与处置手段的要求分成若干种类进行收集。分类收集后采取适宜方式将各种不同类的生活垃圾进行回收或处置，以达到减少生活垃圾最终处置量、实现部分有价值物质的回

动画：生活垃圾的分类收集

收利用、避免生活垃圾混合收集造成的环境污染的目的。

12.2.1　生活垃圾的收集方式

12.2.1.1　工业固体废物的收集方式

仿真：生活垃圾的分类

工业固体废物的收集方式根据企业的规模不同，收集方式有所差异。对于大型企业，主要采用自行收集与运输，有专门的管理系统和人员；对于中型企业，主要采用定期回收，委托于专门回收部门；对于小型企业，主要通过物资回收部门巡回回收的方式收集。

12.2.1.2　城市生活垃圾的收集方式

城市生活垃圾中，对于生活垃圾（包括厨房）、粪便和商业垃圾，由物业统一收集；对于建筑垃圾，需自行处理；对于污水处理厂的污泥，需污水厂自行收集。在我国，一般采用混合收集和分类收集两种方式。

A　混合收集

混合收集是指将所有的垃圾进行混装投放的处理方法。其管理方法比较简单，且费用相对较低，所以在发展中国家应用得比较广泛，我国大部分地区也还在使用。但混合投放将所有的废物集中，这个过程会将其中一部分有回收再利用价值的废物污染，破坏其回收利用价值。例如，废物中使用后仍然干燥的物品（如纸张、塑料、金属瓶罐等），会由于收集过程的不利环境变得潮湿腐蚀，或是被其他有害液体污染，造成回收成本增加，失去回收价值，甚至增加垃圾处理成本。并且，可回收垃圾的减少意味着需要处理的垃圾体积量的增多，会对垃圾最终处理造成很大负担，不利于环境可持续发展。

B　分类收集

分类收集是指居民将生活垃圾按不同的成分进行分类后，投放至不同的容器内进行处理的方法。分类投放为有效地实现废物的重新利用和最大限度的废品回收提供了重要条件，是实现垃圾减量化和资源化的最优选择，现已在许多发达国家的城市中广泛实施。分类投放在垃圾源头的工作要比混合投放复杂，各国根据情况对垃圾采取不同程度的分类方法，当分类后对垃圾的暂存同混合投放类似，使用垃圾桶或分类式集装箱收集点接收。分类投放后的接收与混合投放有些不同，分类后垃圾一般采用分时间段、分不同的车辆分批接收某成分垃圾，或者使用的收运车辆设有多个车厢、装有多个分类垃圾桶进行同时接收，运至处理地后再以桶为单位进行分类处理。现我国已有部分城市进行了分类投放的试点工作，并取得了不错的垃圾回收处理效果。在上海，现可随处看到用于分类投放干湿垃圾的垃圾桶。但还需要向居民普及分类投放垃圾的知识，让每一个人都认识到分类投放的好处，并形成垃圾分类的意识，垃圾处理才能达到更好的效果。

12.2.2　生活垃圾分类收集的必要性

我国大部分城市生活垃圾还是采用混合收集法。我国每吨垃圾所需的处理费用为 80 元左右，费用较高。传统的收集方法不仅污染城市环境，而且也给地方政府带来了巨大的经济负担。分类收集是从垃圾产生的源头按照垃圾的不同性质、不同处置方式要求，将垃圾分类后收集、储存及运输。根据“减量化、无害化、资源化”的原则，垃圾分类越细，越有利于垃圾的回收和处理。

12.2.2.1　垃圾分类的必要性与原则

A　垃圾分类的必要性

（1）传统收集方法：收集（混合收集）—转运—收集处理，即垃圾发生源—收集点—环卫人员将其集中到转运站—由转运车运到填埋场。传统收集方式垃圾处理费用高，并且污染环境。

（2）分类收集：可以实现垃圾的“三化”原则，降低处理成本。

小贴士

据统计，每利用 1t 废纸，可造纸 800kg，相当于节约木材 4m² 或少砍伐 30 年树龄的树木 20 棵。1t 废玻璃回收后，可生产 500g 的玻璃瓶 2 万只。

垃圾是放错地方的资源，垃圾分类就是新时尚。

B　垃圾分类的原则

垃圾分类应遵循以下四个原则：

（1）工业垃圾与城市垃圾分开；

（2）危险垃圾与一般废物分开；

（3）可燃性物质与不可燃性物质分开；

（4）可回用物质与不可回用物质分开。

12.2.2.2　我国城市生活垃圾分类的试行及分析

2000 年，住建部发布《关于公布生活垃圾分类收集试点城市的通知》（建城部〔2000〕12 号），确定将北京、上海、广州、深圳、杭州、南京、厦门、桂林八个城市作为生活垃圾分类收集试点城市，正式拉开了我国垃圾分类收集试点工作的序幕。

我国生活垃圾分类收集大致可分为四个阶段。

（1）简单回收阶段。20 世纪 50 年代中期，我国开展了废纸、废铁、废牙膏皮等可回收垃圾的回收利用，建立了大批国营回收站点，取得了可观的垃圾回收效益。但当时只是针对有价值物品的回收，并没有从垃圾最终处置方面考虑，生活垃圾仍长时间采用混合收集方式。

（2）分类处理处置的提出阶段。改革开放后，我国城市化进程大幅度加速，居民生活水平提高，可回收物品的经济效益相对降低，大量有回收价值的垃圾被混合收集，混合处理。另一方面，混合收集和垃圾的不规范处理带来了大量的环境问题。因此，我国在 20 世纪 80 年代提出了垃圾的分类处理处置，但由于宣传不到位以及相关法律法规的缺失，垃圾分类在我国并未得到有效推广。

（3）分类收集第一轮推广阶段。直到 2000 年，确定北京、上海、广州、南京、深圳、杭州、厦门、桂林 8 座城市作为“生活垃圾分类收集试点城市”，生活垃圾分类收集工作再次启动。虽然这一阶段的推广未能最终成功，但积累了宝贵的经验，并在工业垃圾、建筑垃圾、大件生活垃圾的回收利用方面取得了较好的成绩。

（4）分类收集新一轮推广阶段。2009 年开始，社会上反焚烧浪潮兴起，引发了生活垃圾处置和回收问题的大讨论。这次讨论对生活垃圾焚烧未形成最终的定论，但垃圾源头分类均被讨论各方看作是源头减量和提高焚烧安全性的重要手段。在此背景下，政府启动了新一轮的垃圾分类收集处理工作。

小贴士

目前，我国生活垃圾分类还处在初步推广阶段，存在收运系统不配套、分类收集知识普及不足、政策法规跟不上、拾荒者无组织回收等诸多问题。生活垃圾分类的推广工作涉及方方面面，不光是要通过社会各个层面倡导和宣传，还要改造收运系统，建立完整而畅通的各类垃圾的物流通道，并建立与垃圾分类相配套的法规及鼓励政策。

12.2.2.3　典型城市的垃圾分类工作

A　北京市垃圾分类

自 1996 年开始，北京市西城区大乘巷社区在环保组织倡导下开始推动以废品回收为主要内容的垃圾分类。2020 年，北京市可回收物、厨余垃圾和其他垃圾分类投放、分类收集、分类运输、分类处理体系基本形成，市民分类投放习惯初步养成，对于可推行垃圾分类的区域，分类收集、运输、处理覆盖率达到了 100%。

北京市目前垃圾分类按照以下四种分类：

（1）可回收物：废塑料、废纸、废织物、废玻璃、废金属等；

（2）厨余垃圾：剩菜剩饭、果皮等；

（3）其他垃圾：保鲜膜、烟头、纸尿片；

（4）有害垃圾：废电池、废灯管、废油漆、杀虫剂等。

B　上海市垃圾分类

1995 年，上海开始初步探索垃圾分类推广工作，并开展专项分类，建立废电池、废玻璃、一次性饭盒等品种的专项分类系统。

2019 年，《上海市生活垃圾管理条例》正式实施，上海进入“普遍推行生活垃圾分类制度阶段”。

上海市目前垃圾分类按照以下四种分类：

（1）可回收物：废塑料、废纸等；

（2）有害垃圾：废电池等；

（3）湿垃圾：部分厨余垃圾；

（4）干垃圾：其余生活废物。

C　兰州市垃圾分类

兰州市是全国 46 个先行实施生活垃圾强制分类的重点城市之一。2018 年 1 月

31 日，兰州市政府正式印发《兰州城市生活垃圾分类制度实施方案》。2019 年 2 月 1 日，宣布实施《兰州市城市生活垃圾分类管理办法》。2020 年，兰州市生活垃圾分类处理的覆盖范围要达到了 90%以上。

兰州市目前垃圾分类按照以下四种分类：

（1）可回收物：废塑料、废纸、废织物、废玻璃、废金属等；

（2）易腐垃圾：剩菜剩饭、果皮等；

（3）其他垃圾：保鲜膜、烟头、纸尿片；

（4）有害垃圾：废电池、废灯管、废油漆、杀虫剂等。

12.2.3　智能生活垃圾分类运用

12.2.3.1　物联网智能技术平台

物联网智能技术平台主要是应用物联网技术，将智能垃圾收集回收屋与互联网网络结合形成的能够实现对学院师生投放垃圾进行识别、定位、追踪和监控。物联网技术具有完善的软件管理系统和健全的监管机制的物联网垃圾分类回收系统，可以记录用户投掷的垃圾种类及数目，汇总用户的使用情况，可以实时监测垃圾桶的满溢程度及垃圾重量，实现对信息及数据的收集、传输、处理、分析的功能。物联网技术具有时效性，动态性等特点，可实现对垃圾从产生到清运回收全过程的实时监控。

垃圾分类回收系统以 RFID 技术为基础，充分利用物联网技术，运用先进的智能垃圾收集回收屋（见图 12-1），以智能垃圾分类垃圾收集回收屋为核心，通过积分引导、单位协同的手段，实现对垃圾分类投放、分类收集的智能可控性、可制约性、可持续性，学院师生通过注册扫码就可以自动智能地将垃圾分类，通过扫描二维码下载“爱分类”APP，完成注册后分类投放垃圾可以获得相应的积分，积分达到一定程度后，就可以获得相应的证书或奖品，分类后的垃圾进行相应的回收和垃圾资源化。从而解决生活垃圾分类回收系统存在的困难，能更好地实现垃圾分类和回收。

图 12-1　智能垃圾收集回收屋

12.2.3.2 垃圾分类回收系统的实践效果

垃圾分类回收系统主要通过物联网技术平台、智能垃圾收集回收屋和校园智能垃圾分类回收创新创业工作室来实现，工作室团队主要由环境专业教师、环保协会和环境类专业的学生组成，采用教师指导和引导，学生间形成阶梯团队进行垃圾分类回收创新创业的工作。同时可以让部分学生参与专业教师的科研项目，进行助研。创新创业工作室通过积极开展垃圾分类讲座和广泛的教育引导，培养师生垃圾分类的意识和好习惯，引导师生正确地对生活垃圾进行分类回收。组建智能生活垃圾分类回收团队，初步形成智能垃圾分类回收系统实践创新教育模式。

A 开展广泛的教育引导，培养了师生垃圾分类的意识和好习惯

随着高考制度的改革，高校录取人数逐年增多，越来越多的新生涌入校园。随着校园人数的增多，校内生活垃圾的处理压力也迅速增大。如果管理不当或处理不彻底，会对校园环境与学院师生正常的学习生活产生极大的影响。虽然在日常生活中经常给学生树立生活垃圾的分类意识，但学院生活垃圾点多量大、布局分散、源头分类减量进展缓慢、环境污染严重的难点和特点等问题仍然很突出。

实行垃圾分类，关系广大人民群众生活环境，关系节约使用资源，也是社会文明水平的一个重要体现。通过专业教师指导，学院环保协会和专业学生承办了各项垃圾分类回收启动，开展广泛的垃圾分类回收教育引导，让广大学生认识到实行垃圾分类的重要性和必要性，通过有效的督促引导，让更多学生行动起来，培养垃圾分类的意识和好习惯。

B 引导师生正确地对生活垃圾进行分类回收

垃圾分类是指按照垃圾的不同成分、属性、利用价值以及对环境的影响，并根据不同处理方式的要求，分成属性不同的若干种类。通俗地讲，垃圾分类就是在源头将垃圾分类投放，并通过分类收集、分类运输、分类处理，实现垃圾减量化、资源化、无害化处理。我国垃圾主要分为可回收垃圾、有害垃圾、餐厨垃圾及其他垃圾。

在此主要以所处学校进行垃圾分类的做法和研究为例，说明垃圾分类的运用与实践效果。学校生活垃圾收集点多量大、布局分散、源头分类减量进展缓慢、垃圾分类的难点突出，对校园生活垃圾分类回收的管理工作带来了一定的难度。采用“互联网+”技术平台和现场问卷调查的方法对生活垃圾类型进行调查及分析，共调查有效问卷 1508 份。对有效问卷进行分析可以得出，人们对垃圾分类的意识和习惯还是有的，但是不清楚可回收垃圾主要指哪些类型的垃圾，对于垃圾分类的实施存在困难。

正确地对生活垃圾进行分类回收，首先引导学院师生识别垃圾分类图标，创新创业工作室利用智能垃圾分类收集回收屋，主要有四分类垃圾分别为废塑料、废玻璃、废金属和废纸，学生通过注册扫码就可以自动智能地将垃圾分类，简单易分，正确地对生活垃圾进行分类回收。例如，废塑料瓶在分类时需要将瓶盖拧下，瓶身压实后投入塑料类型，瓶盖应放入另外的垃圾桶；塑料袋装的废纸，需要将塑料袋和废纸分开分类投放等。为了增强学院校园生活垃圾分类回收的管理工作，智能垃圾分类收集回收屋对学校生活垃圾分类回收的管理工作带来了便利。

C　智能垃圾分类垃圾收集屋的试运行与管理

为了更好地运行和管理好创新创业工作室，成立了创新创业教师团队和学生团队，制定了《创新创业工作室工作制度》《工作室安全管理制度》《项目经费暂行管理办法》《项目成果评价考核办法》等制度。各组分工明确，责任到人。

邀请专业工程师对环保学社团队、环境专业学生团队以及创新创业工作室的教师团队进行了智能垃圾房设备的调试和培训工作。垃圾房的运行方法，即参与者下载“爱分类”APP→注册→生成二维码→扫码→选择要分类的垃圾类型→积分。后台系统运行管理，积分进行累积后，在后台系统制定积分规则能够实行兑换工作。系统可以时时监测到垃圾投放情况以及垃圾投放数据分析等。创新创业工作室的运行管理实践后台运行系统显示有 368 人投放 659 次垃圾，投放垃圾总量 21.78t。将分类回收后的物质采用收购的方式或进行科研研究，实现垃圾的分类回收及资源化。

D　持续推进学院垃圾分类回收工作，共创美好校园

学校垃圾分类工作，师生是垃圾分类工作的起点，师生应从自身出发，充分发挥主观能动性，学会正确分类垃圾后，养成垃圾分类的好习惯，做好推广宣传；学校支持垃圾分类工作，让更多师生了解垃圾分类工作对于后续垃圾处理、资源回收和城市环境保护的重要性。每个人都应做好引导员、传播员、监督员，参与志愿服务，带动身边的人提高对垃圾分类的认识，持续推进学院垃圾分类回收工作，让垃圾分类成为新时尚，成为生活的一部分，共同为营造良好的校园环境而努力。

12.3　生活垃圾的收运系统

微课：生活垃圾的收运系统

城市生活垃圾回收、运输、处理流程与过程。城市生活垃圾从收集、运输、中转到处理构成了生活垃圾的处置系统，各个环节的合理配置，协调配合可获得的环境、社会和经济效益，相反会造成环境的污染、劳动条件的恶化和费用支出的增加。城市生活垃圾收运系统是由处置系统中的收集、运输和中转三个环节组成，其硬件支持主要有各种收集和运输车辆（机械）、输送设备、转运设备及辅助设备（如收集容器等），而相应的操作规程、管理制度和作业方式等为该系统的支持软件。我国已按照可持续发展要求确定了生活垃圾处理的方针、政策。

动画：生活垃圾的收运系统

小贴士

《中华人民共和国固体废物污染环境防治法》规定：“城市生活垃圾应当及时清运，并积极开展合理利用及无害化处置。城市生活垃圾应当逐步做到分类收集、贮存、运输和处置。”

仿真：生活垃圾的收运系统

12.3.1　收运过程概述

生活垃圾的收运过程是一个相当复杂的问题，收运过程就是把分散在各个工厂或发生源的少量废物收集运输到适当的处理地点。因此，收集、运输和中转是城市生活垃圾处理的第一步。

12.3.1.1　收运原则

收运过程需要遵循以下原则。
（1）满足环境卫生要求。
（2）达到各项卫生目标，费用最低。
（3）降低后续处理阶段的费用。

12.3.1.2　完整的收运过程

一个完整的收运过程包括以下三个阶段。
（1）运贮。运贮是指垃圾的收集、搬运和贮存。从垃圾的产生源将垃圾收集到垃圾桶后，搬运至集中点贮存起来的过程。
（2）清运。清运是指清运垃圾的收集与清除，短距离运输。集中点的垃圾桶装满后进行清除，运输至中转站的过程。
（3）中转。中转是指垃圾的转运，从垃圾中转站运往远处的处理处置场。

12.3.1.3　收运系统的组成

一个完整的收运过程包括以下四个组成。
（1）垃圾产生者：家庭、企事业单位和相关设施。
（2）产生的垃圾：垃圾箱中的垃圾。
（3）收集处理设备：垃圾箱、垃圾袋、垃圾车。
（4）收集程序：制定的工作程序和管理方法。

小贴士

收集系统是城市生活垃圾收运处理的第一环节；运输是城市生活垃圾收运系统中的重要环节。

12.3.1.4　垃圾运输方式

垃圾的运输方式有以下两种。
（1）直接收运。直接收运是指送到垃圾处理场。
（2）间接收运。间接收运是指先将垃圾送往中转站，后送往垃圾处理场。

12.3.2　生活垃圾的收集、搬运和贮存

12.3.2.1　城市生活垃圾的混合收集

A　定点收集

定点收集的特点是：
（1）占用一定空间；
（2）收集容器密闭隔离效果好；
（3）收集点密度适中。

按容器区分，定点收集又可分为容器式和构筑物式两种。

a　容器式定点收集

容器式定点收集有如下要求：

(1) 容积以日清为标准，具有密闭性；

(2) 易倒空易洗刷，内壁不吸附；

(3) 外部有扶手构件，便于与垃圾清运车实现自动化。

容器式定点收集的收集点需要满足：

(1) 靠近住宅和垃圾清运路线；

(2) 不妨碍交通路线；

(3) 与周围环境协调；

(4) 密度、范围适中。

b　构筑物式定点收集

构筑物式定点收集的收集容器满足：

(1) 砖与水泥制成，半永久性；

(2) 体积大（$5\sim10m^3$）。

构筑物式定点收集的缺点有：

(1) 易溢满；

(2) 密闭效果差，影响居民，有卫生死角，保洁困难。

B　定时收集

定时收集的难点在于清运密度。

C　特殊收集方式

特殊收集方式包括垃圾楼道式收集方式、气动垃圾收集输运方式。

12.3.2.2　城市生活垃圾的分类收集

详见 12.2 节。

12.3.2.3　城市垃圾的搬运

(1) 自行搬运：垃圾产生者自行送到废物收集点或垃圾车内。该方式不受时间限制，居民方便，但对环境卫生有影响。

(2) 工作人员搬运：从家门口搬运至集装点或收集车。该方式有益于统一管理，但需要付费。

一般情况下，居民住宅区可以自行搬运，也可让工作人员搬运；商业区及企事业单位是自行负责。

12.3.2.4　城市垃圾的贮存

(1) 贮存管理：贮存方式大致可分为家庭贮存、街道贮存、单位贮存和公共贮存。

(2) 分类贮存：根据对城市垃圾回收利用或处理工艺的要求，由垃圾产生者自行将垃圾分为不同种类进行贮存，即就地分类贮存。

（3）贮存容器的一般要求：用耐腐的和不易燃烧的材料制造，大小适当，满足各种卫生标准要求，使用操作方便，易于清洗，美观耐用，价格适宜，便于机械化装车。

（4）贮存容器的设置数量：考虑服务范围内居民人数、垃圾人均产生量、垃圾的容重、容器的大小、收集的频率等因素。

12.3.3　生活垃圾的收运

生活垃圾的收运主要是清除阶段，是指对各产生源贮存的垃圾集中和集装，收集清除车辆往返运输过程和在终点的卸料等全过程，是垃圾从分散到集中的关键环节；同时也是收运管理系统中最复杂的、耗资最大的部分。

12.3.3.1　传统的收运方法

传统的收运方法为定点收集方式，具体操作如下。

（1）垃圾收集源至垃圾桶：回收或进行垃圾分类，有利于分类收集，实现垃圾减量化、无害化、资源化。

（2）垃圾桶至垃圾车，环卫工人对垃圾进行二次分选，分拣出纸张、塑料、玻璃瓶等物资（收入归其所有），激励分类收集。

（3）垃圾车按路线收集装满后运至中转站，提高效率，降低成本。

（4）转运车辆从中转站将垃圾运到填埋场。

12.3.3.2　改进的收运方法

（1）在传统收运方法的基础上，逐步完善分类收集，并合理设置中转站、收运路线。

（2）合理安排收运车辆、劳动力。

（3）能满足环境卫生标准要求，提高收运效率，降低费用。

12.3.3.3　具体的收集过程

（1）垃圾发生源到垃圾桶的过程。

（2）垃圾的清除，由环卫工人统一将垃圾箱内垃圾装入垃圾车。

（3）垃圾车从住家到住家的过程。

（4）垃圾车装满后运输至垃圾堆场或转运场，一般有垃圾车完成。

（5）垃圾再由转运站送至最终处置场或填埋场。

12.3.4　固体废物的中转

固体废物的中转是指利用中转站将从各分散收集点较小的收集车清运的垃圾，转装到大型运输工具并将其远距离运输至垃圾处理利用设施或处置场的过程。

（1）转运的必要性：垃圾要远运，最好先集中。

（2）中转站的作用及功能：集中收集和储存来源分散的各种固体废物。

（3）中转站的类型包括：

1）小型：转运量小于 150t/d；
2）中型：转运量为 150～450t/d；
3）大型：转运量大于 450t/d。

小贴士

中转站的类型根据中转量的大小，主要分为小型中转站、中型中转站和大型中转站。

（4）中转站设置要求包括：
1）设置防风罩和其他栅栏；
2）避免飘尘及臭气污染；
3）规范组织和管理；
4）设防火设施；
5）绿化面积 10%～20%；
6）采取综合防治污染措施；
7）防止噪声扰民；
8）设置防渗设施。

小贴士

一般来说，用人力收集车收集垃圾的小型中转站，服务半径不宜超过 0.5km；用小型机动车收集垃圾的小型中转站，服务半径不宜超过 2.0km；垃圾运输距离超过 20km 时，应设置大、中型中转站。

（5）中转站的选址：考虑运费最低的原则，运费简化成最短运距的问题。
1）选址的目标：在满足城市生活垃圾中转的同时，尽可能实现成本最小化，还要考虑到中转站对环境的影响问题。
2）选址的具体要求包括：
①尽可能离垃圾产生区域的重心近；
②离主干道要近且离辅助运输方式的道路要近，便于垃圾中转收集输送；
③坐落地的人口要少，对建造地的环境污染小；
④建造和运行必须最经济。

小贴士

中转站的选择属于基础设施的选址范畴，具体来说，中转站的选址目标是在满足城市生活垃圾中转任务的同时，尽可能实现成本最小化，还要考虑到中转站对环境的影响问题。

12.3.5　生活垃圾收运系统

12.3.5.1　收运系统分析

收运系统分析是针对不同收集系统和收集方法，研究完成所需要的车辆、劳力和时间。

12.3.5.2　收运时间

生活垃圾收集成本的高低，主要取决于收集时间长短。因此，需要对收集操作过程的不同单元时间进行分析，求出某区域垃圾收集耗费的人力和物力，从而计算收集成本。一次清运操作行程所需时间包括装载时间、运输时间、卸载时间和非生产性时间四个用时。运输废物一次的总时间计算公式为：

$$T_{hcs} = \frac{P_{hcs} + S + h}{1 - w} \tag{12-3}$$

式中　T_{hcs}——运输废物一次总时间，h；

P_{hcs}——装载时间，h；

S——卸车时间，h；

h——运输时间，h；

w——非生产性时间，h。

A　集装时间

集装时间 P_{hcs} 又称拾取时间，包括容器点间的行驶时间、满容器装载时间和空容器放回原处的时间。其计算公式为：

$$P_{hcs} = t_{pc} + t_{uc} + t_{dbc} \tag{12-4}$$

式中　P_{hcs}——集装时间，h；

t_{pc}——满容器装载时间，h；

t_{uc}——空容器放回原处的时间，h；

t_{dbc}——容器点间的行驶时间，h。

B　运输时间

运输时间 h 的计算公式为：

$$h = a + bx \tag{12-5}$$

式中　h——每个双程运输的时间；

a——经验常数，h，车辆速度常数数值见表 12-1；

b——经验常数，h/km，车辆速度常数数值见表 12-1；

x——每个双程运输的距离，km。

表 12-1　车辆速度常数数值

速度极限/$km \cdot h^{-1}$	a/h	b/$h \cdot km^{-1}$
88	0.016	0.0112
72	0.022	0.014

续表 12-1

速度极限/km · h^{-1}	a /h	b /h · km^{-1}
56	0. 034	0. 018
40	0. 050	0. 025
24	0. 060	0. 042

C　卸车时间

卸车时间 S 是指在处置场花费的时间。

D　非生产性时间

非生产性时间 w 又称非收集时间（其他用时），是指在收集操作过程中非生产性活动所花费的时间，是相对收集操作过程而言的。非生产性时间包括必需的非生产性时间和非必需的活动时间。

必需的非生产性时间包括：

（1）每日早晨的报到、登记、分配工作等花费的时间，每日结束的检查工作和统计应扣除的工时等所用的时间，每日早晨从调度站开车去第一个放置点和每日结束从处置场开车回调度站所需的时间；

（2）由于交通拥挤不可避免的时间损失；

（3）花费在设备修理和维护上花的时间。

非必需的活动时间包括为午餐所花的时间和未经许可的工间休息以及与朋友闲谈等时间。

非生产性活动时间所花费的时间不论是必须还是非必须都一起考虑在整个收集过程中。

12. 3. 5. 3　收运系统

A　固定容器收集法

固定容器收集法是用垃圾车到各容器集装点装载垃圾，容器倒空后再放回原地，收集车装满后运往中转站或处理处置场，如图 12-2 所示。固定容器收集法具有垃圾储存容器始终固定在原处不动的特点。

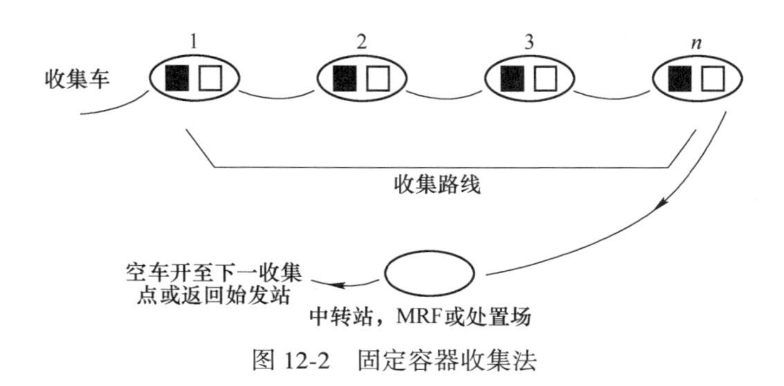

图 12-2　固定容器收集法

B　移动容器收集法

移动容器收集法是将某集装点装满的垃圾连同容器一起运往中转站或处理处置场，卸空后再将空容器送回原处（一般操作法）或下一个垃圾集装点（修改工作法），如图 12-3 所示。

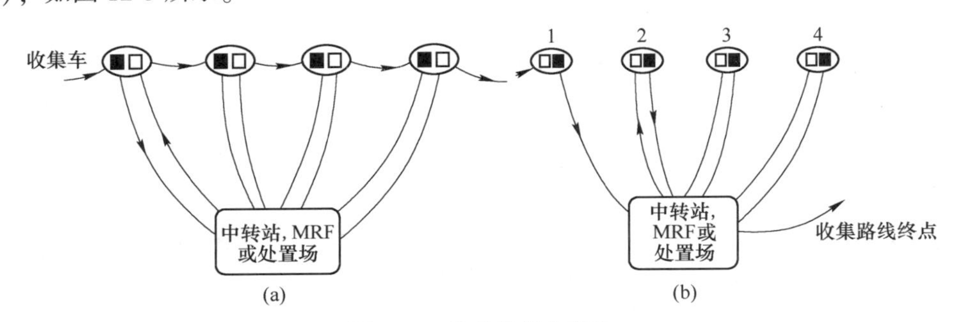

图 12-3　移动容器收集法
（a）传统操作方式；（b）改进工作方式

12. 3. 5. 4　收集车辆

A　收集车辆的类型

垃圾车主要用于市政环卫及大型厂矿运输各种垃圾，尤其适用于运输小区生活垃圾，并可将装入的垃圾压缩、压碎，使其密度增大、体积缩小，大大地提高了垃圾收集和运输的效率。新型垃圾车具有质量可靠、故障率低、维护方便、运行费用低等特点。

垃圾收集车辆类型有压缩式垃圾车、勾臂式垃圾车、餐厨垃圾车、自装卸式垃圾车、压缩对接式垃圾车、摆臂式垃圾车、密封式垃圾车、桶装垃圾运输车。本节主要介绍常用的压缩式垃圾车、勾臂式垃圾车、餐厨垃圾车和自装卸式垃圾车。

压缩式垃圾车如图 12-4 所示，它是由密封式垃圾箱、液压系统、操作系统组成。整车为全密封型，自行压缩、自行倾倒、压缩过程中的污水全部进入污水箱，能够较为彻底地解决垃圾运输过程中的二次污染的问题。压缩式垃圾车具有垃圾收集方式简便、高效、压缩比高、密封性好、操作方便、安全、整车利用效率高等优点。

勾臂式垃圾车如图 12-5 所示，它采用全液压控制操作系统，垃圾箱与底盘可彻底分离，具有结构合理，操作简便、稳定、使用效率高、密封性能好、倾倒方便等优点，能够实现一台车与多个垃圾箱联合作业，循环运输，充分提高车辆的运输能力。勾臂式垃圾车可一车带多箱，高效、节能、节约成本。

餐厨垃圾车（有圆罐和方罐的）如图 12-6 所示，其又可称餐余垃圾车余厨垃圾车（或泔水车），是用于收集和运输生活垃圾、食品垃圾（泔水）和城市淤泥的专用车辆。该车改装部分具有装、卸垃圾自动化程度高、工作可靠、密封性好、装载容积大、操作简便、作业过程密闭、无污水泄漏和异味的散发、环保性好等特点。餐厨垃圾车可配装载不同规格的标准垃圾桶，具有广泛的适用性。

图 12-4　压缩式垃圾车

图 12-5　勾臂式垃圾车

自装卸式垃圾车如图 12-7 所示，它是以本车的装置和动力，配合集装垃圾的定型容器（如垃圾桶等）自行将垃圾装入、转运和倾卸的“自卸汽车”。一般用定型底盘改装，除整车性能应基本保持原车要求外，特别对装卸垃圾时的安全性和可自装卸垃圾车靠性要求较高。该车的特点是一个车能配几十个垃圾桶，能实现一台车与多个垃圾桶联合作业，循环运输，充分提高了车辆的运输能力，特别适用于短途运输，如环卫部门对城镇垃圾的清理、运输等。

图 12-6　餐厨垃圾车

图 12-7　自装卸式垃圾车

B　收集车数量配备

每辆收集车配备收集工人人数根据车辆型号大小、机械化作业程度、垃圾容器放置点与容器类型等情况来确定，一般是从工作经验中逐渐改善来确定劳动力。

一般情况下，除司机外，人力装车的 3t 以下简易自卸车配 2 人；人力装车的3~5t 简易自卸车配 3~4 人；多功能车配 1 人；侧装密封车配 2 人。

12.3.5.5　收集次数与作业时间

收集过程要遵循“日清日产”的原则。

（1）收集次数。在我国各城市住宅区、商业区，对垃圾基本上要求及时收集，每周要清理几次要根据垃圾产生量、气候等因素来确定。

（2）收集时间。垃圾收集时间长的分昼间、晚间及黎明三种。住宅区最好在昼间收集，晚间会骚扰住户，商业区则宜在晚间收集，此时车辆和行人稀少，可加快收集速度。

小贴士

收集次数与收集时间，应视当地实际情况，如气候、垃圾产生量、性质、收集方法、道路交通、居民生活习俗等确定。

12.3.6 生活垃圾收运线路设计

（1）设计目的：使劳动力和设备有效地发挥作用。

（2）设计过程：反复试验。

（3）设计主要问题：收集车辆如何通过一系列的单行线或双行街道行驶，以使整个行驶距离最小。

（4）设计步骤包括：

1）准备适当比例的地域或地域图；

2）在地图上标出收集点，绘制工作平面图，并注明垃圾桶的数量（或垃圾产生量），收集频率（每周收集的次数），列出收集频率列表。

3）资料分析；

4）初步收集线路的设计；

5）根据收集频率设计每天的收集线路；

6）对初步收集线路进行比较，通过反复试算进一步均衡收集线路。

计算每条线路的距离并进行调整，使之相等（或相近）。

（5）应考虑的因素（设计原则）包括：

1）行驶路线不应重叠，紧凑不分散；

2）起点应尽可能靠近汽车库，终点尽可能靠近处置场；

3）交通量大的街道应避开高峰时间；

4）垃圾量大的产生地区，应安排在一天开始时收集；

5）环绕地区应顺时针收集。

微课：生活垃圾的处理与资源化

12.4 生活垃圾的处理与资源化

12.4.1 生活垃圾的处理

动画：生活垃圾的处理与资源化；智能固体废物检测处理装置

城市生活垃圾处理处置日益成为世界范围内一个普遍关注的问题，是一项十分艰巨的综合性、系统性工程。目前，对城市生活垃圾的处理方法有填埋法、堆肥法、热处理法、蠕虫法、饲用、细菌消化、水载法、分类回收、综合利用等，其中主要的处理方法是填埋法、堆肥法和热处理法。目前，国内外研究和应用的重点是分类回收、收集与对收集的生活垃圾进行资源回收和综合利用，减少因传统处理方式而造成的资源浪费。

在我国，各个城市生活垃圾处理处置水平和方式有较大差异，大多数城市生活垃圾规范化处理处置刚刚起步，卫生填埋为多数城市生活垃圾的主要处理处置方法，部分城市还有简易的垃圾填埋场在运行。

12.4.1.1　填埋技术

填埋法是将垃圾填埋入地下的垃圾处理方法，是最古老的垃圾处理方法。公元前 3000—前 1000 年，希腊克里特岛的首府将垃圾分层覆土，埋入大坑中。因其投资成本低，世界各国从古至今广泛沿用这一方法。目前，填埋技术已从无控制的填埋发展到卫生填埋（如采用沥滤循环填埋、压缩垃圾填埋和破碎垃圾填埋等新方法），目的在于避免二次污染、保证回填场地安全以及节省投资等。

垃圾填埋场的建设包括选址、设计与施工、填埋废物入场、运行、封场、后期维护与管理和污染物控制和监测等方面。生态环境部于 2008 年颁布了《生活垃圾填埋场污染控制标准》（GB 16889—2008），对垃圾填埋场建设的污染物控制标准进行了详细的规定。

小贴士

《生活垃圾填埋场污染控制标准》（GB 16889—2008）在修订过程中，对生活垃圾填埋场从场址的选择、建设、运行与封场全过程的污染物控制提出了更加严格的要求。标准补充了生活垃圾填埋场选址、基本设施的设计与施工要求，增加了可以进入生活垃圾填埋场供处置的一般工业固体废物、生活污水处理污泥等入场要求，并提出了经过一定处理、符合标准要求的生活垃圾焚烧飞灰等废物可以进入生活垃圾填埋场，对我国生活垃圾焚烧设施的建设与运行起到了较大的促进作用。该标准对生活垃圾填埋场的渗滤液处理提出了新要求，标准规定现有和新建生活垃圾填埋场都应建有较完备的污水处理设施，渗滤液需经过处理后达到标准规定的排放限值才能排放。对于现有生活垃圾填埋场标准实施后 3 年内无法满足规定的排放浓度限值要求的，应满足生活垃圾渗滤经过预处理，均匀注入城市二级污水处理厂并不超过城市二级污水处理厂额定的污水处理能力等要求方可将生活垃圾渗滤液送往城市二级污水处理厂进行处理。该标准还对生活垃圾填埋场产生的恶臭气体提出了严格的监控措施，规定甲烷气体应综合利用和处置，对全球气候变化、促进节能减排和建设循环型社会等方面起到了积极作用。

根据环保措施（如场底防渗、分层压实、每天覆土、填埋气排导、渗滤液处理、虫害防治等）是否齐全、环保标准是否满足来判断，我国的生活垃圾填埋场可分为简易填埋场（Ⅳ级填埋场）、受控填埋场（Ⅲ级填埋场）和卫生填埋场（Ⅰ级、Ⅱ级填埋场）三个等级。

（1）简易填埋场是中国近几十年来一直使用的填埋场，其主要特征是基本上没有任何环保措施，也谈不上遵守什么环保标准。目前中国相当数量的生活垃圾填埋场属于这一类型，可称为露天填埋场，对环境污染较大。

（2）受控填埋场在我国所占比重也较大，其主要特征是配备部分环保设施但不齐全，或者是环保设备齐全，但是不能完全达到环保标准。受控填埋场的主要问题集中在场底防渗、渗滤液处理和每天覆土达不到环保要求，存在一定的环境污染。

（3）卫生填埋场是指能对渗滤液和填埋气体进行控制的填埋场，被广大发达国家普遍采用。其主要特征是既有完善的环保措施，又能满足环保要求，填埋场为封闭型或生态型填埋场。其中Ⅱ级填埋场（基本无害化）目前在我国约占15%，Ⅰ级填埋场（无害化）目前在我国约占5%，深圳下坪、广州兴丰、上海老港生活垃圾卫生填埋场是其代表。

垃圾填埋场地的选择是卫生填埋场全面设计规划的关键，通常要遵循两条原则：一是场地选址要符合环境保护的要求，二是要经济合理可行。垃圾卫生填埋场的选址、设计、施工与验收应满足《生活垃圾填埋场污染控制标准》（GB 16889—2008）要求。一般要考虑以下因素：

（1）垃圾：根据垃圾的来源、种类、性质和数量确定场地的规模；

（2）地形：要便于施工，避开洼地，泄水能力要强，可处置至少20年填埋的废物量；

（3）土壤：要容易取得覆盖土壤，土壤容易压实，防渗能力强；

（4）水文：填埋区基础层底部应与地下水年最高水位保持1m以上的距离；

（5）气候：能蒸发大的降水，避开高寒区；

（6）噪声：运输及操作设备的噪声不影响附近居民的工作和休息；

（7）交通：要方便，具有能够在各种气候下运输的全天候公路；

（8）距离与方位：运输距离适宜，位于城市的下风向；

（9）土地征用：要容易征得，比较经济。

垃圾填埋法由于技术简单、处理费用低等优点，是目前我国城市垃圾集中处置的主要方式。但是，填埋的垃圾并没有完全进行无害化处理，残留着大量的细菌、病毒，而且潜伏着沼气、重金属污染等隐患。垃圾渗漏液会导致二次污染，所以这种方法潜在的危害较大。目前，许多发达国家已明令禁止填埋垃圾。

12.4.1.2　堆肥处理技术

堆肥是利用各种植物残体（作物秸秆、杂草、树叶、泥炭、垃圾以及其他废物等）为主要原料，混合人畜粪尿经堆制腐解而成的有机肥料，主要用于处理有机垃圾。其原理是利用微生物对垃圾中的有机物进行代谢分解，在高温下进行无害化处理，并产生有机肥料。

堆肥的堆制材料、堆制原理，与其肥分的组成及性质和厩肥相类似，所以又称人工厩肥。制作堆肥的材料，按其性质可大概分为以下三类：第一类为基本材料，即不易分解的物质，如各种作物秸秆、杂草、落叶、藤蔓、泥炭、垃圾、蔬菜垃圾、厨余垃圾等；第二类为促进分解的物质，一般为含氮较多和富含高温纤维分解细菌的物质，如人畜粪尿、污水、蚕沙、老堆肥及草木灰、石灰等。第三类为吸收性强的物质，在堆积过程中加入少量泥炭、细泥土及少量的过磷酸钙或磷矿粉，可防止和减少氨的挥发，提高堆肥的肥效。

堆肥法按生产方式可简单分为好氧堆肥法和厌氧堆肥法。好氧堆肥是在有氧条件下，好氧细菌对废物进行吸收、氧化、分解，微生物通过自身的生命活动，把一部分被吸收的有机物氧化成简单的无机物，同时释放出可供微生物生长活动所需的能量，而另一部分有机物则被合成新的细胞质，使微生物不断生长繁殖，产生出更多的生物体的过程。在有机物生化降解的同时，伴有热量产生，因堆肥工艺中该热能不会全部散发到环境中，必然造成堆肥物料的温度升高，这样就会使一些不耐高温的微生物死亡，耐高温的细菌则快速繁殖。生态动力学表明，好氧分解中发挥主要作用的是菌体硕大、性能活泼的嗜热细菌群。

小贴士

嗜热菌群在大量氧分子存在下将有机物氧化分解，同时释放出大量的能量。厌氧堆肥是在不通气的条件下，将有机废物（包括城市垃圾、人畜粪便、植物秸秆、污水处理厂的剩余污泥等）进行厌氧发酵，制成有机肥料，使固体废物无害化的过程。堆肥方式与好氧堆肥法相同，但堆内不设通气系统，堆温低，腐熟及无害化所需时间较长。然而，厌氧堆肥法简便、省工，在不急需用肥或劳力紧张的情况下可以采用。堆肥是一种有机肥料，所含营养物质比较丰富，且肥效长而稳定，同时有利于促进土壤团粒结构的形成，能增加土壤保水、保温、透气、保肥的能力，而且与化肥混合使用又可弥补化肥所含养分单一，长期单一使用化肥使土壤板结、保水、保肥性能减退的缺陷。

堆肥法投资较低，技术简单，有机物分解后可作为肥料再利用从而达到资源的循环利用，垃圾减量明显；但对垃圾分类要求高，有氧分解过程中产生的臭味对环境有一定影响，堆肥成本过高或质量不佳都会影响堆肥产品销售。

堆肥法与填埋法有明显不同：垃圾填埋的目的是将垃圾掩埋起来，使其与地下水隔开、保持干燥且不与空气接触，难以大量分解；而堆肥法的目的是使有机垃圾无害化。

12.4.1.3　焚烧处理技术

垃圾焚烧是一种传统的垃圾处理方法，已成为城市垃圾处理的主要方法之一。将垃圾用焚烧法处理后，垃圾能减量化，节省用地，还可消灭各种病原体。现代的垃圾焚烧炉皆配有良好的烟尘净化装置，能有效减少对大气的污染。

小贴士

现代垃圾焚烧是在高温下充分燃烧后达到减容、减重及资源化的目的，主要包括干燥、燃烧和燃尽三个阶段。通过计算机自动控制系统和自动燃烧控制系统能够即时监控和调整炉内垃圾的燃烧工况，及时调节炉排运行速度和燃烧空气量，以保证垃圾处理始终在可控制状态。垃圾焚烧后的减容率非常高，可使垃圾体积减小 80%~90%，实现垃圾处理的减容、减重，最大限度地减少垃圾占用土地资源量，还可以有效利用垃圾焚烧产生的热能。

垃圾焚烧处理的优点主要有：

（1）垃圾焚烧处理后，垃圾中的病原体被彻底消灭，燃烧过程中产生的有毒有害气体和烟尘经处理达标后排放，无害化程度高；

（2）经过焚烧，垃圾中的可燃成分被高温分解后一般可减容 80%～90%，减容效果好，可节约大量填埋场占地，其中经分选后的垃圾焚烧效果更好；

（3）垃圾被作为能源来利用，垃圾焚烧所产生的高温烟气，其热能被转变为蒸汽，用来供热及发电，还可回收铁磁性金属等资源，充分实现垃圾处理的资源化；

（4）垃圾焚烧厂占地面积小，尾气经净化处理后污染较小；

（5）焚烧处理可全天候操作，不易受天气影响。

12.4.2　生活垃圾的资源化

城市生活垃圾在污染环境的同时，也是一种潜在的资源。

垃圾中含有大量可燃有机物，具有一定的热值，焚烧后可以产生一定的热量。一般来说，燃烧 3t 垃圾所产生的热量相当于燃烧 1t 中等发热量煤产生的热量。因此，一座城的垃圾就好比一座低品位的露天煤矿，可以长期循环地进行开发。

另外，垃圾填埋产生的甲烷也可以采取科学的方法加以利用，造福人类。总之，科学合理地对垃圾进行减量化、资源化、无害化处理和利用，既是人类环境保护的需要，也是社会发展对有价值物质回收利用的需要。

垃圾虽然成分复杂，但是所有的垃圾都是工农业制品。如果将垃圾按照不同的类别进行分选处理，分类为不同的类型，就能够实现循环再利用。例如：

（1）将垃圾中的塑料分选出来，塑料造粒后循环再利用；

（2）将垃圾中的金属分选出来，冶炼后循环再利用；

（3）将垃圾中的纸、木制品分选出来，造纸后循环再利用；

（4）将垃圾中的有机物（餐厨垃圾等）分选出来，可以制成有机肥料再利用；

（5）将垃圾中的无机物（砖头瓦块、玻璃陶瓷等）分选出来，可以制成免烧砖循环再利用；

（6）不可回收物，比例非常低，可以制成 RDF 燃料，或者减量化填埋处理。

12.5　生活垃圾的分类收运案例

12.5.1　案例导入

北方 A 市的生活垃圾采用“厨余垃圾”“可回收垃圾”“有害垃圾”“其他垃圾”的四分类方式。但一方面，小区居民的垃圾分类水平不高，意识普遍不强，虽然垃圾桶有四类，但是很难保证一种垃圾桶里只有对应的一种垃圾；另一方面，市里的生活垃圾处理厂目前还没有具备对四种不同种类的生活垃圾进行分别处理的能力。因此，A 市分类后回收的垃圾，最终还是一起被焚烧或填埋处理。

事实上，A 市现存的生活垃圾收运与处置方式并不理想，只是受到各种客观条件的限制才不得已而为之。随着时间的推移与城市建设水平的提高，各种不同种类的垃圾一定能够得到各自妥善的处置。那么，在目前的垃圾分类模式中，为什么要把生活垃圾分为“厨余垃圾”“可回收垃圾”“有害垃圾”“其他垃圾”这四种呢？在合理的处置方式下，这四类垃圾应该分别采用什么方式处理和利用呢？

12.5.2 案例分析

目前，之所以将生活垃圾分为“厨余垃圾”“可回收垃圾”“有害垃圾”“其他垃圾”这四类，主要是出于下游四种不同处置利用方式的角度来考虑的。这四类生活垃圾有着各自的组分构成特点，也有其各自适宜的处理与利用手段。做好生活垃圾分类收运工作，是实现生活垃圾资源化利用的重要先决条件。

虽然受到种种客观因素的限制，目前分类后的生活垃圾的收运与资源化可能并不尽如人意，但如果因此就忽视了前端的垃圾分类工作，那将会形成上游分类与下游处置间的恶性循环，导致理想中的垃圾分类收运与资源化更加难以实现。

一、选择题

1. 城市生活垃圾处理系统中，以下哪个环节所需要的费用最大（　　）。

A. 垃圾收集　　B. 垃圾运输

C. 垃圾处理（如焚烧、热解、填埋、堆肥等）　　D. 垃圾最终处置

2. 按照转运站的垃圾日中转量大小可划分，以下不对的是（　　）。

A. 小型转运站：日转运垃圾量 150t 以下

B. 中型转运站：日转运量 150~450t

C. 大型转运站：日转运量 450t 以上

D. 巨型转运站：日转运量 600t 以上

3. 生活垃圾的化学指标中，（　　）是反映固体废物中无机物含量的指标参数。

A. 灰分　　B. 挥发分　　C. 元素组成　　D. 热值

4. （　　）指标可以判断能否采用焚烧处理。

A. 挥发分　　B. 灰分　　C. 发热值　　D. 可燃性

5. 如果没有回收，对环境造成危害最大的是（　　）。

A. 废纸　　B. 废电池　　C. 废玻璃　　D. 废塑料

6. 医疗垃圾一般采用（　　）方法进行处理。

A. 焚烧　　B. 填埋　　C. 堆肥　　D. 消毒后填埋

7. 在土地有限情况下城市垃圾处理采用焚烧法而不用填埋法是因为焚烧法（　　）。

A. 建厂投资少　　B. 不会产生二次污染

C. 有减量化、无害化、资源化的特点　　D. 对城市垃圾物质组成要求不高

二、填空题

1. 对城市垃圾的贮存，其方式有________、________、________、________。

2. 目前固体废物常用的收集方法为________。

3. 按照转运站的垃圾日中转量大小划分为________、________、________。

4. 生活垃圾的收集、运输分为________、________、________三个阶段。

5. 生活垃圾的收集、运输过程的组成为________、________、________、________。

三、判断题

1. 固体废物收集时间主要包括集装时间、运输时间、卸车时间和非生产性时间。（　　）

2. 小型垃圾转运站日转运量在150t以下。（　　）

3. 我国目前城市生活垃圾的收集方式为分类收集。（　　）

三、问答题

1. 简述城市生活垃圾的处理技术。

2. 简述城市生活垃圾的收运系统。

3. 简述城市生活垃圾的收集系统分析。

4. 简述城市生活垃圾的资源化。

任务 13　餐厨垃圾的处理与资源化

随着居民生活消费水平的提高和城市化进程的快速发展，餐厨垃圾产出量逐渐增多（属于有机湿垃圾），极易腐烂变质，散发恶臭，传播细菌和病毒，对环境造成很大的影响。目前大部分城市餐厨垃圾直接作为饲料供给养殖场喂猪，导致动物和人类疾病的互相感染。少量的餐厨垃圾未经处理直接排入下水道，造成水污染和出现地沟油重回餐桌的现象。同时，餐厨垃圾含有可降解利用的高有机物、高含水率、高油、高盐分等，还含有蛋白质、纤维素、淀粉、脂肪和富含氮、磷、钾、钙及各种微量元素。因此，餐厨垃圾属于较高的资源型废物，是一种高回收价值的重要资源和能源，比如可以利用餐厨垃圾高温处理制备动物饲料、好氧堆肥制备有机肥料、厌氧发酵制备生物能源等。

目前，餐厨废水的处理方法主要有化学法、生物法和吸附法等。一般化学（或生物）的方法，不仅产生高昂的经济费用，而且耗时长，不能达到要求等问题。吸附法因其操作简单方便、去除效果好，人们研究较多。传统吸附法多采用活性炭为吸附剂，因其应用成本高而受到限制。因此，寻求一种价廉、环保、高效的吸附材料处理去油脂餐厨有机废水非常重要，对于实现餐厨垃圾的无害化及资源化具有十分重要的意义。

13.1　餐厨垃圾的概述

13.1.1　基本概念

餐厨垃圾是指居民日常生活及食品加工、饮食服务、单位供餐等活动中产生的垃圾，包括丢弃不用的菜叶、剩菜、剩饭、果皮、蛋壳、茶渣、骨头等，其主要来源为家庭厨房、餐厅、饭店、食堂、市场及其他与食品加工有关的行业。

根据来源不同，餐厨垃圾主要分为餐饮垃圾和厨余垃圾。餐饮垃圾产生自饭店、食堂等餐饮业的残羹剩饭，具有产生量大、数量相对集中、分布广的特点。厨余垃圾主要指居民日常烹调中废弃的下脚料和剩饭剩菜，来自千家万户，数量巨大但相对分散，总体产生量超过餐饮垃圾。

小贴士

餐厨垃圾也来源于居民的日常生活，归属于生活垃圾。但鉴于其含水量和含油量很高的特点，需要单独收集和处理。

13.1.2　特点

餐厨垃圾含有极高的水分与有机物，很容易腐坏，产生恶臭。经过妥善处理和加工，可转化为新的资源，高有机物含量的特点使其经过严格处理后可作为肥料、饲料，也可产生沼气用作燃料或发电，油脂部分则可用于制备生物燃料。

小贴士

餐厨垃圾的成分复杂，主要是油、水、果皮、蔬菜、米面、鱼、肉、骨头，以及废餐具、塑料、纸巾等多种物质的混合物。

13.1.3　收集

餐厨垃圾非法收集和回收利用会对环境和居民健康产生威胁。对餐厨垃圾单独收集，可以减少进入填埋场的有机物的量，减少臭气和垃圾渗滤液的产生，也可以避免水分过多对垃圾焚烧处理造成的不利影响，降低了对设备的腐蚀。

13.1.4　运输

餐厨垃圾的运输必须全封闭，防止滴洒、遗漏，车身要有明显标识，具有政府主管部门核发的准运证件，方可从事运输。

微课：餐厨垃圾的处理与资源化

13.2　餐厨垃圾的处理

餐厨垃圾应当提供给专业化处理单位进行处理，严禁将废弃食用油脂（包括地沟油）加工后作为食用油使用，严禁直接使用餐厨垃圾饲养畜禽及鱼类，严禁用未经无害化处理的餐厨垃圾生产肥料。

13.2.1　餐厨垃圾的处理技术

13.2.1.1　生物处理技术

A　厌氧消化

在我国目前建成的餐厨垃圾处理厂中，80%都采用厌氧消化技术。

餐厨垃圾富含有机酸和营养物质，这些酸和营养物质可以通过厌氧发酵过程有效地产生可再生的燃料，如生物氢和甲烷等。

对餐厨垃圾进行适当的预处理可以提高产甲烷潜力和厌氧消化率。厌氧消化的最佳预处理策略是“热处理+碱处理”，碱预处理使甲烷收率提高了25%，而与热处理结合后，甲烷收率进一步提高到32%。

B　好氧堆肥

堆肥法处理餐厨垃圾可以产生有机肥料，减少废物的排放和细菌等滋生的机会，在解决环境问题的同时解决了农业大量施用化肥使土壤退化等问题，有利于农业的可持续发展。

我国餐厨垃圾的盐分、油分通常很高，在很大程度上限制了堆肥的推广与应用。

蚯蚓堆肥是在好氧堆肥的基础上接入蚯蚓，利用蚯蚓自身丰富的酶系统将餐厨垃圾的高含量有机质转化为自身易于利用的营养物质，促进了堆肥过程。

C　生物转化技术

生物转化是经昆虫（如蝇蛆、黑水虻等）等生物转化，将餐厨垃圾转化为腐殖化堆体，再提取蛋白质饲料和生物柴油。

黑水虻处理餐厨垃圾制生物蛋白技术，目前初步得到应用，有较大的发展潜力。

家蝇繁殖能力强，生长速度快，生存周期短，利用家蝇对餐厨垃圾进行生物转化具有高效的经济和环境价值。

13.2.1.2　热化学处理技术

A　水热碳化技术

水热碳化（HTC）是指在一个密闭的体系中，在自身压力和一定的温度（180~350℃）下，餐厨垃圾中的有机物经过一系列反应而转化成生物油和生物炭的过程。水热碳化不受原料高含水量的影响，这种独特的优势使其成为处理餐厨垃圾的一种有前景的技术。

B　热解气化技术

热解是将餐厨垃圾脱水干燥处理后，在 400~500℃ 的高温且几乎无氧的状态下进行热解，主要产物为生物油、合成气（$CO+H_2$）和固体生物炭。

气化的温度则更高，通常在 800~900℃。餐厨垃圾水分含量高、热值低、非均质性强，在脱水干燥过程中会产生大量的能耗，增加了处理成本，因此限制了热解气化在处理餐厨垃圾方面的应用。

13.2.2　餐厨垃圾的处理实例

13.2.2.1　餐厨垃圾的预处理

将取来的新鲜半固态餐厨垃圾手工分拣去除骨头、鱼刺、筷子等，进行过滤分离固态物质和油水，分离后的油水手工再过 850μm（20 目）筛子去除辣椒、花椒等残渣后，装入瓶中备后续处理使用。

13.2.2.2　餐厨垃圾的油水分离方法

A　采用磷酸脱胶水洗法进行油水分离

在油水中加入 10%~40%的水，加热到 70~85℃，开启搅拌，缓慢滴加磷酸使 pH 值为 2~3，搅拌 15~30min，加入 0.5%~2%的工业用盐，再搅拌 20min 后，装入分液漏斗中静置分层。分层后得到的分离油进行称重。

B　单因素法和正交试验法

a　单因素法

单因素法是通过只观察一种因素的变化来确定整体实验中该因素的具体作用及影响。为正交试验做准备，为正交试验提供一个合理的数据范围。本实验中主要考察原液加水量、pH 值、加热温度、搅拌强度和工业盐用量五个因素对油水分离效果的影响。

b　正交试验法

正交试验法是利用正交表来设计试验方案和分析试验结果，能够在很多的试验条件中，选出少数几个代表性强的试验条件，并通过这几次试验的数据，找到最优的或较优的方案。本实验依据单因素法得到的结果，筛选出加水量、pH 值、工业盐用量、加热温度四因素及相应的 3 水平，采用 $L_9(3^4)$ 正交试验进行实验。

13.2.2.3　含油量

含油量的计算公式为：

$$C = \frac{m}{V} \times 100\% \tag{13-1}$$

式中　C——餐厨油水中所含油量，g/L；

m——餐厨油水中油的质量，g；

V——所取油水的体积，L。

13.2.3　多孔环保吸附材料对餐厨有机废水的处理

13.2.3.1　餐厨垃圾中有机废水的分离

将取来的新鲜半固态餐厨垃圾进行过滤，将固态物质去除后，油水再过 850μm（20 目）的筛去除辣椒、花椒等残渣后，在油水中加入 10%~40%的水，加热到70~85℃，开启搅拌，缓慢滴加磷酸使 pH 值为 2~3，搅拌 15~30min，加入 0.5%~2%的工业用盐，再搅拌 20min 后静置分层。下层为研究对象餐厨有机废水，进行取样保存，备用。

13.2.3.2　吸附材料的选用

吸附材料选用新型价廉环保的吸附材料，即目前产生量大的生活垃圾废纺织品（waste textile）、多孔膨胀土（porous expansive soil）、废纺织品和多孔膨胀土组合三种吸附剂，分别用 WT、PES 和 WT+PES 表示。在超声波清洗器中对三种吸附剂预先清洗干净后，烘干，放入干燥器中保存，备用。

13.2.3.3　吸附材料处理能力的测定

取 100mL 餐厨有机废水与三种吸附材料在 150mL 锥形瓶中混合，在震荡温度为室温，震荡速度为 150r/min，置于摇床振荡器中进行震荡 60min，静置 15min 后。将吸附后混合液以 4000r/min 的速度用离心机离心 10 min，取上清液测定 COD_{Cr}浓度、氨氮浓度、pH 值和浊度。吸附材料的吸附能力用餐厨有机废水中 COD_{Cr}去除率、氨氮去除率和浊度去除率表示。

COD_{Cr}和氨氮的去除率 P 和吸附量 q_t 的计算公式分别为：

$$P = \frac{C_0 - C_1}{C_0} \times 100\% \tag{13-2}$$

$$q_t = (C_0 - C_1)\frac{V}{W} \tag{13-3}$$

式中　P——CODCr 或氨氮去除率，%；

q_t——CODCr 或氨氮 t 时刻吸附量，mg/g；

C_0——CODCr 或氨氮初始浓度，mg/L；

C_1——吸附材料吸附后 CODCr 或氨氮浓度 mg/L；

V——废水体积，L；

W——吸附材料质量，g。

废纺织品和多孔膨胀土可作为一种廉价环保的吸附材料，用于餐厨有机废水的吸附处理，从而实现以废治废，废物资源化利用。

动画：智能餐厨垃圾检测处理与除油系统

13.3　餐厨垃圾的处理系统

13.3.1　餐厨垃圾处理流程

针对高淀粉和高油脂餐厨垃圾的特点，设计处理流程如图 13-1 所示。

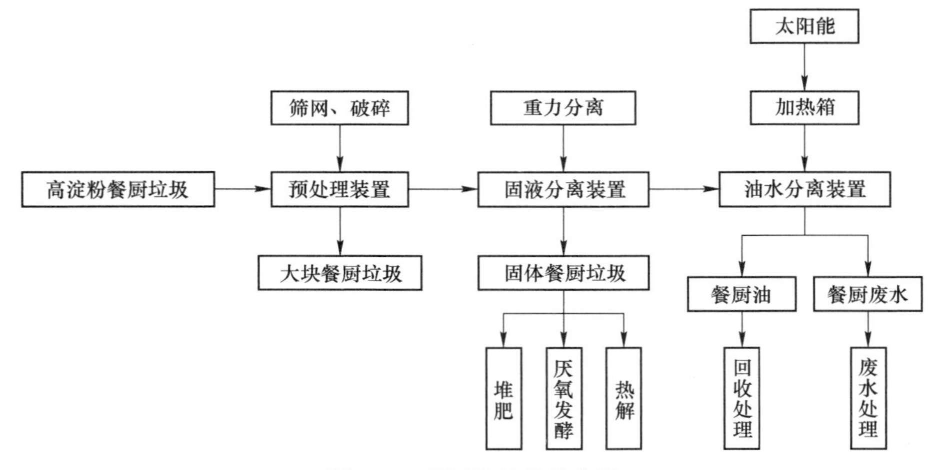

图 13-1　餐厨垃圾处理流程

高淀粉和高油脂餐厨垃圾通过滤网和破碎机去除悬浮污染物并得到适宜的粒径，将废料排放到固液分离装置。固液分离装置通过重力分离方法将餐厨垃圾中固液进行分离，分离后的餐厨固体废物通过重力作用送到餐厨固体收集箱，可通过堆肥、厌氧发酵、热解等处理方法处理回收资源化。分离后的餐厨液体进入油水分离装置，通过加热箱产生高温，轴流风机将热空气吹向油水分离装置内部，对油水分离装置中的废物进行加热，温度升高到 40℃时搅拌器开始搅拌，边加热边搅拌，经过搅拌加热后的油水开始进行分离，分离后的餐厨油通过刮油板刮到餐厨油收集箱，分离后的餐厨废水进入餐厨废水收集箱，餐厨油和餐厨废水可以进行相应的回收和处理。

13.3.2　餐厨垃圾处理系统

高淀粉和高油脂餐厨垃圾处理系统包括前处理装置、固液分离装置、油水分离装置、加热箱和 PLC，其示意图如图 13-2 所示。

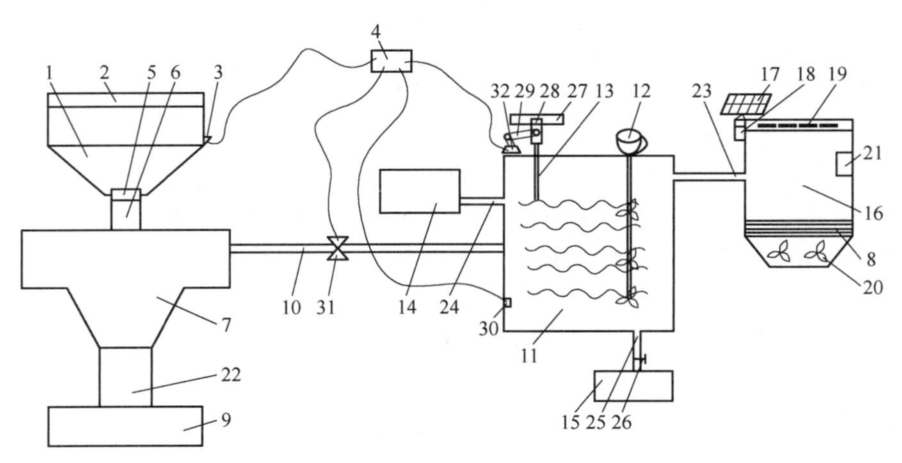

图 13-2　高淀粉和高油脂餐厨垃圾处理系统结构示意图

1—破碎机；2—滤网；3—红外线检测器；4—PLC；5—出料阀；6—输送管；
7—固液分离装置；8—加热槽；9—固体收集箱；10—液体输送管；11—液体容器；
12—搅拌器；13—刮油板；14—餐厨油收集箱；15—废水收集箱；16—加热箱；17—太阳能板；
18—蓄电池；19—散热风扇；20—轴流风机；21—温度控制器；22—物料输送器；23—出风口；
24—出油口；25—出水口；26—废水出口阀门；27—滑槽；28—滑块；29—曲柄连杆机构；
30—液位传感器；31—电磁阀；32—驱动电机

13.3.2.1　前处理装置

餐厨垃圾前处理装置主要包括破碎机、滤网、红外线检测器、出料阀、输送管。该装置的主要作用是高淀粉餐厨垃圾经过滤网将大块垃圾去除后，通过破碎机得到适宜的粒度，当破碎机中的垃圾达到一定量后，将废料通过输送管排放到固液分离装置。

13.3.2.2　固液分离装置

餐厨垃圾固液分离装置主要包括物料输送器、餐厨固体收集箱。该装置的主要作用是通过重力分离方法将餐厨垃圾中的固液进行分离，分离后的餐厨固体废物通过物料输送器进入固体收集箱，分离后的液体经液体输送管输送至油水分离装置。

13.3.2.3　油水分离装置

餐厨垃圾油水分离装置主要包括加热槽、液体输送管、液体容器、搅拌器、刮油板、餐厨油收集箱、废水收集箱、物料输送器、出风口、出水口、废水出口阀门、滑槽、滑块、曲柄连杆机构、液位传感器、电磁阀、驱动电机。该装置的主要作用是经分离后的液体经液体输送管输送至油水分离装置的液体容器内，对油水废液进行加热，搅拌器进行搅拌，边进液边加热边搅拌，实现均匀加热，使淀粉溶化，淀粉中所包埋的油脂释放出来并上升至水面上方，通过刮油板不断将油脂刮向出油口，使油脂流入餐厨油收集箱。液体容器内的液体经油水分离后，打开废水出口阀门，将废水放入废水收集箱。

13.3.2.4　加热箱

餐厨垃圾加热箱主要包括加热槽、太阳能板、蓄电池、散热风扇、轴流风机、温度控制器、出风口。该装置的主要作用是加热箱内的加热槽产生的热量被轴流风机经出风口吹入液体容器内部，对油水废液进行加热。通过温度控制器可掌握控制加热箱内的温度，一般控制温度在40~80℃，既保证淀粉快速溶解，又保护加热箱不受损坏。

13.3.2.5　PLC 控制系统

餐厨垃圾 PLC 控制系统与预处理装置的红外线检测器、电磁阀、油水分离装置的液位传感器和驱动电机相连接。该装置的主要作用为两个方面：一是当破碎机中的垃圾达到一定量后，红外线检测器向 PLC 发出信号，PLC 控制出料阀动作，将废料通过输送管排放到固液分离装置，之后 PLC 控制出料阀 5 关闭；二是当液体容器内的液面到达出油口时，液位传感器向 PLC 发出信号，PLC 控制电磁阀关闭，停止进液，并控制曲柄连杆机构的驱动电机开启，滑块在曲柄连杆机构的带动下在滑槽内作往复运动，刮油板随滑块作往复运动，不断将油脂刮向出油口，使油脂流入餐厨油收集箱，当液面下降至出油口以下时，PLC 接收到来自液位传感器的信号，控制曲柄连杆机构的驱动电机关闭，刮油板停止刮油，并控制电磁阀开启。

13.3.3　餐厨垃圾处理系统的优势

（1）本餐厨垃圾处理系统是针对高淀粉和高油脂餐厨垃圾，对其中的油脂进行有效分离去除和处理的设备，通过加热槽产生高温，轴流风机将热空气吹向油水分离装置的液体容器内部，对其中的液体进行加热，边进液体边加热，加热均匀且效率高，淀粉经加热溶解，释放其中所包埋的油脂，油脂被释放后上升至水面以上，有利于油水分离，可大幅提升油水分离效果；另外，通过散热风扇加强了对流，一方面有利于将热空气吹向液体容器内部；另一方面有利于加热箱的通风散热，起到保护加热箱的作用。

（2）本餐厨垃圾处理系统首创性在油水分离装置引入加热箱调节油水分离的温度，并采用温度控制器，有利于控制温度的高低，提高油水分离效率。

（3）本餐厨垃圾处理系统设计了结构简单的油水分离装置，利用搅拌器与加热箱相配合，边搅拌边加热，有利于淀粉的溶解，且促进油脂上升，进一步提高油水分离效率，使分离更加彻底；刮油板通过往复运动，不断将油脂刮向出油口，使油脂从水面分离。

（4）本餐厨垃圾处理系统可实现智能化控制，当红外线检测器检测到破碎机中的餐厨垃圾较多时，向 PLC 发出信号，PLC 控制出料阀动作，将废料排放到固液分离装置，大大提高了设备的利用率和工作效率；当液位传感器检测到液体容器内的液面达到指定高度时，向 PLC 发出信号，PLC 控制曲柄连杆机构的驱动电机开启并控制进液，刮油板开始工作；通过智能控制可达到节能的效果，使能源得到有效利用。

(5) 本餐厨垃圾处理系统自动化程度高，使用方便，运行维护简单，实用性强。

仿真：餐厨垃圾有机废水处理装置

13.4　餐厨垃圾的资源化

13.4.1　餐厨油的利用

分离出的餐厨油脂可以回收制得生物柴油，将分离出的餐厨油脂经过脱水、除臭预处理后，再进行加热处理，分离得到纯度相对较高的油脂生物柴油再由化工厂作为再生脂肪酸原料。该油脂是一种可代替石化柴油的可再生燃料，是一种典型的"绿色能源"，是优质的石化柴油代用品。

13.4.2　餐厨垃圾的资源化技术

餐厨垃圾的资源化技术目前主要包括生物柴油技术、酸碱催化技术和生物塑料技术。

13.4.2.1　生物柴油技术

生物柴油技术是利用油水分离技术分离出餐厨垃圾中含有的大量动植物油脂，并以此为原料，利用化工技术加工提炼得到生物柴油的技术。生物柴油可以完全代替石化柴油用作燃料能源，而且还有石化柴油所不具备的诸多优点。利用餐厨垃圾制备生物柴油技术是资源化利用技术非常具有前景的研究和发展方向。

13.4.2.2　酸碱催化技术

酸碱催化技术是目前在餐厨垃圾制备生物柴油方面最具代表性的技术，也是生物柴油技术发展最为成熟的技术之一。然而在实际应用的过程中，餐厨垃圾的高酸性往往会抑制酯交换反应导致碱催化剂大量消耗，同时，餐厨垃圾油脂中含有抑制皂化反应的多种聚合物，因此在实际应用时需要结合其油脂的不同化学性质选择酸碱催化剂。此外，在利用餐厨垃圾制备生物柴油的同时还会得到甘油三酯等副产物，可用于制备活性剂、清洁剂等产品，提高了该技术的应用附加值。

13.4.2.3　生物塑料技术

餐厨垃圾中含有的大量废弃动植物油脂，虽然经济价值很低，但是其有机碳含量异常丰富，可以作为十分理想的有机碳源。目前，研究较为成熟的是以餐厨垃圾废弃油脂为原料制备聚羟基脂肪酸酯（PHA），PHA 有着优良的工艺性和生物亲和性，能够被微生物降解，能够有效降低"白色污染"，可广泛取代工业塑料应用在众多领域。目前生物塑料技术整体处于研究探索阶段，与规模化应用还存在一定差距，未来还有很大的研究空间。

13.5　餐厨垃圾处理案例

13.5.1　案例导入

A 市的垃圾在收储运流程中，除了生活垃圾以外，还有另外一种重要的市政垃圾收运车，那就是餐厨垃圾收运车。每天傍晚，餐厨垃圾收运车就来到餐馆、学校食堂等地方，把残羹剩饭都收集起来，然后运往当地的餐厨垃圾处理厂。这一点让 A 市当地的居民倍感担心：餐厨垃圾里有大量的废弃油脂，也有许多废弃的食物，曾有报道表明，部分不法商贩，会从餐厨垃圾里提炼出“地沟油”，再把这些“地沟油”经过加工后做成食用油，通过各种非法渠道流转到居民的餐桌上。也有的地方把收集来的餐厨垃圾直接送到养殖场去喂猪，带来严重的防疫风险，且餐厨垃圾中有毒有害的物质也会通过食物链在猪体内积存，最终又回到人体内。因此，居民们十分担心，这些被收运走的餐厨垃圾，会不会就是通过这些方式被不当处置了呢？

那么，在现代化的餐厨垃圾场中，餐厨垃圾是如何进行处置的呢？这些餐厨垃圾经过处理后，又能够得到何种方式的利用呢？

13.5.2　案例分析

在规范的餐厨垃圾处理厂中，餐厨垃圾可以得到合理的处置利用，比如提炼化工原料油、厌氧发酵产沼气、制备安全肥料等。其中，餐厨垃圾的油相、水相、固相的三相分离是餐厨垃圾处理的关键环节。A 市的餐厨垃圾三相分离，目前主要通过破碎筛分→高温提油→油水分离等环节开展，在进行三相分离后，A 市餐厨垃圾的固相组分被送入焚烧炉进行焚烧发电利用，水相组分进行厌氧消化制备沼气并进行水处理，而油相组分则被送至化工厂进行后续冶炼，这也是我国目前餐厨垃圾处理的典型模式。

正因为餐厨垃圾重要的资源化利用价值，越来越多的生活垃圾处理厂倾向于对餐厨垃圾进行单独的处置利用，甚至有的公司专门对餐厨垃圾进行规范处理，从而获得可观的经济效益。A 市居民所担心的非法餐厨垃圾处理方式，在当前愈加严格的监管以及愈加成熟的处置利用技术下，日益被时代所摒弃。

一、选择题

1. （　　）不属于餐厨垃圾。

A. 过期食品　　　　B. 剩饭剩菜

C. 鱼刺和骨头　　　D. 废弃的金属勺子

2. 对餐厨垃圾需要（　　）。

A. 单独收集　　　　B. 混合收集

C. 与生活垃圾一起收集　D. 定期收集

3. 餐厨垃圾应当提供给（　　）进行处理。

A. 垃圾处理单位　　B. 家庭处理

C. 专业化处理单位　　D. 企业自行处理

4. 蚯蚓堆肥是在好氧堆肥的基础上接入蚯蚓，利用蚯蚓自身丰富的酶系统将餐厨垃圾的高含量（　　）转化为自身易于利用的营养物质，促进了堆肥过程。

A. 有机质　　B. 无机质　　C. 金属　　D. 塑料

5.（　　）是目前在餐厨垃圾制备生物柴油方面最具代表性的技术，也是生物柴油技术发展最为成熟的技术之一。

A. 酸碱中和技术　　B. 酸催化技术

C. 碱催化技术　　D. 酸碱催化技术

二、判断题

1. 餐厨垃圾需单独收集，可以减少进入填埋场的有机物的量，减少臭气和垃圾渗滤液的产生，也可以避免水分过多对垃圾焚烧处理造成的不利影响，降低了对设备的腐蚀。（　　）

2. 严禁将废弃食用油脂（包括地沟油）加工后作为食用油使用。（　　）

3. 可以直接使用餐厨垃圾饲养畜禽及鱼类。（　　）

4. 严禁用未经无害化处理的餐厨垃圾生产肥料。（　　）

5. 餐厨垃圾的生物转化是经昆虫（如蝇蛆、黑水虻等）等生物转化，将餐厨垃圾转化为腐殖化堆体，再提取蛋白质饲料和生物柴油的过程。（　　）

三、问答题

1. 餐厨垃圾的处理技术有哪些？

2. 简述餐厨垃圾油水分离方法。

3. 简述餐厨垃圾的资源化过程。

4. 简述餐厨垃圾的处理系统。

任务 14　工业固体废物的处理与资源化

14.1　工业固体废物概述

14.1.1　工业固体废物的概念及构成

工业固体废物是指工业生产、加工过程中产生的废渣、粉尘、碎屑、污泥等废物。工业固体废物（简称工业废物）是固体废物的其中一类，可分为一般工业废物（如高炉渣、钢渣、赤泥、有色金属渣、粉煤灰、煤渣、硫酸渣、废石膏、脱硫灰、电石渣、盐泥等）和工业有害固体废物（即危险固体废物）。

14.1.2　工业固体废物的分类

工业固体废物分为一般工业固体废物和危险固体废物两类，主要包括冶金废渣、采矿废渣、燃料废渣和化工废渣等。

冶金废渣是指在各种金属冶炼过程中或冶炼后排出的所有残渣废物，如高炉矿渣、钢渣、各种有色金属渣、铁合金渣、化铁炉渣以及各种粉尘、污泥等。采矿废渣是在各种矿石、煤的开采过程中，产生的矿渣的数量极其庞大，包括的范围很广，有矿山的剥离废石、掘进废石、煤矸石、选矿废石、选洗废渣、各种尾矿等。燃料废渣是燃料燃烧后所产生的废物，主要有煤渣、烟道灰、煤粉渣、页岩灰等。化工废渣是化学工业生产中排出的工业废渣，主要包括硫酸矿烧渣、电石渣、碱渣、煤气炉渣、磷渣、汞渣、铬渣、盐泥、污泥、硼渣、废塑料及橡胶碎屑等。在工业固体废物中，还包括玻璃废渣、陶瓷废渣、造纸废渣和建筑废材等。

小贴士

工业固体废物以产生的行业划分主要包括：冶金废渣，采矿废渣，燃料废渣，化工废渣，放射性废渣，玻璃、陶瓷废渣，造纸、木材、印刷等工业废渣，建筑废材废渣，电力工业废渣，交通、机械、金属结构等工业废材，纺织服装业废料，制药工业药渣等，食品加工业废渣，电器、仪器仪表等工业废料。

14.1.3　我国工业固体废物的产生情况

进入 20 世纪 90 年代之后，我国的工业固体废物的产生量增加的速度大大加快。我国对于工业固体废物的财政投入与技术能力非常有限，目前我国工业固体废物的利用率比较低，为工业固体废物产生总量的40%左右。根据相关的统计资料，我国的工业固体废物多年以来的堆存数量巨大。目前，我国各个地区工业固体废物的产生来源具有以下特点。

（1）地区不均衡。我国工业固体废物的产生来源具有北多南少、东多西少的分布格局。目前，我国20%的城市所产生的工业固体废物占据了我国全年产量的80%左右。而我国直辖市，比如上海、北京、天津这三个直辖市所产生的工业固体废物的数量虽然与总体相比较少，但是与这些直辖市的地域面积相比，以上直辖市工业固体废物的污染源密度非常大，这个问题是非常严峻的。

（2）种类不平衡。全国范围内的工业固体废物的80%来自河北、辽宁、山西、山东、四川和江西六个省。这些地域产生的工业固体废物的品种是非常不平衡的。

小贴士

我国工业固体废物产生的来源具有以下特征：第一，来源部门比较集中，我国目前将工业部门分成18种，而工业固体废物产生的94%集中在1/3的部门中，而采掘业、电力煤气、黑色冶炼、压延工业三个部门产生量占总量的78%；第二，固体废物的品种比较集中。

微课：煤矸石的性质与分类

14.2　煤矸石、粉煤灰的处理与资源化

14.2.1　煤矸石的处理与资源化

14.2.1.1　煤矸石的产生与分类

煤矸石是煤炭开采、洗选及加工过程中排放的废物，为多种矿岩的混合体，约占煤炭产量的15%。按岩石特性不同，煤矸石可以分为页岩、炭质页岩、砂质页岩、砂岩及石灰岩，其结构及性能和用途见表14-1。

表14-1　煤矸石的结构及性能和用途

类别	颜色	结构及性能	用途
泥质页岩	深灰色或黄灰色	片状结构，不完全解离，质软，经大气作用和日晒雨淋后，易崩解分化，加工时易粉碎	发电，生产耐火砖，水泥填料、空心砖、烧断高岭土、精密铸造型砂、特种耐火材料、超轻质绝热保温材料等
炭质页岩	黑色或黑灰色	层状结构，表面有油脂光泽，不完全解离，受大气作用后易风化，其风化程度稍次于泥质页岩，易粉碎	
砂质页岩	深灰色或灰白色	结构较泥质页岩、炭质页岩粗糙而坚硬，不完全解离，出矿井时，块度较其他页岩为大，在大气中风化较慢，加工中难以粉碎	交通、建筑用碎石、混凝土密实骨料
砂岩	黑色	结构粗糙而坚硬，在大气中一般不易风化，难以粉碎	

续表 14-1

类别	颜色	结构及性能	用途
石灰岩	灰色	结构粗糙而坚硬，较砂岩性脆，出矿井时，块度较大，在大气中一般不易风化，难以粉碎	胶凝材料、建筑用碎石、改良土壤用石灰

碳含量（质量分数）不大于4%和4%~6%的煤矸石热值低（≤2090kJ/kg），可作路基材料，或用于塌陷区复垦和采空区回填；碳含量（质量分数）为6%~20%的煤矸石（2090~6270kJ/kg），可用作生产水泥、砖瓦、轻骨料和矿渣棉等建材制品；碳含量（质量分数）大于20%的煤矸石热值较高（6270~12550kJ/kg），可从中回收煤炭或作工业用燃料。

煤矸石中的铝硅比（Al_2O_3/SiO_2）也是确定煤矸石综合利用途径的主要因素。铝硅比大于 5 的煤矸石，铝含量高、硅含量低，其矿物含量以高岭石为主，有少量伊利石、石英，质点粒径小，可塑性好，有膨胀现象，可作为制造高级陶瓷、煅烧高岭土及分子筛的原料。

煤矸石中的全硫含量决定了其中的硫是否具有回收价值，以及煤矸石的工业利用范围。按硫含量（质量分数）的多少可将煤矸石分为四类：一类不大于 0.5%；二类为 0.5%~3%；三类为 3%~6%；四类不小于 6%。全硫含量（质量分数）大于6%的煤矸石即可回收其中的硫精矿。用煤矸石作燃料要根据环保要求，采取相应的除尘、脱硫措施，减少烟尘和SO_2的污染。

14.2.1.2　煤矸石的组成与危害

煤矸石是煤矿中夹在煤层间的脉石（又称为夹矸石）。大部分煤矸石结构较为致密，呈黑色，自燃后呈浅红色，结构较疏松。煤矸石的主要矿物成分为高岭石、蒙脱石、石英砂、硅酸盐矿物、碳酸盐矿物、少量铁钛矿及碳质，且高岭石含量（质量分数）达 68%，构成矿物成分的元素多达数十种，一般以 Si、Al 为主要成分，另外含有数量不等的 Fe、Ca、Mg、S、Na、P 等以及微量的稀有金属（如 Ti、V、Co 等），其典型矿物化学成分见表 14-2。煤矸石中的有机质随含煤量的增加而增高，主要包括 C、H、O、N 和 S 等。C 是有机质的主要成分，也是燃烧时产生热量的最重要的元素。

表 14-2　煤矸石的典型矿物化学成分

成分	SiO_2	Al_2O_3	Fe_2O_3	CaO	MgO	K_2O	Na_2O	P_2O_5	SO_3
含量（质量分数）/%	40~65	15~30	2~9	1~7	0.5~4	0.3~2	0.2~2	0.1~0.5	0.3~2

煤矸石对生态环境的危害表现在：

（1）露天堆积的矸石山侵占良田、阻塞河道、造成水灾，煤石自燃释放大量有害气体，如 CO、CO_2、SO_2、H_2S 及 NO_2、C_mH_n等，甚至引起火灾；

（2）煤矸石的酸性淋溶水损伤邻近土壤、农作物及水环境；

（3）煤矸石细粒随风飘散，造成降尘污染；

（4）煤矸石中天然放射性元素对人体与环境产生危害；

（5）矸石山崩塌时，危及人畜安全。

由此可见，煤矸石已成为固、液、气三害俱全的污染源，亟待治理。

小贴士

煤矸石中含有大量的有机成分，同时富含金属、碱土金属和硫化物等，是无机盐类污染源，可通过大气降水淋滤而污染环境。煤矸石从地下运到地表弃置，所处环境的急剧变化使其风化作用加强，促进了可溶性成分的溶解，加重了矸石山的环境污染。

仿真：煤矸石制砂

14.2.1.3　煤矸石的资源属性与利用途径

煤矸石是宝贵的不可再生资源，它兼有煤、岩石、化工原料及元素资源库等特性。作为煤，可用作煤矸石电厂和矿山沸腾炉的燃料，利用其余热，制成型煤，还适合层燃炉使用；作为岩石，在建材领域用途广泛（如生产水泥、制砖瓦铺路），既可以替代黏土和石料，又能节约能源；作为化工原料，由于煤矸石中硅、铝等元素的含量高，可以制备硅系化学品、铝系化学品（如硅酸钠、硫酸铝、聚合氯化铝等），并可用来生产某些新型材料（如 SiC、分子筛等）；另外，煤矸石含有硫、铁、钡、钙、钴、镓、钒、锗、钽、铀等 50 多种微量元素和稀有元素，当某种元素或某几种元素富集到具有工业利用价值时，还可对其加以回收利用。煤矸石的综合利用途径如图 14-1 所示。

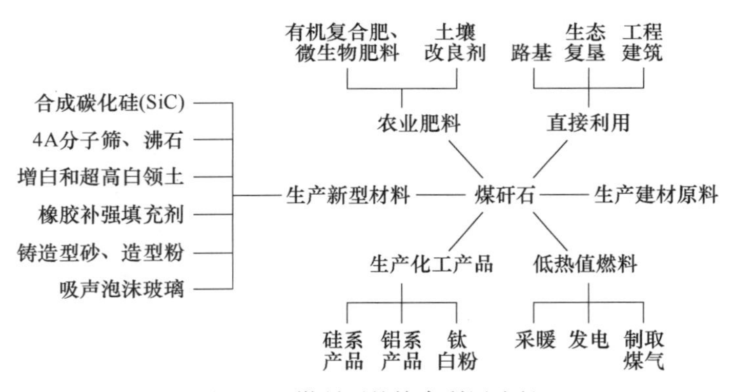

图 14-1　煤矸石的综合利用途径

14.2.2　粉煤灰的处理与资源化

14.2.2.1　概况

粉煤灰是冶炼厂、化工厂和燃煤电厂排放的非挥发性煤残渣，包括飘灰、飞灰和炉底灰三部分。根据煤炭灰分的不同，粉煤灰的产生量相当于电厂煤炭用量的 2.5%~5.0%。粉煤灰是高温下高硅铝质的玻璃态物质，经快速冷却后形成的窝状多孔固体集合物，属于火山灰类物质，外观类似水泥，颜色从乳白色到灰黑色，其物化性质取决于燃煤品种、煤粉细度、燃烧方式及温度、收集和排灰方法等。粉煤灰单体由 SiO_2、Al_2O_3、CaO、Fe_2O、MgO 和一些微量元素、稀有元素等组成，杂糅有表面光滑的球形颗粒和不规则的多孔颗粒的硅铝质非晶体材料，其物理性能和典型化学成分见表 14-3 和表 14-4。

表 14-3　粉煤灰的物理性能

真密度 $/g \cdot cm^{-3}$	堆积密度 $/g \cdot cm^{-3}$	比表面积 $/m^2 \cdot g^{-1}$	粒径 /μm	孔隙率 /%	灰分 /%	pH 值	可溶性盐 /%	理论热值 $/kJ \cdot kg^{-1}$
2.0~2.4	0.5~1.0	0.25~0.5	1~100	60~2.4	80~90	11~12	0.16~3.3	550~800

表 14-4　粉煤灰的典型化学成分

成分	SiO_2	Al_2O_3	Fe_2O_3	CaO	MgO	K_2O	Na_2O	P_2O_5	TiO_2	V_2O_5
含量（质量分数）/%	48.92	25.41	8.03	3.04	1.02	2.05	0.78	0.99	0.82	1.58

由表 14-3 和表 14-4 可知，粉煤灰属于硅铝酸盐。其中 SiO_2、Al_2O_3 和 Fe_2O_3 的含量（质量分数）约占总量的 80%，由于富集有多种碱金属、碱土金属元素，其 pH 值较高；同时，粉煤灰具有粒细、多孔、质轻、容重小、黏结性好、结构松散、比表面积较大、吸附能力较强等特性。

粉煤灰的综合利用途径主要为：

（1）用作建材原料（如水泥或混凝土掺料、制砖、空心砌硅钙板、陶粒等）；

（2）用于工程填筑（如路面路基、低洼地或荒地填充、废矿井或塌陷区回填等）；

（3）用于农业（如复合肥、磁化肥、土壤改良剂等）；

（4）用于环境保护（如废水处理、脱硫、吸声等）；

（5）生产功能性新型材料（如复合混凝剂、沸石分子筛、填料载体等）；

（6）从粉煤灰中回收有用物质（如空心微珠、工业原料、稀有金属等）。

14.2.2.2　粉煤灰在建材工业中的应用

动画：粉煤灰陶粒生产流程

A　水泥、混凝土掺料

粉煤灰与黏土成分类似，并具有火山灰活性，在碱性激发剂作用下，能与 CaO 等碱性矿物在一定温度下发生“凝硬反应”，生成水泥质水化胶凝物质。粉煤灰作为一种优良的水泥或混凝土掺和料，它的减水效果显著，并可增加混凝土最大抗压强度和抗弯强度、增加延性和弹性模量、提高混凝土抗渗性能和抗蚀能力，同时具有减少泌水和离析现象、降低透水性和浸析现象、减少混凝土早期和后期干缩、降低水化热和干燥收缩率的功效。因此，在各种工程建筑（包括工民建筑、水工建筑、筑路筑坝等）中，粉煤灰的掺入，不仅能改善工程质量、节约水泥，还降低了建设成本、使施工简单易行。

B　粉煤灰砖

粉煤灰可以和黏土、页岩、煤矸石等分别制成不同类型的烧结砖，如蒸养粉煤灰砖、泡沫砖、轻质黏土砖、承重型多孔砖、非承重型空心砖以及碳化粉煤灰砖、彩色步道板、地板砖等新型墙体材料。

C　小型空心砌块

以粉煤灰为主要原料的小型空心砌块可取代砂石和部分水泥，具有空心质轻、外表光滑、抗压保暖、成本低廉、加工方便等特点。

D　硅钙板

以粉煤灰为硅质材料、石灰为钙质材料，加入硫酸盐激发剂和增强纤维，或使用高强碱性材料，采用抄取法或流浆法可生各种硅钙板，简称 SC 板。

E　粉煤灰陶粒

粉煤灰陶粒是以粉煤灰为原料，加入一定量的胶结料和水，经成球、烧结而成的人造轻骨料，具有用灰量大（粉煤灰掺量约 80%）、质轻、保温、隔热、抗冲击等特点，用其配制的轻质混凝土，容重可达 1380~1760kg/m^3，抗压强度可达 20~60MPa，适用于高层建筑或大跨度构件，其质量可减小 33%，保温性可提高 3 倍。

F　其他建材制品

利用粉煤灰可生产辉石微晶玻璃、石膏制品的填充剂，做沥青填充料生产防水油毡，制备矿物棉、纤维化灰绒、陶砂滤料，在砂浆中代替部分水泥、石灰或砂等。

14.2.3　粉煤灰在环保上的应用

粉煤灰粒细质轻、疏松多孔、表面能高，具有一定的活性基团和较强的吸附能力，在环保领域中已广为应用，主要用于废水治理、废气脱硫、噪声防治及垃圾卫生填埋填料等。粉煤灰主要是通过吸附过程去除有害物质的，其中还包括中和絮凝、过滤等协同作用。

14.2.3.1　在废水处理工程中的应用

粉煤灰本身已具有较强的吸附性能，经硫铁矿渣、酸、碱、铝盐或铁盐溶液改性后，辅以适量的助凝剂，可用来处理各类废水，如城市生活污水、电镀废水、焦化废水、造纸废水、印染废水制革废水、制药废水、含磷废水、含油废水、含氟废水、含酚废水、酸性废水等。大量实践表明，在废水脱色除臭、有机物和悬浮胶体去除、细菌微生物和杂质净化以及 Hg^{2+}、Pb^{2+}、Cu^{2+}、Ni^{2+}、Zn^{2+} 等重金属离子去除上，粉煤灰均有显著的处理效果。

14.2.3.2　在烟气脱硫工程中的应用

电厂烟气脱硫的主要方法是石灰石法，此法原料消耗大、废渣产量多，但在消石灰中加入粉煤灰，则脱硫效率可提高 5~7 倍。其工艺流程如图 14-2 所示。此粉煤灰脱硫剂还可用于清理垃圾焚烧烟道气，以去除汞和二噁英等污染物。如在喷雾干燥法的烟气脱硫工艺中，将粉煤灰和石灰浆先反应，配成一定浓度的浆液，再喷入烟道中进行脱硫反应，或将石灰、粉煤灰、石膏等制成干粉状吸收剂喷入烟道。用粉煤灰、石灰和石膏制成的脱硫剂性能良好。

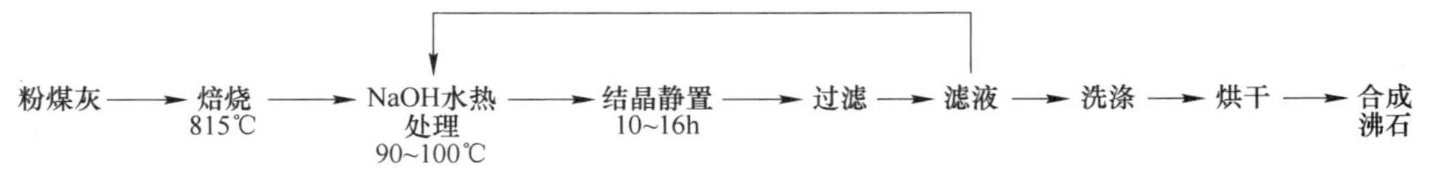

图 14-2　粉煤灰水热反应合成沸石的工艺流程

14.2.3.3　在噪声防治工程中的应用

此外，粉煤灰还可用于制作保温吸声材料、GRC 双扣隔声墙板等。

14.2.4　粉煤灰的工程填筑应用

粉煤灰的成分及结构与黏土相似，可代替砂石应用在工程填筑上，如筑路筑坝、围海造地、矿井回填等。这是一种投资少、见效快、用量大的直接利用方式，既解决了工程建设的取土难题和粉煤灰的堆放污染问题，又大大降低了工程造价。

14.2.5　从粉煤灰中回收有用物质

粉煤灰作为一种潜在的矿物资源，不仅含有 SiO_2、Al_2O_3、Fe_2O_3、CaO、C（未燃尽）、微珠等主要成分，还富集有许多稀有元素（如 Ge、Ga、Ni、V、U 等），其主要矿物有石英、莫来石、玻璃体、铁矿石及炭粒等，因此从中回收有用物质，既可节省开矿费用、获得有价原料和产品，又可达到防治污染、保护环境的目的。

14.2.6　生产功能性新型材料

粉煤灰可作为生产吸附剂、混凝剂、沸石分子筛与填料载体等功能性新型材料的原料广泛用于水处理、化工、冶金、轻工与环保等方面。例如，粉煤灰在作为污水的调理剂时，有显著的除磷酸盐能力；作为吸附剂时，可从溶液中脱除部分重金属离子或阴离子；作为混凝剂时，COD 与色度去除率均高于其他常用的无机混凝剂；而利用粉煤灰制成的分子筛，质量与性能指标已达到或超过由化工原料合成的分子筛。

（1）复合混凝剂。粉煤灰复合混凝剂的主要成分为 Al、Fe、Si 的聚合物或混合物，因配比、操作程序、生产工艺不同而品种各异，所以可利用粉煤灰中的 SiO_2 来制备硅酸类化合物和在粉煤灰中添加含铁废渣，提高絮凝能力，并充分利用粉煤灰的有效成分。以粉煤灰为原料制备聚硅酸铝的工艺流程如图 14-3 所示。

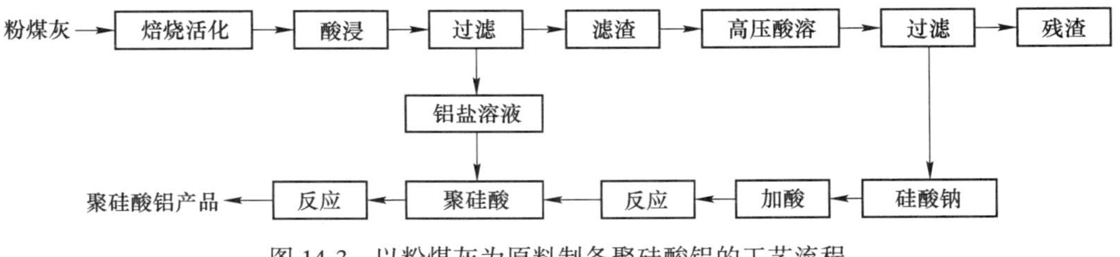

图 14-3　以粉煤灰为原料制备聚硅酸铝的工艺流程

（2）沸石分子筛。粉煤灰合成沸石分子筛的方法有水热合成法、两步合成法、碱熔融水热合成法、盐热（熔盐）合成法、痕量水系固相合成法等。其应用范围包括：

1）交换废水中的Cu^{2+}、Cd^{2+}、Fe^{3+}、Pb^{2+}、Cs^{+}、Co^{+}等重金属离子；

2）用粉煤灰合成不同种类的沸石，用于选择性吸附NH_3、NO_x、SO_2、Hg 等，以净化气体和除臭；

3）用作土壤改良剂，脱除 Cu、Ni、Zn、Cr 等易溶性金属离子，防止其对地表水和地下水的污染。

（3）催化剂载体。采用粉煤灰、纯碱和氢氧化铝为原料制备 4A 分子筛，作为化学气体和液体的分离净化剂和催化剂载体，具有节约原料、工艺简单等特点，已大规模用于工业化生产中。

（4）高分子填料。以粉煤灰为原料，加入一定量的添加剂和化学助剂，可制成一种粉状的新型高分子填料，具有耐水、耐酸、耐碱、耐高低温、耐老化的特点，因此广泛应用于楼房、地面、隧道工程等作为防水、防渗材料。

此外，粉煤灰还可用于制造粉煤灰泡沫玻璃、轻质多孔球形生物滤料、防氧化材料与人造鱼礁等，随着粉煤灰综合利用的不断发展，其应用的深度和广度正不断扩大。

14.3　钢渣、高炉渣的处理与资源化

据统计，目前我国冶金工业固体废物年产生量约 4.3 亿吨，综合利用率为 18.03%。其中，工业尾矿产生量为 2.84 亿吨，利用率 1.5%；高炉渣产生量 7557 万吨，利用率 65%；钢渣产生量 3819 万吨，利用率 10%；化铁炉渣 60 万吨，利用率 65%；尘泥 1765 万吨，利用率 98.5%；自备电厂粉煤灰和炉渣 494 万吨，利用率 59%；铁合金渣 90 万吨，利用率 90%；工业垃圾 436 万吨，利用率 45%。

㊥㊨㊤ 小贴士

针对我国冶金工业固体废物的现状，资源化处理与综合利用是相关企业和机构必须重视和加大力度进行研究突破的课题。

14.3.1　钢渣的处理与资源化利用

一般每炼 1t 钢可产生 200～300kg 的钢渣，钢渣可以作为返回料，供烧结、炼铁、炼钢使用也可以用于农业生产化肥等。

14.3.1.1　利用转炉渣作冶金返回原料

用作冶金返回原料使用的主要是转炉渣。转炉渣中含（质量分数）40%～50% 的 CaO，5%～1 5%的 TFe 以及 2%左右的 TMn，具有较高的利用价值。我国部分钢铁企业的转炉渣成分见表 14-5。

表 14-5　我国部分企业转炉渣的化学组成

企业名称	转炉渣的化学组成（质量分数）/%							
	CaO	SiO_2	Al_2O_3	MgO	Fe_2O_3	MnO	P_2O_5	f-CaO
首都钢铁公司	44.00	15.86	3.88	10.04	22.37	1.11	1.31	0.80
本溪钢铁公司	41.14	15.99	3.00	9.22	12.29	1.34	0.56	0.80
唐山钢铁公司	40.30	13.38	2.54	9.05	12.73	1.88	1.40	0.84
太原钢铁公司	49.80	14.22	2.86	9.29	8.79	1.06	0.56	1.57
马鞍山钢铁公司	43.19	15.55	3.84	3.42	5.19	2.31	1.40	3.56

目前，使用转炉渣研制开发出的冶金原料主要有以下几种。

（1）烧结矿熔剂。利用转炉渣中的 CaO，代替部分石灰石作烧结熔剂使用。烧结矿中加入适量的转炉渣后，有利于烧结造球和提高烧结速度。另外，转炉渣中的 Fe 和 FeO 的氧化放热可以补偿钙、镁碳酸盐分解时所需要的热量，有利于降低烧结矿的燃料消耗。

（2）高炉或化铁炉熔剂。将转炉渣作为高炉或化铁炉熔剂直接使用，不但可以节省大量的石灰石和白云石，而且还可以节省大量的热能。但目前高炉多利用高碱度烧结矿或熔剂性烧结矿冶炼，已经基本上不用石灰石和白云石，因此转炉渣直接返回高炉代替石灰石和白云石的使用将受到限制。

（3）作炼钢返回渣。将转炉终渣作为下一炉冶炼时的初渣使用，可以使冶炼初期成渣快，减少初期渣对炉衬的侵蚀。另外，目前普遍采用的溅渣护炉工艺，也消耗了大量的转炉渣，大幅度地降低了耐火材料的消耗。

14.3.1.2　利用炼钢渣生产肥料

利用在使用的中、高磷铁水炼钢时，在不加萤石造渣的情况下回收的初期含磷渣，将其直接破碎磨细，生产磷肥。钢渣磷肥的密度为 3~3.33g/cm^3，为黑褐色粉末，是一种碱性肥。钢渣中的 P_2O_5 虽然不溶于水，但是能溶解于2%的柠檬酸溶液，可被植物吸收，磷的可溶性率可达 80%~90%。钢渣中还有硅、钙、锰等养分，对植物早期或晚期都有肥效，一般可作基肥。每亩（1 亩 = 666.67m^2）可以施用100~130kg。

14.3.1.3　冶金尘泥的资源化处理与综合利用

A　技术分析

钢铁厂冶金尘泥主要包括：高炉瓦斯泥、转炉尘泥及除尘灰等。炼钢过程中，加入转炉内的原料有2%左右会转变为粉尘，转炉尘的发生量约为20kg/t。炼钢粉尘主要由氧化铁组成，占（质量分数）70%~95%，其他氧化物杂质（如 CaO、ZnO 等）占（质量分数）5%~30%。转炉炼钢尘泥一般可用作烧结的原料，但锌在炼铁过程中属有害元素，因在高炉冶炼的过程中易形成炉瘤而影响炉料和气体的流动，所以转炉尘泥在回收过程中，可通过选矿法回收粉矿和富 C、Zn 的尾泥。在烧结混合料中加入 OG 泥悬浮液有利于混合料制粒，随 OG 泥配量的增加，混合料中 1mm

粒级比率迅速降低，有利于改善混合料透气性、提高产量、降低成本及保护环境。

高炉瓦斯泥的组成主要为：$w(Fe_2O_3)=20\%$的，$w(C)=23\%$，$w(Zn)=1\%\sim5\%$，还有较多的 CaO、SiO_2、Al_2O_3 等氧化物。高炉炉尘发生量约为 25kg/t。高炉瓦斯泥颗粒较细，小于 74μm（200 目）的占 90%以上。高炉瓦斯泥的特征是含锌、铁、碳、水分含量高，颗粒细，锌主要存在于较小的颗粒中。对高炉瓦斯泥、瓦斯灰可采用水力分离选矿法提取富 Zn、富 C 尾泥作为资源回收利用。

目前，我国大型企业的冶金尘泥回收利用率可达 100%。转炉泥、除尘灰和瓦斯泥利用工艺和技术处于较先进水平，可为企业带来很好的经济效益。

B　工艺分析

冶金尘泥综合利用工艺流程如下。

(1) 转炉泥、除尘灰干法利用工艺：转炉泥、除尘灰→烧结返矿→混合料加工场。

(2) 转炉泥湿法利用工艺：转炉泥→搅拌池→管道→烧结配料皮带→转炉泥烘干+氧化铁皮+化学黏结剂→搅拌混匀→加压成球→入炉干燥→球团矿。

(3) 瓦斯泥利用工艺：瓦斯泥→重选→铁精粉→烧结厂→含锌泥→火法提锌。

微课：高炉渣的处理

14.3.2　高炉渣的处理与资源化利用

我国的大部分高炉渣接近于中性渣（$R=0.99\sim1.08$），高碱性高炉渣数量较少，由于矿石的品位和炼生铁的种类不同，高炉渣的化学成分波动范围很大。

14.3.2.1　利用高炉水渣生产水泥

动画：高炉渣水淬粒化法

高炉渣的综合利用技术在我国已经有几十年的历史，到 2000 年高炉渣的利用率已经达到 90%以上，其中 90%冲成水渣，大部分用作水泥的混合原料。

高炉水渣的主要化学成分为 CaO 和 SiO_2，约占其渣总量的 70%～80%。由于水冷（急冷）条件抑制了钙铝黄长石（AS）、镁黄长石（M）、钙长石（C）和硅酸二钙（S）等矿相的形成，进而形成具有潜在水硬胶凝性能的玻璃体矿相结构，这些矿相在水泥熟料、石灰和石膏等激发剂的作用下，可以显示出水硬胶凝性能并产生强度，因此水渣是生产水泥的良好原料。

目前，使用高炉水渣研制开发出的矿渣水泥主要有下面三种。

(1) 矿渣硅酸盐水泥。矿渣硅酸盐水泥是用硅酸盐水泥熟料和颗粒状高炉水渣加 3%～5%的石膏混合磨细制成的水硬性胶凝材料。用高炉水渣生产的水泥牌号一般在 400 号以上，但其早期强度较低。

(2) 石膏矿渣水泥。石膏矿渣水泥是由含量（质量分数）为 80%左右的高炉水渣，加含量（质量分数）为 15%左右的石膏和少量的硅酸盐水泥熟料（或石灰）混合磨细制得的水硬性胶凝材料。这种石膏矿渣水泥成本较低，具有较好的抗硫酸盐侵蚀和抗渗透性，适用于混凝土的水工建筑物和各种预制砌块。

(3) 石灰矿渣水泥。石灰矿渣水泥是将干燥后的颗粒状高炉渣、生石灰、消石灰以及含量（质量分数）为 5 %的天然石膏，按适当的比例配合磨细而成的一种水硬性胶凝材料。该水泥适用于蒸汽养护的各种混凝土预制品，水中地下路面等的无筋混凝土和工业与民用建筑砂浆。

14.3.2.2　利用高炉渣作道路和建筑材料

因为高炉冶金渣的物理性能与天然岩石相近，所以冶金渣在道路和建筑方面被广泛地应用，且用量也较大，一般多用于公路、机场以及一些地基工程的建设等。

A　矿渣砖

矿渣砖是用高炉水渣加入一定量的水泥等胶凝材料，经过搅拌、成型和蒸汽养护而成的建筑用砖，主要用于普通房屋建筑和地下建筑，实际上相当于将高炉水渣代替部分沙石使用。

B　矿渣混凝土

矿渣混凝土是以高炉水渣为原料，配入激发剂（例如水泥熟料、石膏以及石灰等），放入轮碾机中加水碾磨与骨料混合而成。这种混凝土适宜在生产小型混凝土预制件时使用，不适宜在施工浇筑现场使用。

C　地基用碎石

由于冶金渣的强度与天然岩石的强度大体相同，冶金渣碎石的颗粒强度完全可以满足地基工程的需要。另外，冶金渣还具有密度大、表面粗糙、耐磨性能好、与沥青结合牢固等一系列优点，因而被广泛地应用于铁路和公路路基的施工及工程回填。但是，用转炉渣作筑路和回填料时，为了防止渣中自由氧化钙水化引起的体积膨胀，需要对转炉渣进行陈化，一般要求其粉化率不能高于5%。

14.3.2.3　利用高炉渣生产矿渣棉

矿渣棉是以高炉渣为主要原料，经熔化、高速离心法或喷吹法制成的一种白色棉丝状矿物纤维材料。它具有质轻、保温、隔声、隔热、防震等性能。矿渣棉的化学成分见表14-6。

表14-6　矿渣棉的化学成分（质量分数）　（%）

SiO_2	Al_2O_3	CaO	MgO	Fe_2O_3
36~39	10~14	38~42	6~10	0.6~1.2

小贴士

生产矿渣棉的方法有喷吹和离心法两种。原料经化铁炉熔化后获得熔化物，由喷吹嘴流出时，用蒸汽或压缩空气喷吹而成的称为喷吹法。使熔化的原料落在回转的圆盘上，用高速离心力甩成矿棉的称谓高速离心法。

14.4　工业固体废物的处理案例

14.4.1　煤矸石、粉煤灰的处理案例

14.4.1.1　案例导入

我国是一个产煤大国，2020年全国原煤开采量达39亿吨。在参观煤矿开采过

程中，煤矿里采出的矿石被分成了两类，一类经过水洗后，直接被卖给附近一家钢铁冶炼厂，这一类矿石就是人们熟知的煤炭了；而另一类矿石看起来和煤炭一样呈现黑色，在采煤的过程和洗煤的过程中都有产出，但却只是被堆积存放在特定的地方，并没有运走销售，这些看起来和煤有些相似的矿石被称为煤矸石。虽然煤矸石中也具有一部分煤的成分，但燃料质量远比煤要差得多。如果直接把煤矸石用作燃料燃烧，那煤矸石中大量的氮元素、硫元素等就很容易被释放出来，生成氮氧化物、硫氧化物，以及粉尘等污染物。可是，如果把这些含有各种污染成分的煤矸石再重新填埋进地下，那煤矸石中的各种污染成分又容易对土壤和地下水造成污染。

14.4.1.2　案例分析

采煤和洗煤过程中产生的煤矸石，以及燃煤过程中的粉煤灰等具有一定煤炭成分，但又是含有大量污染物的工业固体废物，其与一般的固体废物相比，具有鲜明的特点。

虽然对于煤矿而言，煤矸石是一种亟待处置的废物，但得益于煤矸石和粉煤灰的均质性，能够运用多种手段将其制备成建筑材料、化工材料、农业肥料等，同时也可以采用更加适宜的方式对其进行燃烧利用。

14.4.2　钢渣、高炉渣的处理案例

14.4.2.1　案例导入

A 市作为重要的煤炭之乡、钢铁大市，煤炭行业与钢铁行业是其两大重要经济支柱。其中，煤矿中的煤炭开采出来时，不可避免地会产生煤矸石这种固体废物，因为这是一个从矿石中分选提炼出有价值的矿物的过程。而对于钢铁冶炼行业而言，从本质上来看，同样是从铁矿中开采铁矿石，同时进行精制提炼的过程。因此，在钢铁冶炼行业中，也存在像煤矸石类似的工业固体废物，尤其是钢渣与高炉渣。铁矿石中除了含铁化合物以外，同样还有大量的固体杂质，在经过烧结炉、高炉、转炉等冶炼流程后，铁矿石中的杂质最终会产生钢渣、高炉渣等工业固体废物。这些废物的安全处置，同样是钢铁冶炼行业需要重视的问题。

14.4.2.2　案例分析

钢渣、高炉渣与煤矸石和粉煤灰相似，钢渣和高炉渣同样适用于制备建筑等行业的材料，从而实现资源化利用。然而，虽然钢渣和高炉渣都是钢铁冶炼过程中产生的固体废物，但其化学构成上的差异导致二者的材料化利用效果也有所不同，因而需要区别进行处置。

一、选择题

1. （　　）不属于一般工业废物。

A. 厨房垃圾　　　　B. 食品包装垃圾

C. 电镀污泥　　　　D. 生活污水处理厂的污泥

2. 粉煤灰属于（　　）。

A. 生活垃圾　　　　B. 工业固体废物

C. 农业固体废物　　D. 放射性固体废物

3.（　　）是煤矸石中有机质的主要成分，也是燃烧时产生热量的最重要的元素。

A. 碳　　B. 硫　　C. 氧　　D. 氮

4. 炼铁高炉渣可用来制造水泥是因为其（　　）。

A. 有火山灰活性　B. 有较大密度　C. 有较高含铁量　D. 没有毒性

二、填空题

1. 工业固体废物分为________和________两类。

2. 煤矸石是宝贵的________再生资源，它兼有________、________、________和________等特性。

3. 一般每炼 1t 钢产生________ kg 的钢渣，钢渣可以作为返回料，供________、________、________使用也可以用于农业生产化肥等。

三、问答题

1. 煤矸石对生态环境的危害有哪些?

2. 粉煤灰的综合利用途径有哪些?

3. 简述高炉渣的资源化利用途径。

任务 15　农业固体废物处理与资源化

15.1　农业固体废物的概述

15.1.1　农业固体废物的概念

我国是世界农业生产大国，农业固体废物产出量巨大，每年约产生农业及农村固体废物 40 多亿吨。其中，农作物秸秆约 7.0 亿吨，牲畜粪便约 26.1 亿吨，蔬菜生产加工废物 1~1.5 亿吨，废弃农业薄膜约 25000 吨，乡村生活垃圾和人粪尿约 2.5 亿吨，肉类加工废物约 5000~6500 万吨，豆粕等约 2500 万吨，林木废物约 3700 万立方米。

小贴士

根据《中华人民共和国固体废物污染环境防治法》（全国人大 1995 年颁布，2004 年修订），固体废物是指："在人类生产、生活和其他活动过程中产生，丧失了原有利用价值或者虽未丧失利用价值被抛弃或者放弃的固态、半固态和置于容器中的气态的物品、物质以及法律、行政法规规定纳入固体废物管理的物品、物质。"

根据《农业固体废物污染控制技术导则》（HJ 588—2010），农业固体废物是指农业生产过程中产生的固体废物，主要来自农作物、畜禽养殖及农用塑料残膜等、废竹、木屑、稻草、麦秸、蔗渣、人畜粪便及废旧农机具等都属于农业固体废物。

15.1.2　农业固体废物的主要类型

15.1.2.1　种植产业固体废物

种植业固体废物是指农作物在种植、收割、交易、加工利用和食用等过程中产生的源自作物本身的固体废物，其主要包括农用薄膜和农用植物性废物。农用植物性废物主要包括农作物秸秆及蔬菜、瓜果等农产品加工后的无用残渣。

我国的各类种植业废物资源十分丰富，仅重要作物秸秆就有近 20 种，且产量巨大，年产约 7 亿吨，其中稻草为 2.3 亿吨，玉米秆为 2.2 亿吨，豆类和杂粮的作物秸秆为 1.0 亿吨，花生和薯类藤蔓、蔬菜废物等为 1.5 亿吨；此外，还有大量的饼粕、酒糟、甜菜渣、蔗渣、废糖蜜、锯末、木屑、草和树叶等，资源化潜力巨大，如果按现有发酵技术的产气率 0.48m³/kg 估算，每年可产生甲烷量约为 850 亿立方米。但因为我国在秸秆的处理理念上较为落后，绝大多数的农作物秸秆只能被农民随意抛弃，任意焚烧，这样不但使资源白白浪费，还使得环境遭受污染。

小贴士

近 20 年来，我国的农用薄膜用量和覆盖面积已居世界首位。由于农用膜较薄，使用后易老化且易碎，重复利用和全部回收几乎不太可能，所以农田中残留的农用膜很多。2003 年，我国农用薄膜用量超过 60 万吨，在发达地区尤甚。目前，平均每年有 45 万吨地膜残留于土壤中，残膜率达 42%。农用薄膜的广泛使用对农作物的栽培与收成以及农民的收益发挥着很大的积极作用。但它在为我国的农业提供了便利的同时，却要以牺牲土壤环境为代价。

15.1.2.2　养殖业固体废物

养殖业固体废物是指在畜禽养殖加工过程产生的固体废物，主要包括畜禽粪便、畜禽舍垫料、废饲料、散落的毛羽等固体废物，以及含固率较高的畜禽养殖废水等。

小贴士

改革开放以来，随着我国人民生活水平的不断提高，对肉类、奶类和禽蛋类的消费需求量急剧增加（以每年 10%以上的速度递增），由此带来了养殖业的快速发展。畜禽养殖业规模的不断扩大，不可避免地带来养殖及加工生产废物的大量产生。

由于我国经济的发展和人民生活水平的提高，人们对动物奶肉蛋的需求量增大，导致畜禽养殖规模的不断扩大和畜禽粪便的污染问题。生态环境部的调查显示，仅规模化养殖企业所排放的粪便量已占工业固体废物总量的 30%。而全国约 80%的规模化畜禽养殖场没有污染治理设施，畜禽粪污一般未经任何处理即就地排放。

15.1.2.3　农用塑料残膜

农用塑料残膜主要来源于：

（1）农膜（包括地膜和棚膜），是应用最多、覆盖面积最大的一个品种，在农用塑料中，农膜产量约占 50%；

（2）编织袋（如化肥、种子和粮食的包装袋等）和网罩（包括遮阳网和风障）；

（3）农田水利管件，包括硬质和软质排水输水管道；

（4）渔业用塑料，主要有色网、鱼丝、缆绳、浮子以及鱼、虾、蟹等水产养殖大棚和网箱等；

（5）农用塑料板（片）材，广泛用于建造农舍、羊棚、马舍、仓库和灌溉容器等。

上述塑料制品的树脂品种多为聚乙烯树脂（如地膜和水管、绳索与网具），其次为聚丙烯树脂（如编织袋等），还有聚氯乙烯树脂（如排水软管、棚膜等）。

15.1.2.4　农村生活垃圾

农村生活垃圾是指在农村地域范畴内，日常生活中或者为日常生活提供服务的活动中产生的固体废物。其主要有两种类型：一是农民日常生活所产生的垃圾，主要来自农户家庭；二是集团性垃圾，主要来自学校、服务业、乡村办公场所和村镇商业、企业等单位。

生活垃圾的成分主要是餐厨垃圾（蛋壳、剩菜、煤灰等）、废织物、废塑料、废纸、陶瓷玻璃碎片、废电池，以及其他废弃的生活用品及生产用品等。由于我国农村人口较多，农村生活垃圾的产生量和堆积量较大。

小贴士

随着我国农村生活水平的提高，农村的生活垃圾也日益增多。另一方面，农村生产生活垃圾的构成发生着变化，由于塑料袋和塑料薄膜在农村生产生活中的大量使用，导致垃圾中不可降解的塑料制品所占的比例迅速增加。此外，农村生活垃圾中的电子垃圾、废旧电池等的数量也不断上升，目前我国农村的垃圾处理问题日益严重。

15.1.2.5　乡镇企业产业的相关废物

乡镇企业已经成为我国农村经济的主体力量和国民经济的重要支柱。由于乡镇企业的发展具有布局分散、规模小和经营粗放等特征，再加上它们大部分属于污染较严重的企业（如一些小型的造纸厂、食品厂以及其他一些制造业、轻工企业），这些企业在生产过程中产生了大量的固体废物。

15.1.3　农业固体废物对环境造成的危害

15.1.3.1　露天焚烧秸梗

A　污染大气

农作物秸秆中含有氮、磷、钾、碳氢元素及有机硫等。特别是刚收割的秸秆尚未干透，经不完全燃烧会产生大量氮氧化物、二氧化硫、碳氢化合物及烟尘、氮氧化物和碳氢化合物，在阳光作用下还可能产生二次污染物臭氧等。而且农民为方便田间耕作，到麦收和秋收时节大范围焚烧秸秆时，产生大量烟雾，污染空气质量，产生的二氧化硫、二氧化氮、可吸入颗粒物三项污染指数在大气中达到高峰值。

B　引起火灾

秸秆焚烧，极易引燃周围的易燃物，导致“火烧连营”。一旦引发麦田大火，往往很难控制，造成经济损失。尤其是在山林附近，后果更是不堪设想。

C　破坏土壤结构

农业固体废物种类繁多，且得不到妥善处置，只能堆积在农田中，不仅占用大量耕地，更严重的是部分农业固体废物会导致土壤的污染与破坏。土壤中含有许多对农作物有益的微生物，其对促进土壤有机质的矿质化、加速养分释放和改善植物养分供应起着重要作用。在有机固体焚烧过程中，土壤以下的微生物受到了损害，会影响农作物养分的转化和供应，导致土壤肥力下降。

D　影响交通

我国耕地倒茬时间短、复种指数高，需要抢收、抢种，客观上造成焚烧农作物秸秆的时间较为集中。燃烧秸秆形成的大量烟雾，使能见度大大降低，严重干扰正常的交通运输。

15.1.3.2　自然排放废物

A　污染水体

农业同体废物随天然降水（或地表）径流进入河流、湖泊，或随风飘散落入河流、湖泊污染水体，甚至渗入土壤，污染地下水。

畜禽粪便能直接或间接进入地表水体，导致河流严重污染、水体富营养化、水质严重恶化，致使公共供水中的硝酸盐含量及其他各项指标严重超标。畜禽粪水约有 50%进入地表水体，粪便的流失率也达到 5%~9%，由于禽畜粪便携带大量病原菌，进入水体后不仅直接污染水体，还会通过水体导致人类疾病的传播。

B　危害土壤

少量的畜禽粪便不经过无害化处理就直接施入土壤中，其中的蛋白质、脂肪、糖及部分有机污染物在土壤中可以较快地被分解而得到净化。但是，如果污染物排放量超过土壤的自净能力，便会出现降解不完全和厌氧腐解，产生恶臭物质和亚硝酸盐等有害物质，引起土壤的组成和性质发生改变，破坏其原来的基本功能。

地膜覆盖可以提高农作物产量，但由于地膜回收不利，大量地膜残留在土壤中，导致土壤结构、通透性等发生改变，使土壤水分流动受到阻碍，同时不利于土壤空气的循环和交换，致使土壤中 CO_2 含量过高，影响土壤微生物活动。禽畜粪便含有部分重金属、激素类物质，农田施用后会导致土壤的重金属污染。

C　危害大气

禽畜排泄出的粪便含有 NH_3、H_2S 等气体，粪尿中含有的大量未被消化的有机物，在无氧条件下分解为氨、乙烯醇、二甲基硫醚、硫化氢、甲胺、三甲胺等恶臭气体，污染大气环境。由于畜禽高度密集，厩舍内混浊灰尘、粪便、霉变垫料及呼出的二氧化碳等散发出恶臭。畜禽粪便自然排放在养殖场周边，产生大量恶臭气体，其中含有大量的氨、硫化氢等有毒有害成分，严重影响了畜禽养殖场周围的空气质量，进而对养殖场的畜禽生长和周围居民的健康构成严重威胁。

小贴士

国际上许多发达国家都对恶臭气体的排放有严格的规定，如日本在

《恶臭法》中确定了 8 种恶臭气体，其中氨、硫化氢、甲基硫醇、二甲硫、二硫化甲基、三甲胺等 6 种与畜禽粪便有关。我国于 1993 年颁布了《恶臭污染物排放标准》（GB 14554—1993）。同时牛、羊等反刍动物，生活过程中会产生大量的 CH_4、CO_2 等温室气体，反刍动物产生的甲烷气体占大气甲烷气体的 1/5。

微课：农业固体废物概述

15.2　农业固体废物的收运过程

动画：农业固体废物的收运系统

农业固体废物主要集中于农田、畜禽养殖场及居民生产生活区，由于其场所分散且分布较广，残留物多与土地混集，所以集中收集运输成本较大，因此，必须根据其性质、危害程度及处理方法采用不同的收集和运输方式。

农业固体废物分类收集是指按固体废物的理化性质和组成成分分类收集，是农业固体废物再利用的最有效方式。对农业固体废物进行分类收集，有助于回收大量废材料、减少废物产生量、降低废物运输量和处置费用、简化废物处置过程等，也有利于农业固体废物的资源化和减量化。

15.2.1　畜禽粪便、秸秆等的收运

畜禽粪便、秸秆等农业固体废物由于产量大且比较集中，往往采用就地处置方式或短距离运输到处置点，其收集和运输较为简单。

15.2.2　农村生活垃圾的收运

农村生活垃圾由于来源广、分散性大、收集和运输较为烦琐，可以从农户开始，按照有机垃圾、有毒有害垃圾、可回收垃圾和不可回收垃圾的分类原则。

15.2.2.1　收集时间

可依当地交通量、道路状况、政策及居民作息时间来考虑什么时段收集垃圾。一般可分为日间收集、清晨收集、夜间收集和晚间收集。

15.2.2.2　收集方式

上门收集是指由专门人员定点上门收集居民生活垃圾，然后送往附近的垃圾站，再转运到垃圾中转站或垃圾处理场的一种收集方式。这种方式采取直接上门服务的形式，不需设置垃圾收集点，这样既可避免因设置垃圾收集点而污染环境，又减少了建设垃圾收集点的投资，且方便居民和住户，使垃圾收运管理一步到位并易于管理。

生活垃圾定点收集是指在居民住宅区、街道等地带，按一定比例和要求设置垃圾收集设施，由居民和住户定时投放生活垃圾到收集设施中，然后由垃圾运输车定时送往附近的垃圾中转站或直接送到垃圾处理场的一种收集方式。

15.2.2.3　收集频率

收集频率关系着服务品质及清运成本，可考虑下列因素，以决定最佳的收集频率。

（1）垃圾性质：一般垃圾含水量大及腐败物多时，收集频率须高。

（2）气候：气温高低影响垃圾中有机物的分解速度，气温越高，频率越高。

（3）储存容器：如果储存容器较大，可储放较多的垃圾，则可减少收集频率。

（4）民众庆典活动：年节、庙会等常使垃圾激增，须加大收集频率。

（5）民众资源回收情况：民众回收资源较多则可减少垃圾排出量，收集频率可酌情减小。

15.3　农业固体废物的处理技术

农业固体废物处理技术通常是指通过物理、化学、生物、物化及生化方法把固体废物转化为适于运输、储存、利用或处置的过程。

15.3.1　农业固体废物的处理方法

15.3.1.1　物理处理技术

微课：农业固体废物的处理技术

物理处理是指通过浓缩或相变化改变固体废物的结构，使之成为便于运输、储存、利用或处置的形态。物理处理方法包括压实、破碎和分选等。

动画：农业固体废物的厌氧生物处理技术

A　压实技术

压实技术是一种通过对废物实行减容化、降低运输成本、延长填埋场寿命的处理技术。压实是一种普遍采用的固体废物处理方法，如易拉罐、塑料瓶等通常首先采用压实处理。对于那些可能使压实设备损坏的废物，或某些可能引起操作问题的废物（如焦油、污泥或液体物料），一般不宜做压实处理。

B　破碎技术

为了使进入焚烧炉、填埋场、堆肥系统等废物的外形尺寸减小，预先必须对固体废物进行破碎处理。由于消除了大的空隙，经过破碎处理的废物不仅使尺寸大小均匀，而且质地均匀，在填埋过程中更容易压实。固体废物的破碎方法很多，主要有冲击破碎、剪切破碎、挤压破碎等；此外还有专用的低温破碎和湿式破碎等。

C　分选技术

分选技术是实现固体废物资源化、减量化的重要手段，通过分选可将有用的成分选出来加以利用，而将有害的成分分离出来。分选是利用物料的某些性质方面的差异将其分选开。例如，利用废物中的磁性和非磁性差别进行分离，利用粒径尺寸差别进行分离，利用比重差别进行分离等。根据不同性质，可以设计制造各种机械对固体废物进行分选。分选方法包括手工拣选、筛选、重力分选、磁力分选、涡电流分选和光学分选等。

小贴士

物理处理技术中压实、破碎、分选等技术内容，详见模块二中的任务3~任务5。

15.3.1.2　化学处理技术

化学处理是采用化学方法破坏固体废物中的有害成分，从而达到无害化，或将其转变成为适于进一步处理、处置的状态。

化学处理方法通常只用在所含成分单一或所含几种化学成分特性相似的废物处理方面。有些有害固体废物，经过化学处理还可能产生含毒性成分的残渣，须对残渣进行进一步解毒处理或安全处置。

15.3.1.3　生物处理技术

生物处理是利用微生物分解固体废物中可降解的有机物，从而达到无害化和综合利用。

与化学处理相比，生物处理在经济上一般比较便宜，应用也相当普遍，但处理过程所需时间较长，处理效率有时不够稳定。生物处理方式主要为生物转化技术。生物转化技术就是利用微生物对有机固体废物的分解作用使其无害化（如好氧堆肥法和厌氧消化法），如图15-1所示。

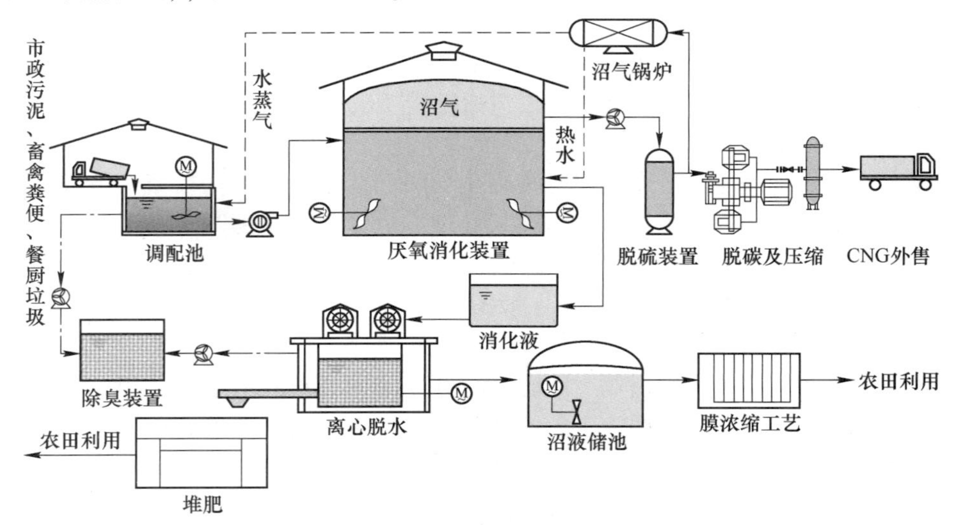

图15-1　农业固体废物的生物处理技术

好氧堆肥法是一种在有氧条件下利用微生物将固体废物分解的方法，它可使有毒物质转化为无毒物质，并通过生化反应使最终的固体废料转变成腐殖质类型。堆肥法常用于处理城市生活垃圾，所产生的产品可用于发展农业生产耕作以用作肥料和土壤改良剂，这类产品成本低廉、操作简单，有利于固体废物的资源化利用。但重金属积累和富集使得堆肥过程所产生的重金属可以通过食物链进入人体。从长远来看，这种方法也需要进一步的发展，否则会带来不容忽视的社会和环境风险。

15.3.1.4 热处理技术

热处理是指通过高温破坏和改变固体废物组成和结构，同时达到减容、利用的目的。热处理方法主要有焚烧法和热解法等。

A 焚烧法

焚烧法是通过固体废物与空气发生燃烧反应产生水，二氧化碳和灰烬的过程，经过处理后将其排入大气。固体废物经过处理后，残留的灰烬只占原体积的5%左右。该方法有利于减少固体废物占地面积，节约土地资源。焚烧可以产生大量的热量，这些热量可以用于发电和取暖，在人口稠密、土地资源不足的地区可以缓和相关资源紧缺。但焚烧会产生许多对环境不利的大气污染物，且产生的飞灰中还有多环芳烃等有毒的有机污染物，因此必须添加尾气处理，否则会对环境造成污染。

小贴士

种方法处理固体废物，占地少，处理量大，在保护环境、提供能源等方面可取得良好的效果。日本及瑞士每年把超过65%的都市废料进行焚烧而使能源再生。

B 热解法

热解法是将有机固体废物在无氧或缺氧条件下高温（500~1000℃）加热，使之分解为气、液、固三类产物，冷凝后所产成的固体、液体、气体物质大多都是有用的资源，并可以从中提取以可燃气体、液态油、固体燃料。与焚烧法相比，热解法则是更有前途的处理方法。它的显著优点是基建投资少，热解处理后残渣较少，可有效地减少固体废物的体积，且反应条件为厌氧或缺氧，释放到大气中的污染物较少，而有毒元素如重金属和硫则固定在固体产品（如炭黑）中，以防止它们在环境中转移，从而对人体造成伤害。

15.3.1.5 土地填埋技术

土地填埋法通常是通过建造相对封闭的特殊防渗漏工艺处理设施，以储存处理固体废物的一种常用方法。填埋法具有容量大、管理容易、成本低、适应性强等优点，常用于经济欠发达、土地资源丰富的地区。但在填埋过程中，可能会导致重金属或其他社会环境污染物的产生。填埋所产生的渗滤液也是一个难以处理的污染源，特别是其中含有的高浓度有机污染物和重金属，会对环境造成严重的危害。

小贴士

生物处理技术、热处理技术和土地填埋技术详见模块三。

15.3.1.6 处理新技术——蚯蚓处理技术

此类技术一般可用于生活垃圾，农林废物和畜禽粪便处理。蚯蚓通过砂囊和消化道对有机物进行研磨、破碎，一方面蚯蚓可以同时通过自身的同化代谢将有机物分解，另一方面它可以释放出氮、磷、钾等营养元素促进植物细胞生长。蚯蚓处理技术的优势是对环境影响较小，可将有机质完全消化；得到大量的高效利用农业副产品，以避免资源浪费。但它同时要考虑到如何选择喜好有机物质且耐高温的蚯蚓品种，并为蚯蚓提供一个适宜的生存环境。

15.3.2　农业固体有机废物处理技术保障措施

15.3.2.1　基层部门强化组织结构建设

我国农业固体有机废物综合管理与资源化实施时间不长，与其他废物垃圾处理技术相比，还是处于发展阶段。这是因为运行时间短，其存在不合理的问题，包括组织结构不合理、固体有机废物处理部门的业务分工不明确、管理不到位，以及人员冗余等问题。这些问题的存在，影响了固体有机废物综合管理以及资源化发展，因此需要对其进行以下生产工艺优化：

（1）当作业出现问题时，管理者应第一时间出现在现场；

（2）管理者应该了解生产设备及人员的状态，对已经出现的问题排查原因；

（3）明确问题发生的原因后，采取必要措施解决问题；第四，将解决问题已形成标准，防止类似问题再度发生。

15.3.2.2　配套资金筹措

农业固体有机废物进行治理，实现资源化，离不开政策的支持。但政策支持不可能长远进行，因为处理工艺优化是必须循序渐进，所以在项目运营过程中需要安排专项资金对处理厂进行支持。该专项资金主要用于生产工艺的相关知识普及推广、建立项目和实施项目，同时安排一部分经费，用于评测和优化生产工艺的改善效果。支出经费时，要简化经费审批流程，以免造成不必要的时间浪费，同时要求赋予不同管理层以一定的费用支出审批权限，使得用于生产工艺优化项目的经费能够及时并足额划拨，保障项目按进度实施。

15.3.2.3　建立与完善技术考核体系

动画：植物秸秆资源化

农业固体废物处理厂为了优化生产工艺，要建立科学的考核体系，促进优化措施的执行。在考核体系中，重要的考核依据是员工岗位职责，具体包括设备指标完成程度、设备运转状态以及修复情况等，以保证生产安全、持续地进行。

15.4　农业固体废物的资源化

仿真：麦秸制碳技术

农业固体废物主要包括植物秸秆、畜禽粪便和农业塑料等。农业固体废物中含有大量的氮、磷等营养物质，是营养丰富的有机质。

15.4.1　国外农业固体废物综合利用及污染防治概况

20世纪70年代以来，许多发达国家相继提出资源循环利用的概念，开始对包括农业固体废物在内的固体废物综合利用开展深入研究，以期实现对固体废物的资源化利用，并建立起了较为完善的法律、法规、政策及技术标准体系。发达国家对农业固体废物的综合利用及污染防治采取了多种的经济、管理及技术方式，综合起来，其做法大致可分为以下三种类型。

（1）采取命令控制的措施。这种方式带有一定的强制性，是各国农业废物控制和管理所采取的主要方式，政府通过颁布相应的标准、许可或执照，对土地、水等资源使用情况实施管控，通常采用直接管制加上严格的监督和执法来落实。

（2）市场经济措施。该措施主要是采取激励措施，通过利益驱动，达到控制污染的目的，这种方式有利于污染者根据自己实际情况选取核实的方法来污染控制。

（3）可持续发展的政策措施。从资源高效利用和可持续发展的角度，关注农村环境的保护与治理，充分挖掘废物的资源价值。例如，在农业地膜的污染防控和管理方面，欧美、日本等发达国家采取的主要措施是用严格的法律法规，强制性地规定使用高强度、易回收、可降解农用地膜，限制了超薄和易碎农用地膜的生产和使用，同时规定实施地膜回收处置。因此，这些发达国家和地区，虽然存在塑料废物污染的严重问题，但农膜残留污染问题却不是一个大问题。

15.4.1.1　美国农业固体废物管理

美国在 1965 年制定了《固体废物处置法案》。1976 年颁布的《资源保护与回收法》（RCRA）是一部为有害和无害固体废物处理提供准则的基本法律，目的是解决日益严峻的城市垃圾和工业废物问题。该法案的主要目标是减少垃圾产生、节约能源、保护人群健康和环境免受危害。

根据美国农业部和能源部的估算，美国每年的农业生产能够产出农作物秸秆约 4.28 亿吨。其处置的主要途径有四个方面：一是被养殖场的牲畜吃掉，二是在田间被进行堆肥处理，三是被加工用作家庭饰品和建材，四是被加工成生物质燃料。1972 年，美国制定《清洁水法》，将畜禽养殖场污染纳入到点源污染源管理模式。1998 年，美国实施清洁水行动计划，对 CNMP（Comprehensive Nutrients Management Plan）进行了定义，主要是针对水、土壤、空气和动植物资源所做的保护措施，对粪便和污水贮存和处理实施综合养分管理，采取的措施是强制大中型的规模化养殖场必须严格落实，鼓励小型养殖户和散养农户在自愿的基础是自主实施。

15.4.1.2　日本农业固体废物管理

日本自 1992 年提出“环境保全型农业”概念，先后制定颁布实施了《食物、农业、农村基本法》《关于促进高持续性农业生产方式采用的法律》《家畜排泄物法》等多部相关法律在农作物秸秆无害化处理上。其主要采取混入土中还田和作为粗饲料喂养家畜，其中秸秆直接还田的比例占秸秆利用总量的 68%，作为粗饲料养牲畜的占秸秆利用量 10.5%，与畜粪混合作成有机肥的占秸秆利用总量 7.5%，制成牲畜养殖用草垫的占秸秆利用总量 4.7%，只有一小部分难以处理而就地燃烧。

在农用塑料薄膜污染防控治理方面，1956 年，日本工业标准委员会起草制定了关于聚乙烯农用地膜的技术标准，并在 1994 年根据该标准的执行情况和实际，对其进行了再次修订完善，进而形成了《农业用乙烯-醋酸乙烯树脂薄膜》（JIS K

6784—1994）。《农业用乙烯-醋酸乙烯树脂薄膜》规定了聚乙烯地膜厚度需在 0.02mm 以上，同时还要具有较高的强度，以便能在使用过程中回收时不会出现大面积破碎断裂而无法收集的情况。《废弃物处理及清扫法》中规定了农民在农用地膜使用结束后，不得随意丢弃，也不能私自进行焚烧和填埋到垃圾处理场里，从事农业生产的每位农户都有义务将废旧地膜按照法律的要求进行回收、打捆，并将其运送到划定的地点进行集中分拣分类处理，如果农户私自进行焚烧处理，将会被处以高额的罚款。

15.4.1.3　欧盟农业固体废物管理

丹麦被公认为欧盟国家里农业固体废物处理做得最好的国家，政府管理部门、社会公众、农牧场管理者以及新闻媒体，都对减少农业环境污染问题很有兴趣。政府采取的主要管理措施有：

（1）农作物种植严格按照轮作表进行，一般每块农田 4~5 年的作物轮作表要提前上报给农业组织；

（2）在畜禽饲养方面，政府规定农场主所拥有的家畜数量和土地之间必须有一定的关联度，不能超过规定标准；

（3）畜禽粪便的储存和还田方面，农场必须有储存畜禽粪便的设施，以保证较少量的氮的流失；

（4）在土壤管理方面，政府和农业咨询中心不仅监控农场的经济账户，还包括肥料用量、农药使用量、能源和水的消耗量、废物排放量以及自然和文化遗产等内容；

（5）在农业补贴政策方面，为了使农民能够提高环保意识，对有机农业给予一定的环保补贴。

15.4.2　我国农业固体废物综合利用及污染防治概况

20 世纪 80 年代初，我国在固体废物综合利用方面，提出了“资源化、无害化、减量化”的基本原则，后来又发展为“循环经济”的理念，并出台了一系列的相关法律法规，与之配套的政策、技术标准也初步形成体系。我国固体废物处理利用遵循减量化为前提、无害化为先导、资源化为目的原则。农业固体废物处置利用主要是通过技术进步和工艺革新，减少排放规模；对已经产生的或已排放出来的废物，采取堆肥、焚烧等方式处理，减少其数量或缩小其体积。无害化则通过高温堆肥、沼气发酵、热解等方法，使之达到对人体健康无害和不污染周围环境。资源化是指采取相应措施，回收废物中能够被再次利用的物质或能源，使其再次得到利用。

15.4.2.1　农作物秸秆及其综合利用

农作物秸秆是农业种植、生产加工过程中所产生的重要副产品，它是农业生态系统中能量流动和物质流动的重要环节，在农业及其相关产业中，它是下游行业的重要物质基础，在畜牧业生产过程中它是不可或缺的原料来源和组成部分。目前，我国农作物秸秆的利用方式主要有肥料化、饲料化、能源化、工业原料或食用菌转化等利用方式，主要的循环综合利用的方式有：秸秆—肥料—种植、秸秆—饲料—养殖—肥料—种植、秸秆—饲料—养殖—沼气—肥料—种植等模式。

小贴士

2004 年，我国粮食产量为 4.7 亿吨，2013 年全国粮食产量达到了 6.1 亿吨，年均增产为 2.5%，按照粮食收获指数 50%计算，生产 1 吨粮食就要产生 1 吨秸秆。2010 年，全国农作物秸秆资源的理论测算量为 8.4 亿吨，其中可以收集资源量约为 7 亿吨。秸秆资源构成上以玉米、水稻、小麦等秸秆为主，其中：玉米秆及玉米芯 2.73 亿吨、稻草 2.11 亿吨、麦秸 1.54 亿吨、棉花秆 0.26 亿吨、油料作物秸秆（油菜、花生等）0.37 亿吨，豆类秸秆 0.28 亿吨，薯类藤蔓 0.23 亿吨。由于我国粮棉油作物生产具有明显的区域性特点，农作物秸秆主要分布在东北、华北及长江中下游地区，全国 13 个粮棉油产量大省的秸秆理论资源量约为 6.15 亿吨，占全国总量的 73%。2010 年，全国农作物秸秆利用总量约为 5 亿吨，秸秆综合利用率为 70.6%。其中：饲料化利用量 2.18 亿吨，占总量的比例为 31.9%；燃料化利用（包括农户炊事取暖、秸秆新型能源化利用等）1.22 亿吨，占秸秆总量的比例为 17.8%；肥料化利用 1.07 亿吨（不含根茬还田），占秸秆总量的比例为 15.6%；食用菌基料化利用 0.18 亿吨，占秸秆总量的比例为 2.6%；作为人造板、造纸等工业原料化利用 0.18 亿吨，占秸秆总量的比例为 2.6%。在一些经济发达东部地区和大城市周边郊区，由于炊事取暖的用能结构变化、化肥逐渐取代农家肥、秸秆收集利用成本过高等问题，每年都有大量秸秆被随意丢弃或者就地焚烧，不仅造成大气污染，危害人民群众健康，而且影响到航空和公路交通、通信等公共安全，由此引发的火灾及其他安全事故，已经造成众多的严重损失。

为进一步提高我国农作物秸秆资源的综合利用率，解决好各类农作物秸秆由于随意丢弃和违规焚烧带来的资源浪费和环境污染等诸多问题。2008 年，国务院颁布《加快推进农作物秸秆综合利用的意见》（国办发〔2008〕105 号），提出到 2015 年，全国基本建立起秸秆收集、储运和处置体系，形成布局合理、多元化的秸秆利用产业化发展格局，秸秆资源综合利用率超过 80%。

根据国家发改委、农业部颁布《编制秸秆综合利用规划的指导意见》（发改环资〔2009〕378 号），重点推广肥料化利用、饲料化利用、能源化利用、生物转化食用菌利用和碳化活化利用等适用技术。

（1）秸秆肥料化利用技术。该技术主要有机械粉碎还田、免耕及少耕等保护性耕作技术、秸秆快速腐熟还田技术、秸秆堆沤还田技术，以及秸秆生物反应堆技术等。

（2）秸秆饲料化利用技术。该技术主要采取青贮、微贮、揉搓丝化、压块等处理方式，将原来的粗饲料转化为优质饲料。

（3）秸秆能源化利用技术。该技术主要有秸秆沼气（生物气化）、固化成型、热解气化、直燃发电、干馏等技术。

（4）秸秆生物转化食用菌利用技术。农作物秸秆中含有丰富有机质和矿物营养成分，适合作为栽培平菇、姬菇、草菇、鸡腿菇、猫木耳等十几个食用菌品种的培养基料。通过食用菌生物转化，延长了综合利用的产业链条，而且还能很好地减少对环境造成的污染危害。

（5）秸秆碳化活化利用技术 。对于稻草、稻壳和麦秸等软秸秆，可以采用高温气体活化的工艺方法制造活性炭。对于棉柴、麻秆等硬秸秆，主要采用化学法制成活性炭。

（6）以秸秆为原料的加工业利用 。秸秆可作为造纸原料、墙体保温材料、包装装饰材料、制造轻质板材的添加辅料，可降解制备成包装缓冲材料、编织用品等，还可以提取淀粉、木糖醇、糠醛等工业原料。

15. 4. 2. 2　畜禽粪便污染防治

随着社会的进步发展，我国对肉蛋奶需求量的持续增长，加之畜禽养殖更加的专业化、规模化和集约化，畜禽粪便量也日趋增加，其污染已经成为农村主要污染来源。

小贴士

2010 年，全国畜禽粪便产生总量约为 19 亿吨，其中形成污染的畜禽粪便量约为 2. 27 亿吨，畜禽养殖集中的广东、福建等省成为我国畜禽粪便污染较为严重的区域，中西部地区污染程度虽然较低，但其增长幅度仍然不容忽视。2010 年，全国畜禽养殖粪便污染排放的化学需氧量（COD）已达到 1268. 26 万吨，占同一时期排放总量的 41. 9%；氮排放量为 102. 48 万吨，占所有污染物排放量的 21. 7%；磷的排放量 16. 04 万吨，占所有污染物排放量的 37. 9%。近年来，随着畜禽养殖的方式正逐渐从一家一户的放散向集中规模化大型养殖场转变，1999~2010 年，全国农户散养的方式所提供的猪肉比例已由 77%下降到了 35. 5%，散养的肉鸡比例也从 52%降至 14. 3% 。同时，随着畜禽养殖业和农作物种植业的逐步分离和劳动力成本的逐年上升，以及运输成本、销售成本上涨等多种因素的影响，畜禽养殖业逐渐向人口密集的城乡郊区集中，增加了当地环境保护和污染防控的压力。

近年来，国家非常重视畜禽粪便污染防治工作，先后出台了《畜禽养殖业污染物排放标准》（GB 18596—2001）、《畜禽养殖污染防治管理办法》（环保总局令第 9 号）、《畜禽养殖业污染治理工程技术规范》（HJ 497—2009）、《畜禽养殖业污染防治技术政策》（环发〔2010〕151 号）、《农村小型畜禽养殖污染防治项目建设与投资指南》（环保部 2013 年）等标准规范。畜禽粪便常用污染防治技术主要有厌氧发酵、传统好氧堆肥、微生物堆肥、干燥与除臭处理等技术。

（1）厌氧发酵技术。该技术采用厌氧或用厌氧微生物进行发酵，消化过程中无须供氧，产生的污泥量少，并且可转化去除低浓度有毒物质。采用这种技术优点是能够节省大量动力和处置费用，还可将农村能源、环境保护与生态农业建立起良性的循环经济，综合的社会经济生态效益比较显著。

（2）传统好氧堆肥技术。该技术是在有氧的条件下，利用自然环境中的微生物将有机物腐熟。其优点是处理池容积仅为厌氧池的五分之一左右，缺点是发酵原料的浓度要达到 55%~65%，还要及时进行通气、增氧和翻堆操作，处置过程中容易散发恶臭气体，养分损失比较严重，从而影响了肥效的发挥，另外是这种技术对饲养场的冲洗用水和牲畜尿液不能加以处理。

（3）微生物堆肥技术。传统堆肥所需要 2~6 个月，处理效率低，产生的恶臭气体容易污染环境。微生物堆肥是在堆肥过程中掺入高效发酵微生物，对发酵条件进行人为控制，缩短堆肥时间，控制氨气等有害气体释放挥发，处理后的成品容易包装、撒施。缺点是氮的损失率较高，堆肥占用场地大。

（4）干燥与除臭处理技术。干燥技术主要采取自然干燥、高温干燥、烘干膨化、机械脱水等方式。除臭技术有物理除臭、化学除臭和生物除臭等方法。自然干燥投资小、容易操作，但易受天气影响，氨气等气体挥发严重；高温干燥法生产量大，干燥速度快，但投资大，能耗高，养分损失严重，肥效差；烘干膨化技术既除臭又能彻底杀灭病菌及虫卵，但能耗比较高；机械脱水干燥法的缺点是仅能脱水但无法除臭。

15.4.2.3　农用地膜及其回收

20 世纪 70 年代以来，地膜覆盖技术因其增产和增收效益明显而得到迅速推广和普及。目前，我国年均地膜使用量约为 1.2×10^6t，地膜覆盖作物种类已超过 50 种，每年作物地膜覆盖面积达到 1.67×10^5km^2。农用地膜主要原材料是聚乙烯塑料，自然条件下极难降解，在土壤中可保持 200~400 年，并且在降解过程中会释放大量有毒物质，对土壤造成严重污染。存留在农田中的残膜会破坏土壤物理结构和化学性质，抑制土壤微生物繁殖，导致作物难以正常发芽出苗和生长，造成农作物减产和品质下降，从而影响农民收入。

小贴士

根据相关研究成果的测定，连续使用农用地膜 3 年的农田，地表残膜碎片数量能够达到 47.3 块/m^2，耕作层 30cm 以内的残膜碎片数量达到 56.6 块/m^2，残膜折合重量达到 57.9kg/km^2。

针对我国目前农用地膜厚度比较薄、强度较低、易老化破碎的问题，应全面提高地膜使用后的可回收性能（提高厚度和强度），从而实现废旧地膜安全高效回收处理，因此急需加强农用地膜残留的污染监控和防治。针对残膜资源化利用、机械

回收等关键问题加强科研攻关，加快科技成果应用转化，针对使用、回收和再利用等环节，对农户和回收利用企业给予补助和扶持。

15.4.2.4　存在的主要问题

A　农作物秸秆及其综合利用

（1）群众生态环保意识普遍比较淡薄，对随意丢弃、焚烧秸秆给环境、交通安全等方面造成的影响认识不足；加之部分秸秆收集的成本比较高或经济上不合算，也造成利用秸秆的积极性不高。

（2）产业化程度低、产业链短。专业或者是兼业从事秸秆收集利用的农民协会组织少，导致秸秆的收集、贮存、加工、销售等环节无法实现有机地衔接。农作物秸秆利用方式较为单一，综合利用的产业体系和市场化机制不完善，造成秸秆综合利用效率和效益低。

（3）农业固体废物污染防治基础设施不健全，畜禽养殖业的污染严重。以沼气工程为代表的污染处理基础设施，由于后续服务和技术指导跟不上，使用率普遍不高，规模化养殖场大中型沼气项目普及率低，导致畜禽粪便处理能力严重不足。

B　畜禽粪便污染防治

（1）农作物种植业与畜禽养殖业不再紧密关联。传统的千家万户分散养殖，产生的粪便、尿液等大都能实现还田自行消化利用。随着畜禽养殖的规模化和集约化程度提高和种植业领域大量高效化肥的使用，畜禽养殖业逐渐从农业生产体系中脱离了出来，难以形成和实现粪污-沼气-肥料的生态循环利用模式。

（2）畜禽养殖布局不合理。畜禽养殖选址布局及审批环节没有充分考虑周边农田对粪便的消化能力，种养脱节。在市场经济条件下，受到利益驱动，养殖农户和企业为了追求更高的生产效益，也为了方便运输、屠宰加工和产品市场销售，畜禽养殖已由过去传统的分散在农区或牧区，逐渐向人口和销售市场集中的城市周边和县城附近转移，城市化的发展和城镇规模的扩大，进一步使得有些养殖场已与城镇和居民区连为一体，加剧了城市生态环境的恶化。

（3）粪肥利用率低。畜禽粪便富含有机物和氮磷钾等元素，自古以来都是我国农业肥料的主要来源。随着化肥的兴起，有机肥施用量逐渐减少。根据国家农业技术推广中心统计，1949 年，全国有机肥在全部肥料投入总量中的比例为 99.9%，目前已持续下滑到不足 10%，远低于欧美国家。畜禽粪肥的价格，尤其是肥效与化肥比较缺乏优势，同时，我国也缺乏化肥限量管理的法律法规，导致粪肥科学还田率较低。

（4）相应政策和环境管理严重滞后。虽然现行畜禽粪便污染防治方面的法律、法规、政策、技术标准等已经比较完善，基本形成一套完整的体系，但是受到认识水平、资金限制、技术力量等方面的影响，相关政策法规难以有效实施和落到实处。养殖企业往往更加注重自身的经济效益，存在重饲养轻污染防治的问题，忽视其应有的社会责任，不愿购置环保设施设备。加之各相关管理部门存在分工不明确，导致畜禽粪便污染治理难度加大。

C　农用地膜及其回收

（1）人工回收效率低下，回收机械少。目前的废旧农用地膜回收方式主要还是以人工捡拾为主，即使废旧残膜被清理出来了，也大多被堆积在田头或路边等处，遇到大风暴雨天气，残膜便四处飞舞散落，严重影响农村田园景观和卫生环境。废旧农用地膜回收机械还比较少，普及不够，回收率不高。

（2）回收优惠政策乏力。目前国家没有强制性的措施约束农业生产企业或种植农户交售废旧残膜，残膜回收补助政策的受益面小，无法形成良性的市场扶持机制。一方面是田野中大量的废旧农膜得不到及时的捡拾和处理，另一方面是残膜回收加工企业没有足够的原材料，所以大部分企业因原料紧缺，处于不饱和状态，效益不高，企业生存存在巨大压力。

（3）回收价格低、网点少。由于废旧农膜里包含的土壤、杂草等杂质多，需要的清洗加工程序多，加工后的颗粒质量、价格都低于其他高品质废旧塑料加工后的颗粒价格，所以收购网点更愿意收购棚膜、生活垃圾中的各类废弃塑料制品。废旧农膜回收加工企业回收网点设置也少，不方便群众交售。

15.4.3　农业固体废物资源化利用

微课：农业固体废物的资源化

资源化技术主要包括肥料化、饲料化、能源化、原料化、生产化工原料、作建筑材料和其他资源化技术。

15.4.3.1　肥料化

植物秸秆和畜禽粪便中含有丰富的有机质，既可以直接还田、间接还田和过腹还田使用，还可以制作成高效生物菌肥和有机无机复合肥。

农业固体废物的肥料化利用不仅可提高土壤肥力，改良土壤性质，还有利于缓解土壤中氮、磷、钾比例失调的矛盾，对补充磷、钾化肥不足有十分重要的意义。

15.4.3.2　饲料化

饲料化包括农作物秸秆饲料化和畜禽粪便饲料化。

农作物秸秆残体中都含有碳水化合物、脂类等，经过特定微生物处理，可以作为高蛋白质食物添加到动物饲料中。利用薯类藤蔓、玉米秸秆、豆类秸秆、甜菜叶等加工制成氨化、青贮饲料，可作为草食性动物的食料。

畜禽粪便既含有丰富的营养成分，又是一种有害物的潜在来源，但经适当处理后可杀死病原菌，便于贮存、运输、改善适口性，提高动物对蛋白质的消化率和代谢能力，最适合反刍动物。

15.4.3.3　能源化

农业固体废物是生物质能源的主要来源，可通过各种工艺转化为液体燃料，直接代替汽油、柴油等石油燃料，作为民用燃料或内燃机燃料，最为普遍的就是将作物秸秆等废物转化为沼气。

15.4.3.4　原料化

农作物秸秆中富含纤维素和半纤维素等，可以应用于造纸和编织行业、食用菌生产等。

15.4.3.5　生产化工原料

生产化工原料包括热解生产化工原料、水解生产化工原料和燃烧的灰烬生产化工原料。

A　热解生产化工原料

在隔绝空气的条件下，将农业固体废物加热至270~4000℃可分解形成固态的草炭，液态的糠醛、乙酸、焦油，气态的草煤气等多种燃料与化工原料。

热解的主要设备是热解炉、冷凝器和分离器。

B　水解生产化工原料

农业固体废物中含有丰富的纤维素、淀粉和蛋白质，但因受木质素的约束，不能显示其自身的特性。当农业固体废物受到碱腐蚀时木质素发生溶解，然后再通过一定的工艺流程分别分离出淀粉、纤维素、蛋白质及其衍生物，这一过程称为农业固体废物的水解。

C　燃烧的灰烬生产化工原料

农业固体废物经燃烧后产生的炉灰，含有大量的硅、碳、钾等无机成分。采用不同方法可以将炉灰制成活性炭和水玻璃。此外，炉灰经浸泡、洗涤、浓缩、结晶，可以制得硫酸钾、氯化钾和碳酸钾等。也可以直接作为钾肥使用。

15.4.3.6　作建筑材料

在生产黏土烧结砖的泥坯中，掺入一定量的农业固体废物碎屑（如草糠、锯末、稻壳、麦壳等），在烧砖时，由于这些碎屑发生内燃，原占体积遗留为空隙，不仅可以节省黏土原料和化工燃料，而且可以降低砖块的体积密度，提高隔热保温性能。

基于农业固体废物质轻、多孔、抗拉与抗弯强度较高的特性，可作为轻骨料或增强纤维，用于生产各种轻质建筑墙板、装饰板、保温板、吸声板等新型建筑材料。

15.4.3.7　其他资源化技术

秸秆制炭技术、纸质地膜、纤维密度板、生物技术等的发展，更使得农作物秸秆变废为宝。农业塑料经过废膜回收、加工利用的方法可以再次制成塑料产品，达到消除污染、净化田间的目的。

15.5　农业固体废物处理案例

15.5.1　案例导入

随着现代农业的快速推进和农业产业化的发展，农作物秸秆、牲畜粪便及农用薄膜等农业固体废物的生产量逐年增长。

S县农业固体废物以秸秆为主，村民多种植水稻、玉米等，当地村民对秸秆的处理方法为小部分直接丢弃在农田任其自然降解，大部分进行焚烧。该处理方法使秸秆的价值得到了一定的利用，但利用价值小，大部分价值未利用且使其成为大气污染物，造成污染。村民将粪便还田以及使其沼气发酵仍是该村处理粪便的主要方式；农用薄膜应用较为广泛，大部分农田均有使用棚膜和地膜的情况。周围有村民将塑料薄膜、编织袋等进行回收利用，但仍有残留薄膜在农田留存，田间残留量大，小部分农用薄膜被随地丢弃。该县畜禽均未散养，由于没有出台明确的相应规章制度，且绝大多数农户没有形成环保意识，导致大量畜禽散养户将产生的养殖废物随地丢弃，土壤损伤、水质富营养化等问题严重损坏了“靠土地吃饭”的农民的长久利益。

该县发现问题后，加强了对村民的宣传引导，提高村民对农业固体废物“变废为宝”的认知，提升农村村民的环保意识，提升村民对农村固体废物资源化的认识。

15.5.2　案例分析

农业固体废物综合利用及污染防治是当前新农村建设的一项重要内容，关系到广大农民群众生产、生活的大事。农业固体废物处置无害化、资源化是通过高温堆肥、沼气发酵、热解等方法，使之达到对人体健康无害和不污染周围环境的目的，同时采取相应措施，回收废物中能够被再次利用的物质或能源，使其再次得到利用。

对于畜禽废物，一是可以采用适当处理后再还田利用，二是直接堆肥化处理，三是人工好氧发酵及厌氧生物处理。畜禽废物经生物发酵转化为商品有机肥料，符合废物治理减量化、资源化、无害化和生态化的原则。在生物处理过程中，应注意需要开发经济实用的发酵工艺及其配套设备，提高处理效率、降低生产成本；四是循环利用与生态处理技术。如利用畜禽粪便经处理后作为饲料循环利用，以及利用畜禽粪便养殖蚯蚓，其蚯蚓可直接用于饲养鱼、鸡、鸭、鹅，也可以加工成干粉状动物蛋白等。

秸秆不仅普遍具有较高的热值和粗纤维，且含丰富的有机碳、N、P、K、Mg、Ca等营养元素。在目前，秸秆利用方式有很多种：一是秸秆还田技术，不仅可以增加土壤有机质和速效养分含量，培肥地力，缓解氮、磷、钾肥比例失调的矛盾，还可以调节土壤物理性能等；二是饲料化利用技术，如微生物处理、青贮法、氨化法和气爆技术等；三是能源化利用技术，包括厌氧消化、热解气化、秸秆干发酵、秸秆直接燃烧供热等；四是材料化利用技术，包括利用农业废物中的高纤维性植物废物生产纸板、人造纤维板、轻质建材板等。

我国农用薄膜较薄，且易老化破碎，所以难以重复利用和全部回收。目前，我国回收利用农用薄膜的行为主要为农民自主回收或由个别农民负责回收处理。若增添专业人力或机械设施回收农用薄膜，农用薄膜的回收利用率将大幅度提高，多次回收利用可减少对土壤的污染及对土地的损害。

任务学习思考题

一、选择题

1. 下列不属于农业固体废物的是（　　）。

A. 人畜粪便　　　　　　　　B. 废旧农机具

C. 麦秸　　　　　　　　　　D. 煤矸石

2. (　　) 是指农作物在种植、收割、交易、加工利用和食用等过程中产生的源自作物本身的固体废物，主要包括作物秸秆及蔬菜、瓜果等加工后的残渣等。

A. 种植业固体废物　　　　　B. 养殖业固体废物

C. 农用塑料残膜　　　　　　D. 农村生活垃圾

3. (　　) 是指在农村域范畴内，在日常生活中或者为日常生活提供服务的活动中产生的固体废物。

A. 种植业固体废物　　　　　B. 养殖业固体废物

C. 农用塑料残膜　　　　　　D. 农村生活垃圾

4. (　　) 指在畜禽养殖加工过程产生的固体废物。

A. 种植业固体废物　　　　　B. 养殖业固体废物

C. 农用塑料残膜　　　　　　D. 农村生活垃圾

5. 农业固体废物的危害主要有 (　　)。

A. 污染大气　　　　　　　　B. 污染水体

C. 污染土壤　　　　　　　　D. 危害人类健康

二、判断题

1. 禽畜排泄出的粪便含有 NH_3、H_2S 等气体，污染大气环境。　(　　)

2. 禽畜粪便含有部分重金属、激素类物质，农田施用后会导致土壤的重金属污染。　(　　)

3. 农业固体废物随天然降水或地表径流进入河流、湖泊，或随风飘散落入河流、湖泊污染水体，甚至渗入土壤，污染地下水。　(　　)

4. 农用水利管件，包括硬质和软质排水输水管道。　(　　)

5. 畜禽粪便、秸秆等农业固体废物由于产量大且比较集中，往往采用就地处置方式或短距离运输到处置点，其收集和运输较为复杂。　(　　)

三、填空题

1. 一般垃圾含水量大及腐败物多时，收集频率________。

2. 植物秸秆和畜禽粪便中含有丰富的________，既可以直接还田、间接还田和过腹还田使用，还可以制作成高效生物菌肥和有机无机复合肥。

3. 农业固体废物的饲料化主要包括________和________。

4. 农业固体废物经燃烧后产生的炉灰，含有大量的________、________、________等无机成分。

四、问答题

1. 简述农业固体废物的分类。

2. 简述农业固体废物的危害。

3. 简述农业固体废物的处理技术。

4. 简述农业固体废物的资源化利用。

任务 16　危险废物的处理与处置技术

依据《中华人民共和国固体废物污染环境防治法》和《固体废物鉴别导则》判断待鉴别的物品、物质是否属于固体废物，不属于固体废物的，则不属于危险固体废物。经判断属于固体废物的，则依据《国家危险废物名录（2021 年版）》判断。凡列入《国家危险废物名录》的，属于危险固体废物，不需要进行危险特性鉴别（感染性废物根据《国家危险废物名录（2021 年版）》鉴别）；未列入《国家危险废物名录（2021 年版）》的，应按照第 4. 3 条的规定进行危险特性鉴别。依据《危险废物鉴别标准》（GB 5085. 1—2007 ~ GB 5085. 6—2007）进行鉴别，凡具有腐蚀性、毒性、易燃性、反应性等一种或一种以上危险特性的，属于危险固体废物。对未列入《国家危险废物名录（2021 年版）》或根据《危险固体废物鉴别标准》无法鉴别，但可能对人体健康或生态环境造成有害影响的固体废物，由国务院环境保护行政主管部门组织专家认定。

16. 1　危险废物的分析与鉴别

16. 1. 1　危险废物的分析

危险废物的危害概括起来有如下几点。

（1）短期急性危害。这里的短期急性危害是指通过摄食、吸入或皮肤吸收引起急性毒性和腐蚀性。眼睛或其他部位接触的危害性，以及易燃易爆的危险性等，通常是事故性危险废物。例如，1986 年印度发生的博帕尔毒气泄漏事件，短时间造成异氰酸酯毒气大量泄漏，笼罩 $25km^2$ 的区域，造成 3000 余居民死亡，20 万余人受害中毒。

（2）长期环境危害。它起因于反复暴露的慢性毒性、致癌性（某种情况下由于急性暴露而会产生致癌作用，但潜伏期很长）、解毒过程受阻、对地下或地表水的潜在污染或美学上难以接受的特性（如恶臭）。例如，湖南衡阳一乡镇企业随意堆置炼砷废矿渣，造成当地地下饮用到水水源的水质恶化，使附近居民饮用水水源受到污染。

（3）难以处理。对危险废物的治理需要花费巨额费用。根据发达国家经验，在长期内消除“过去的过失”费用相当高，据统计要多花费 10 ~ 1000 倍费用。危险废物可能作为副产品、过程残渣、用过的反介质、生产过程中被污染的设施或装置以及废弃的成品出现。

16. 1. 2　危险废物的鉴别

危险废物的鉴别是有效管理和处理处置危险废物的首要前提。目前世界各国的

微课：危险废物的鉴别

危险废物鉴别方法因其危险废物性质和国内立法的不同而存在差异。通常的鉴别方法有两种：一种是名录法；另一种是特性法。

16.1.2.1　名录法

动画：重量法测定危险废物水灰的方法

与美国相似，中国的危险废物的鉴别是采用名录法和特性法相结合的方法。未知废物首先必须确定其是否属于《危险废物名录（2021 年版）》中所列的种类。如果在名录之列，则必须根据《危险废物鉴别标准》来检测其危险特性，按照标准来判定具有哪类危险特性；如果不在名录之列，也必须按《危险废物鉴别标准》来判定该类废物是否属于危险废物和相应的危险特性。

16.1.2.2　特性法

《危险废物鉴别标准》要求检测的危险废物特性为易燃性、腐蚀性、反应性、浸出毒性、急性毒性、传染疾病性、放射性。

A　易燃性

易燃性是指易于着火和维持燃烧的性质。但像木材和纸等废物不属于易燃性危险废物，只有废物具有以下特性之一，才称其为易燃性危险废物：

（1）酒精含量低于 24%（体积分数）的液体，或闪点低于 60℃；

（2）在标准温度和压力下，通过摩擦、吸收水分或自发性化学变化引起着火的非液体，着火后会剧烈地持续燃烧，造成危害；

（3）易燃的压缩气体；

（4）氧化剂。

B　腐蚀性

腐蚀性是指易于腐蚀或溶解组织、金属等物质，且有酸或碱的性质。当废物具有以下特性之一，则称其为腐蚀性危险废物：

（1）其水溶液的 pH 值小于 2 或大于 12.5；

（2）在 55℃下，其溶液腐蚀钢的速率大于等于 6.35mm/a。

C　反应性

反应性是指易于发生爆炸或剧烈反应，或反应时会挥发有毒的气体或烟雾的性质。当废物具有以下特性之一，则称其为反应性危险废物：

（1）通常不稳定，随时可能发生激烈变化；

（2）与水发生激烈反应；

（3）与水混合后有爆炸的可能；

（4）与水混合后会产生大量的有毒气体、蒸气或烟，对人体健康或环境构成危害；

（5）含氰化物或硫化物的废物，当其 pH 值为 2~12.5 时，会产生危害人体健康或对环境有危害的毒性气体、蒸气或烟；

（6）密闭加热时，可能引发或发生爆炸反应；

（7）标准温度压力下，可能引发或发生爆炸或分解反应；

（8）运输部门法规中禁止的爆炸物。

D　毒害性

毒害性是指废物产生可以污染地下水等饮用水水源的有害物质的性质。美国 EPA 规定了废物中各种污染物的极限质量浓度，见表 16-1。如果废物中任意一种污染物的实测质量浓度高于表 16-1 中规定的质量浓度，则该废物被认定具有毒性。

表 16-1　毒性特征组分及其规定水平值

危险废物编号①	组分	规定水平 /mg·L^{-1}	危险废物编号①	组分	规定水平 /mg·L^{-1}
D004	砷	5.0	D032	六氯苯	0.13③
D005	钡	100.0	D033	六氯-1，3-丁三烯	0.5
D018	苯	0.5	D034	六氯乙烷	3.0
D006	镉	1.0	D008	铅	5.0
D019	四氯化碳	0.5	D013	高丙体六六六	0.4
D020	氯丹	0.03	D009	汞	0.2
D021	氯化苯	100.0	D014	甲氧基 DDT	10.0
D022	氯仿	6.0	D35	甲基乙基酮	200.0
D007	铬	5.0	D036	硝基苯	2.0
D023	邻-甲酚	200.0②	D035	五氯酚	100.0
D024	间-甲酚	200.0②	D038	吡啶	5.0③
D025	对-甲酚	200.0②	D010	硒	1.0
D026	甲酚	200.0②	D011	银	5.0
D016	2，4-D	10.0	D039	四氯乙烯	0.7
D027	1，4-二氯苯	7.5	D015	毒杀酚	0.5
D028	1，2-二氯乙烷	0.5	D040	三氯乙烯	0.5
D029	1，1-二氯乙烯	0.7	D041	2，4，5-三氯酚	400.0
D030	2，4-二硝基甲苯	0.13③	D042	2，4，6-三氯酚	2.0
D012	氯甲桥萘	0.008	D017	2，4，5-TP	1.0
D031	七氯	0.008	D043	氯乙烯	0.2

①危险物编码；
②如果不能区分邻、间和对甲酚的浓度，则用总甲酚 D026 浓度，总甲酚的规定水平为 200mg/L；
③定量限值大于计算的规定水平值，因此定量限制成为规定水平值。

16.2　危险废物的收集与运输

除了生活垃圾外，固体废物包括一般工业固体废物和危险废物等，它们同样存在着收集与运输环节。一般工业废物通常不存在特别的收集与运输问题，可以参照一般货物的收运方式。

危险废物具有毒性、易燃性、反应性、传染性、腐蚀性、放射性等特性，对人类或其他生物构成危害或存在潜在危害。因此，危险废物的管理遵从分类集中处理

处置原则，危险废物的产生、收集与贮存、运输各环节应推行转移联单制度，实行全过程管理。

㊭㊧㊡

小贴士

危险废物来源广，种类多。各国根据危险废物的危害特性制订了自己的鉴别标准和危险废物名录。如美国已列表确定 96 种加工工业废物和近 400 种化学品，德国确定 570 种，丹麦确定 51 种。我国的《国家危险废物名录（2021 年版）》将危险废物调整为 50 大类别 467 种。

16.2.1　危险废物的收集

危险废物的收集是指将危险废物从产生环节集中起来，包装或盛装到指定的容器中，并放置于专用的存放场所的过程。危险废物既产生于工业、农业、商业等生产部门，也产生于家庭生活，其来源十分广泛。

危险废物收集必须采用分类收集的方法。因为其具有性质不相容等特点，所以没有经过安全处理的危险废物不准混合收集。同时，日常生活中产生的危险废物应与生活垃圾分类收集，建立和完善社会源危险废物的回收网络。收集危险废物的场所、设施、容器、包装物及其他物品转作他用时，须经过处理以消除污染。收集危险废物的单位，应当制订发生意外事故前采取的防范措施，制订发生意外事故时采取的应急措施，并向所在地县级以上地方人民政府环境保护行政主管部门报告。

危险废物的分类收集，要根据其成分，按照国家标准使用专用容器。装运危险废物的容器应该具有不易破损、变形、老化等特点。

16.2.1.1　危险废物容器

选择容器的大小和材质时，应根据危险废物的性质和形态，以下是可供选择的包装装置和适宜盛装的废物种类：

（1）V=200L 带塞钢圆桶或钢圆罐［见图 16-1(a)］，废油和废溶剂；

（2）V=200L 带卡箍盖钢圆桶［见图 16-1(b)］，固态或半固态有机物；

（3）V=30L、45L 或 200L 塑料桶或聚乙烯罐，无机盐液；

（4）V=200L 带卡箍盖钢圆桶或塑料桶，散装的固态或半固态危险废物；

（5）贮罐，根据需要设计加工，要求坚固结实，便于检查渗漏或溢出，管线输送的散装液态危险废物。

危险废物收集包装的要求包括：

（1）有符合要求的包装容器、运输工具、收集人员的个人防护设备；

（2）危险废物收集容器应在醒目位置贴有危险废物标签，在收集场所醒目的地方设置危险废物警告标志；

（3）危险废物标签应标明下述信息：主要化学成分或商品名称、数量、物理形态、危险类别、安全措施，危险废物产生单位名称、单位地址、联系人及联系电话，以及发生泄漏、扩散、污染事故时的应急措施（注明紧急电话）；

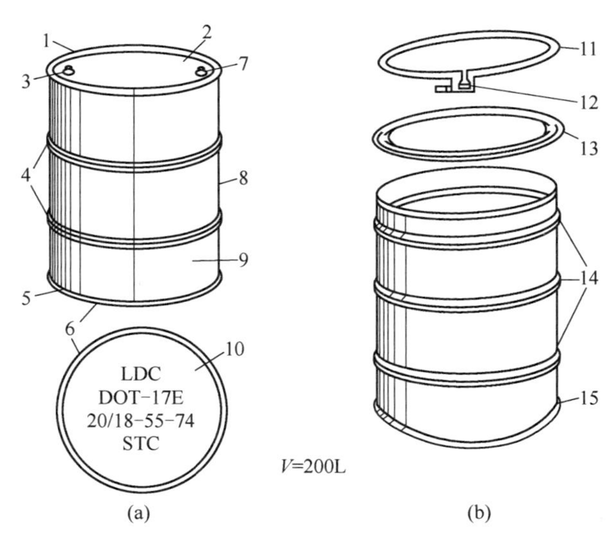

图 16-1　危险废物盛装容器示例

（a）带塞钢圆桶；（b）带卡箍盖钢圆桶

1—顶箍；2，13—顶盖；3—气孔；4，14—加固箍；5，15—底箍；6—桶底；7—塞（打紧）；8—桶身；9—咬口；10—制造厂家说明；11—螺栓箍；12—螺栓

（4）液体、半固体的危险废物应使用密闭防渗漏的容器盛装，固态危险废物应采用防扬散的包装物或容器盛装；

（5）危险废物应按规定或下列方式分类分别包装：易燃性液体、易燃性固体、可燃性液体、腐蚀性物质（酸、碱等）、特殊毒性物质、氧化物、有机过氧化物。

16.2.1.2　危险废物的收集方案

经过主管部门的审批许可，装有危险废物的桶袋可以直接运往收集中心或回收站中，如图 16-2 所示；也可通过专用运输车按规定路线运往指定的地点贮存或做进一步处置，如图 16-3 所示。

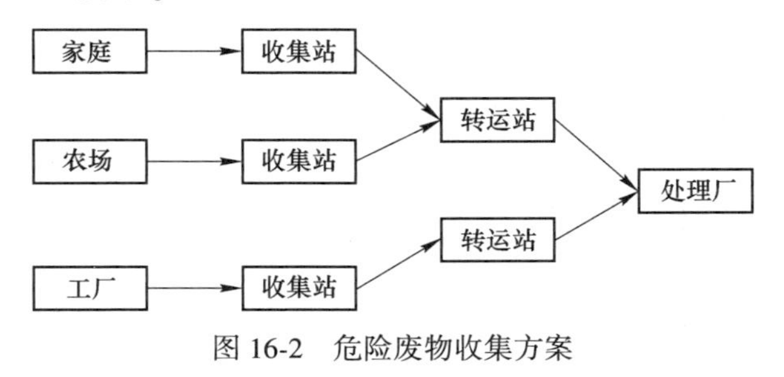

图 16-2　危险废物收集方案

典型的收集站一般是由若干库房组成，配备防火墙及混凝土地面。库房要保持通风，防止有毒和爆炸性气体的积聚。

转运站宜设置在交通便利的地域，包括液态危险废物贮罐（设置隔离带或埋于地下）、油分离系统及库房等组成部分。工作人员负责办理交接手续，按时将危险废物装进运输车内，责成运输人员途中负责安全。转运站内部运行系统如图 16-4 所示。

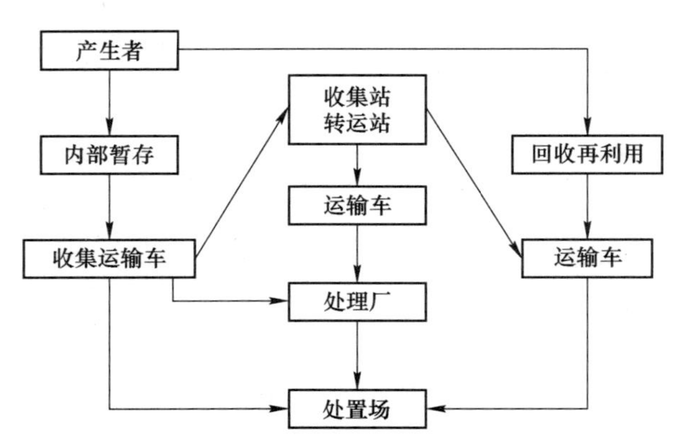

图 16-3　危险废物收集与转运方案

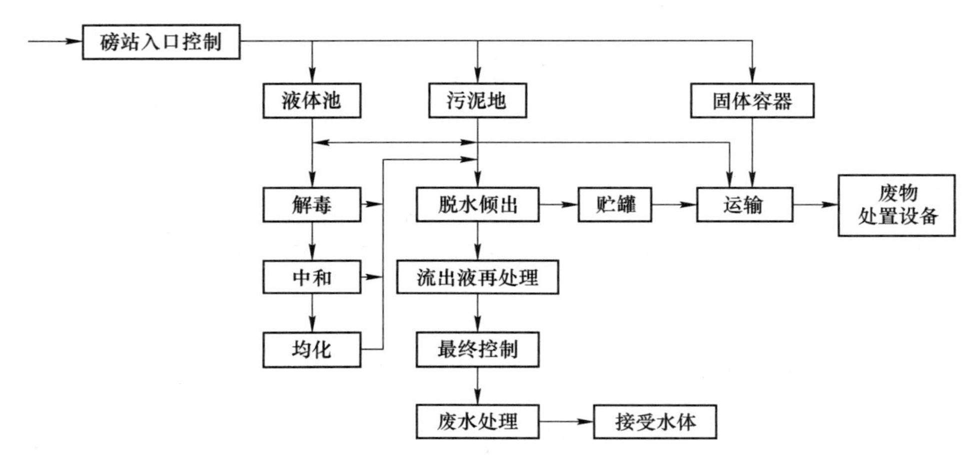

图 16-4　危险废物转运站内部的运行系统

16.2.2　危险废物的运输

危险废物的运输方式包括公路、水路和铁路三种方式，最主要的运输方式为公路运输。为避免造成环境污染和安全事故，运输过程中必须符合以下要求：

(1) 危险废物运输车辆须经过主管单位检查，并持有运输许可证，负责运输的司乘人员须通过专门培训，持证上岗；

(2) 危险废物运输车辆必须有明显的警示标志；

(3) 运输车辆装载的危险废物，应注明来源、性质及目的地，必要时押运工作由专门单位人员负责；

(4) 负责运输危险废物的单位，事先需做出周密的运输计划和路线规划，包括危险废物泄漏时的应急措施。

为了危险废物的运输安全，目前普遍执行《危险废物转移联单管理办法》。危险废物转移联单系统的具体做法是：需要进行废物转移的产生单位定期向环境管理部门申报转移计划，得到批准后获取废物转移联单，转移联单是一种统一编号的多联单据，分别为废物产生、运输和接收单位填写，详细记录废物的名称、特性、数量，运输的方式、路线、交通工具、接收地点及用途等。填写者应确保资料的真实性，各联单据分别由废物产生、运输和接收部门保存并递交给环境管理部门，以供稽查。

国家目前采用的危险废物转移 5 联单包括将产生单位的第 1 联正联和第 1 联副联，移出地环境保护行政主管部门的第 2 联正联和副联，运输单位的第 3 联，接收单位的第四联，接收地环境保护行政主管部门的第 5 联，实际上为 7 联单。

图 16-5 为澳大利亚环保局的危险废物运输清单及分送情况，共 5 联，其中第 1 联由废物产生者交环保局；第 2 联产生者保存；第 3 联由处置场交环保局；第 4 联处置场保存；第 5 联运输者保存。

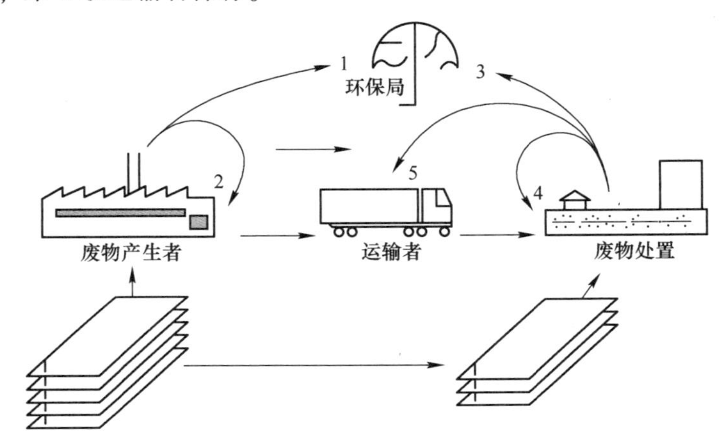

图 16-5　危险废物运输清单及分送情况

16.3　危险废物的处理与处置技术

16.3.1　固化/稳定化处理技术概述

微课：危险废物的水泥固化处理技术

固化/稳定化处理的过程是污染物经过化学转变，引入到某种稳定的固体物质的晶格中去，或者通过物理过程把污染物直接渗入惰性基材中去。固化/稳定化作为废物最终处置的预处理技术在国内外的应用非常广泛。它还是处理重金属废物和其他非金属危险废物的重要手段。

16.3.1.1　固化/稳定化处理的目的

仿真：水泥固化法处理电镀污泥的工艺流程

固化/稳定化处理的目的在于改变废物的工程特性，即增加废物的机械强度，减少废物的可压缩性和渗透性，降低废物中有毒有害组分的毒性（危害性）、溶解性和迁移性，使有害物质转化成物理或化学特性更加稳定的物质，以便废物的运输、处置和利用，降低废物对环境与健康的风险。

16.3.1.2　固化/稳定化处理的方法

固化时所用的惰性材料称为固化剂；有害废物经过固化处理所形成的块状密实

体称为固化体。

根据固化基材和固化过程，目前常用的固化与稳定化技术主要有水泥固化、石灰固化、塑性材料固化、有机聚合物、自胶结固化、玻璃固化（熔融固化）和陶瓷固化等。

16.3.1.3　固化/稳定化处理的基本要求

（1）固化体是密实的、具有一定几何形状和稳定的物理化学性质，有一定的抗压强度。

（2）有毒有害组分浸出量满足相应标准要求，即符合浸出毒性标准。

（3）固化体的体积尽可能小，即体积增率尽可能地小于掺入的固体废物的体积。

（4）处理工艺过程简单、操作便捷，无二次污染，固化剂来源丰富，价廉易得，处理费用或成本低廉。

（5）固化体要有较好的导热性和热稳定性，以防内热或外部环境条件改变造成固化体自融化或结构破损，污染物泄漏。尤其是放射性废物的固化体，还要有较好的耐辐射稳定性。

16.3.2　危险废物固化/稳定化处理方法

16.3.2.1　水泥固化

动画：危险废物水泥固化处理

A　水泥固化的基本理论

水泥是最常用的危险废物稳定剂。水泥是一种无机胶结材料，经过水化反应后可以生成坚硬的水泥固化体，所以在处理废物时最常用的是水泥固化技术。

水泥固化法应用实例比较多：以水泥为基础的固化/稳定化技术已经用来处置含不同金属的电镀污泥，诸如含 Cd、Cr、Cu、Pb、Ni、Zn 等金属的电镀污泥；水泥也用来处理复杂的污泥，如多氯联苯（氯化联苯，PCBs）、油和油泥、含有氯乙烯和二氯乙烷的废物、多种树脂、被固化/稳定化的塑料、石棉、硫化物及其他物料。实践证明，用水泥进行的固化/稳定化处置对 As、Cd、Cu、Pb、Ni、Zn 等的稳定化是有效的。

B　水泥固化基材及添加剂

水泥是一种无机胶结材料，由石灰质原料和黏土质原料（$w_{石}:w_{黏}=4:1$）制成，其主要成分为 SiO_2、CaO、Al_2O_3 和 Fe_2O_3。水化反应后可形成坚硬的水泥石块，可以把分散的固体填料（如沙石）牢固地黏结为一个整体。

由于废物组成的特殊性，水泥固化过程中常会遇到混合不均、凝固过早或过晚、操作难以控制等困难，同时所得固化产品的浸出率高、强度较低。为了改善固化产品的性能，固化过程中需视废物的性质和对产品质量的要求，加适量的添加剂。添加剂分为有机添加剂和无机添加剂两大类，无机添加剂有蛭石、沸石、多种黏土矿物、水玻璃、无机缓凝剂、无机速凝剂和骨料等；有机添加剂有硬脂肪酸丁酯、糖酸内酯、柠檬酸等。

C 水泥固化的工艺过程

水泥固化工艺较为简单，通常是把有害固体废物、水泥和其他添加剂一起与水混合经过一定的养护时间而形成坚硬的固化体。固化工艺的配方是根据水泥的种类处理要求，以及废物的处理要求制定的，大多数情况下需要进行专门的实训。对于废物稳定化的最基本要求是对关键有害物质的稳定效果，稳定效果是通过低浸出速率体现的。除此之外，还需要达到一些特定的要求。影响水泥固化的因素很多，为在各种组分之间得到良好的匹配性能，在固化操作中需要严格控制以下各种条件。

（1）pH 值。当 pH 值较高时，许多金属离子将形成氢氧化物沉淀，且 pH 值较高时，水中的 CO_3^{2-} 浓度也高，有利于生成碳酸盐沉淀。

（2）水、水泥和废物的量比。水分过小，则无法保证水泥的充分水合作用；水分过大，则会出现泌水现象，影响固化的强度。水泥与废物之间的量比需要由试验确定。

（3）凝固时间。为确保水泥废物混合浆料能够在混合以后有足够的时间进行输送、装桶或者浇注，必须适当控制初凝时间和终凝时间。通常设置的初凝时间大于 2h，终凝时间在 48h 以内。凝结时间的控制是通过加入促凝剂（偏铝酸钠、氯化钙、氢氧化铁等无机盐）、缓凝剂（有机物、泥沙、硼酸钠等）来完成的。

（4）其他添加剂。为使固化体达到良好的性能，还经常加入其他成分。例如，过多的硫酸盐会生成水化硫酸铝钙，从而导致固化体的膨胀和破裂，如加适当数量的沸石或蛭石，即可消耗一定的硫酸或硫酸盐。

（5）固化块的成型工艺。该工艺的主要目的是达到预定的机械强度，尤其是当准备利用废物处理后的固化块作为建筑材料时，达到预定强度的要求就变得十分重要，通常需要达到 10MPa 以上的指标。

D 混合方法及设备

水泥固化混合方法的经验大部分来自核废物处理，近年来逐渐应用于危险废物。混合方法的确定需要考虑废物的具体特性。

a 外部混合法

外部混合法是将废物、水泥、添加剂和水单独在混合器中进行混合，经过充分搅拌后注入处置容器中。该法需要设备较少，可以充分利用处置容器的容积，但在搅拌混合以后的混合器需要洗涤，不但耗费人力，还会产生一定数量的洗涤废水。

b 容器内混合法

容器内混合法是直接在最终处置使用的容器内进行混合，然后用可移动的搅拌装置混合。其优点是不产生二次污染物，但由于处置所用的容器体积有限（通常所用 200L 的桶），不但充分搅拌困难，而且势必需要留下一定的无效空间，大规模应用时，操作的控制也较为困难。该法适用处置危害性大但数量不太多的废物（如放射性废物）。

c 注入法

对于原来的粒度较大或粒度十分不均匀、不便进行搅拌的固体废物，可以先把废物放入桶内，然后再将制备好的水泥浆料注入，如果需要处理液态废物，也可以同时将废液注入。为了混合均匀，可以将容器密封闭以后放置以滚动或摆动的方式运动的台架上。但应该注意的是，有时物料的拌和过程会产生气体或放热，从而提高容器的压力。此外，为了达到混匀的效果，容器不能完全充满。

16.3.2.2　石灰粉煤灰固化

石灰固化是指以石灰、垃圾焚烧飞灰、水泥窑灰以及熔矿炉炉渣等具有火山灰反应或波索来反应（Pozzolanic Reaction）的物质为固化基材而进行的危险废物固化稳定化的操作。常用的技术是加入氢氧化钙（熟石灰）使污泥得到稳定。使用石灰作为稳定剂也和使用烟道灰一样具有提高 pH 值的作用。此种方法也基本应用于处理重金属污泥等无机污染物。

16.3.2.3　塑性材料固化

塑性材料固化法属于有机性固化稳定化处理技术，由使用材料的性能不同可以把该技术划分为热固性塑料包容和热塑性材料包容两种方法。

A　热固性塑料包容

热固性塑料是指在加热时会从液体变成固体并硬化的材料。它与一般物质的不同之处在于这种材料即使以后再次加热也不会重新液化或软化。它实际上是一种由小分子变成大分子的交链聚合过程。危险废物也常使用热固性有机聚合物达到稳定化。它是将热固性有机单体（如脲醛）与已经经过粉碎处理的废物充分地混合，在助絮剂和催化剂的作用下产生聚合，以形成海绵状的聚合物质，从而在每个废物颗粒的周围形成一层不透水的保护膜。

与其他方法相比，该方法的主要优点是大部分引入的物质密度较低，所需要的添加剂数量也较小。热固性塑料包容法在过去曾是固化低水平有机放射性废物（如放射性离子交换树脂）的重要方法之一，同时也可用于稳定非蒸发性的、液体状态的有机危险废物。由于需要对所有废物颗粒进行包封，在适当选择包容物质的条件下，可以达到十分理想的包容效果。

此方法的缺点是操作过程复杂，热固性材料自身价格高昂，由于操作中有机物的挥发，容易引起燃烧起火，所以通常不能在现场大规模应用。可以认为，该方法只能处理小量、高危害性废物，例如剧毒废物、医院或研究单位产生的小量放射性废物等。不过仍然有人认为，该方法未来也可能在对有机物污染土地的稳定化处理方面有大规模应用的前途。

B　热塑性材料包容

用热塑性材料包容时可以用熔融的热塑性物质在高温下与危险废物混合，以达到对其稳定化的目的。可以使用的热塑性物质包括沥青、蜡、聚乙烯、聚丙烯等。在冷却以后，废物就被固化的热塑性物质所包容，包容后的废物可以在经过一定的包装后进行处置。在 20 世纪 60 年代末期，沥青固化出现，因为其处理价格较为低廉，即被大规模应用于处理放射性的废物。沥青具有化学惰性，不溶于水，具有一定的可塑性和弹性，故对于废物具有典型的包容效果。在有些国家，该方法被用来处理危险废物和放射性废物的混合废物，但处理后的废物是按照放射性废物的标准处置的。

该方法的主要缺点是：在高温下进行操作会带来很多不便之处，而且较耗费能量；操作时会产生大量的挥发性物质，其中有些是有害的物质；另外，有时在废物中含有影响稳定剂的热塑性物质或者某些溶剂，影响最终的稳定效果。

在操作时，通常是先将废物干燥脱水，然后将聚合物与废物在适当的高温下混合，并在升温的条件下将水分蒸发掉。该法可以使用间歇式工艺，也可以使用连续操作的设备。与水泥等无机材料的固化工艺相比，除了污染物的浸出率低外，由于需要的包容材料少又在高温下蒸发了大量的水分，它的增容率也就较低。

16.3.2.4　自胶结固化

自胶结固化是利用废物自身的胶结特性来达到固化目的的方法。该技术主要用来处理含有大量硫酸钙和亚硫酸钙的废物，如磷石膏、烟道气脱硫废渣等，废物中的二水合石膏的含量（质量分数）最好高于 80%。

废物中所含有的 $CaSO_4$和 $CaSO_3$ 均以二水化物的形式存在，其形式为 $CaSO_4 \cdot 2H_2O$ 和 $CaSO_3 \cdot 2H_2O$。将它们加热到 107～170℃，即达到脱水温度，此时将逐渐生成 $CaSO_4 \cdot 0.5H_2O$ 和 $CaSO_3 \cdot 0.5H_2O$，这两种物质在遇到水以后，会重新恢复为二水化物，并迅速凝固和硬化。将含有大量硫酸钙和亚硫钙的废物在控制的温度下煅烧，然后与特制的添加剂和填料混合成为稀浆，经过凝结硬化过程即可形成自胶结固化体。这种固化体具有抗渗透性高、抗微生物降解和污染物浸出率低的特点。

自胶结固化法的主要优点是工艺简单，不需要加入大量添加剂，该方法已经在美国大规模应用。

小贴士

美国泥渣固化技术公司（SFT）利用自胶结固化原理开发了一种名为 Terra-Crete 的技术，用以处理烟道气脱硫的泥渣。其工艺流程是：首先将泥渣送入沉降槽，进行沉淀后再将其送入真空过滤器脱水；得到的滤饼分为两路处理，一路送到混合器，另一路送到煅烧器进行煅烧，经过干燥脱水后转化为胶结剂，并被到贮槽储藏；最后将煅烧产品、添加剂、粉煤灰一并送到混合器中混合，形成黏土状物质。添加剂与煅烧产品在物料总量中的比例应大于 10%。固化产物可以送到填埋场处置。

16.3.2.5　固化/稳定化技术的适应性

不同种类的废物对不同固化/稳定化技术的适应性不同，具体情况见表 16-2。

表 16-2　不同种类的废物对不同固化/稳定化技术的适应性

废物成分		处理技术			
		水泥固化	石灰等材料固化	热塑性微包容法	大型包容法
有机物	有机溶剂和油	影响凝固，有机气体挥发	影响凝固，有机气体挥发	加热时有机气体会逸出	先用固体基料吸附
	固态有机物（如塑料、树脂、沥青）	可适应，能提高固体化的耐久性	可适应，能提高固体化的耐久性	有可能作为凝结剂来使用	可适应，可作为包容材料使用

续表 16-2

废物成分		处理技术			
		水泥固化	石灰等材料固化	热塑性微包容法	大型包容法
无机物	酸性废物	水泥可中和酸	可适应，能中和酸	应先进行中和处理	应先进行中和处理
	氧化剂	可适应	可适应	会引起基料的破坏甚至燃烧	会破坏包容材料
	硫酸盐	影响凝固，除非使用特殊材料，否则会引起表面剥落	可适应	会发生脱水反应和再水合反应，引起泄露	可适应
	卤化物	很容易从水泥中浸出，妨碍凝固	会从水泥中浸出，妨碍凝固	会发生中和反应和再水合反应	可适应
	重金属盐	可适应	可适应	可适应	可适应
	放射性废物	可适应	可适应	可适应	可适应

16.3.3　药剂稳定化处理技术

药剂稳定化是利用化学药剂通过化学反应使有毒有害物质转变为低溶解性、低迁移性及低毒性物质的过程。

用药剂稳定化来处理危险废物，根据废物中所含重金属的种类，可以采用的稳定化药剂有石膏、漂白粉、硫代硫酸钠、硫化钠和高分子有机稳定剂。

药剂稳定化技术以处理重金属废物为主，到目前为止已发展了许多重金属稳定化技术，其包括重金属废物药剂稳定化技术（包括 pH 值控制技术、氧化/还原电势控制技术和沉淀技术）、吸附技术、离子交换技术、其他技术。

16.3.3.1　重金属废物药剂稳定化技术

A　pH 值控制技术

pH 值控制技术是一种最普遍、最简单的方法。其原理为：加入碱性药剂，将废物的 pH 值调整至使重金属离子具有最小溶解度的范围，从而实现其稳定化。常用的 pH 值调整剂有石灰［CaO 或 $Ca(OH)_2$］、苏打（Na_2CO_3）、氢氧化钠（$NaOH$）等。另外，除了这些常用的强碱外，大部分固化基材（如普通水泥、石灰窑灰渣、硅酸钠等）也都是碱性物质，它们在固化废物的同时，也有调整 pH 值的作用。另外，石灰及一些类型的黏土可用作 pH 值缓冲材料。

B　氧化/还原电势控制技术

为了使某些重金属离子更易沉淀，常需将其还原为最有利的价态，最典型的是把六价铬（Cr^{6+}）还原为三价铬（Cr^{3+}）、五价砷（As^{5+}）还原为三价砷（As^{3+}）。常用的还原剂有硫酸亚铁、硫代硫酸钠、亚硫酸氢钠、二氧化硫等。

C　沉淀技术

常用的沉淀技术包括氧化物沉淀、硫化物沉淀、硫酸盐沉淀、碳酸盐沉淀、磷酸盐沉淀、共沉淀、无机络合物沉淀和有机络合物沉淀。

16.3.3.2　吸附技术

作为处理重金属废物的常用吸附剂有活性炭、黏土、金属氧化物（氧化铁、氧化镁、氧化铝等）、天然材料（锯末、沙、泥炭等）、人工材料（飞灰、活性氧化铝、有机聚合物等）。研究发现，一种吸附剂往往只对某一种（或某几种）污染物具有优良的吸附性能，而对其他污染成分则效果不佳。例如，活性炭对吸附有机物最有效，活性氧化铝对镍离子的吸附能力较强，而其他吸附剂对这种金属离子却表现出无能为力。

16.3.3.3　离子交换技术

最常见的离子交换剂有有机离子交换树脂、天然（或人工合成的）沸石、硅胶等。用有机树脂和其他的人工合成材料去除水中的重金属离子是非常昂贵的，而且与吸附一样，这种方法一般只适用于给水和废水处理。另外还需注意，离子交换与吸附都是可逆的过程，如果逆反应发生的条件得到满足，污染物将会重新逸出。

可以大规模应用的重金属稳定化的方法是比较有限的，但由于重金属在危险废物中的存在形态千差万别（具体到某一种废物），需根据所要达到的处理效果对处理方法和实施工艺进行适当选择。

16.3.4　固化/稳定化处理效果的评价指标

危险废物在经过固化/稳定化处理以后是否真正达到了标准，需要对其进行有效的测试，以检验经过稳定化的废物是否会再次污染环境，或者固化以后的材料是否能够被用作建筑材料等。为了评价废物稳定化的效果，各国的环保部门都制订了一系列的测试方法。很明显，人们不可能找到一个理想的、适用于一切废物的测试技术，每种测试得到的结果都只能说明某种技术对于特定废物的某一些污染特性的稳定效果。

固化/稳定化处理效果的评价指标主要有浸出率、增容比、抗压强度等。

16.3.4.1　浸出率

浸出率是指固化体浸于水中或其他溶液中时，其中有害物质的浸出速度。因为固化体中的有害物质对环境和水源的污染主要是有害物质溶于水所造成的，所以浸出率是评价无害化程度的指标。其数学表达式为：

$$R_{in} = \frac{a_r/A_0}{(F/M)t} \tag{16-1}$$

式中　a_r——浸出时间内浸出有害物质的量；

A_0——样品中含有的有害物质的量；

t——浸出时间；

F——样品暴露的表面积；

M——样品的质量。

16.3.4.2　增容比

增容比是指所形成的固化体体积与被固化前有害废物体积的比值。增容比是评价减量化程度的指标，其数学表达式为：

$$C_i = \frac{V_2}{V_1} \tag{16-2}$$

式中　C_i——增容比；

V_2——固化体体积；

V_1——固化前有害废物的体积。

16.3.4.3　抗压强度

为避免出现因破碎和散裂，从而增加暴露的表面积和污染环境的可能性，需要固化体具有一定的结构强度。

对于最终进行填埋处置或装桶贮存的固化体，抗压强度要求较低，一般控制在1~5MPa；对于准备作建筑基料使用的固化体，抗压强度要求在10MPa以上，浸出率也要尽可能低。抗压强度是评价无害化和可资源化程度的指标。

微课：危险废物的填埋处置方法

16.3.5　危险废物的填埋处置技术

目前常用的危险废物填埋处置技术主要包括共处置、单组分处置、多组分处置和预处理后再处置四种。

16.3.5.1　共处置

动画：全封闭型危险废物安全填埋场

共处置就是将难以处置的危险废物有意识地与生活垃圾（或同类废物）一起填埋。其主要目的就是利用生活垃圾（或同类废物）的特性，来减弱所处置危险废物的组分所具有的污染性和潜在危害性，从而达到环境可承受的程度。

16.3.5.2　单组分处置

单组分处置是指采用填埋场处置物理、化学形态相同的危险废物，废物处置后可以不保持原有的物理形态。

16.3.5.3　多组分处置

多组分处置是指在处置混合危险废物时，应确保废物之间不发生反应，从而不会产生毒性更强的危险废物，或造成更严重的污染。其类型包括：

（1）将被处置的混合危险废物转化成较为单一的无毒废物，一般用于化学性质相异而物理状态相似的危险废物处置；

（2）将难以处置的危险废物混在惰性工业固体废物中处置；

（3）将所接收的各种危险废物在各自区域内进行填埋处置。

16.3.5.4　预处理后再处置

预处理后再处置就是将某些物理、化学性质不适用于直接填埋处置的危险废物，先进行预处理，使其达到入场要求后再进行填埋处置。目前的预处理的方法有脱水、固化、稳定化技术等。

16.4　危险废物的处理案例

16.4.1　案例导入

A市的垃圾焚烧发电厂运行多年，A市居民普遍以为垃圾焚烧发电厂是城市生活垃圾的最终归宿，所有的垃圾成分在熊熊的烈火下都会化作烟气。然而事实上，燃尽的垃圾最后仍然以两种新的固体废物存在：一种固体废物是垃圾焚烧炉的炉渣，而另一种则是布袋除尘器里的飞灰。其中，据了解，焚烧炉中的炉渣全部被垃圾焚烧发电厂内部消化，经过压制成砖块后，被销往建材公司用作建筑材料。但是，布袋除尘器中寄存的飞灰却并不是采用类似的方法，而是全部被小心收集起来，被送到了附近另一家固体废物处理公司。

16.4.2　案例分析

虽然炉渣和飞灰同样是垃圾焚烧过程产生的固体废物，但因为化学构成、污染物含量的显著差异，二者的划分也截然不同。其中，飞灰含有大量二噁英、重金属等污染成分，因而被划分至危险废物行列。A市垃圾焚烧发电厂产生的飞灰，正是被送至专门的危险废物处理公司，通过螯合剂螯合、抑制其中的污染物释放后，才能够送到专门的填埋场进行填埋。

与垃圾焚烧飞灰相似，煤焦油、电镀污泥、废农药瓶、镍铬电池等都属于危险废物，其从生产到运输、处置的全过程都受到严格的监管，这样才能保证危险废物不再对环境和人体健康产生危害。

一、选择题

1. 下列哪一种废物属于危险废物（　　）。

A. 厨房垃圾　　B. 食品包装垃圾

C. 电镀污泥　　D. 生活污水处理厂的污泥

2. 将难以处置的危险废物有意识地与生活垃圾或同类废物一起填埋的处置技术称为（　　）。

A. 共处置　　B. 单分组处置　　C. 多分组处置

3. 危险废物的运输方式不包括（　　）。

A. 水路　　B. 公路　　C. 空运　　D. 铁路

二、填空题

1. 危险废物的管理遵从________原则，危险废物的________、________、________各环节应推行转移联单制度，实行全过程管理。

2. 装运危险废物的容器应该具有________、________、________等特点。

3. 最主要的运输方式为________运输。

三、问答题

1. 简述危险废物的危害。

2. 危险废物稳定化处理的目的是什么？

模块五

固体废物处理技术技能实训

1. 通过实训，做到理实一体，了解固体废物处理方法的应用；
2. 掌握固体废物的特性调查与分析；
3. 掌握固体废物破碎、分选、含水率、污泥比阻、生物降解度、废衣物热解、餐厨垃圾油水分离等的测定方法；
4. 掌握焚烧厂 3D 软件、生活垃圾堆肥工艺软件、垃圾填埋场 3D 软件、生活垃圾智能垃圾房等的工作安全规范和使用与操作。

1. 学会理实一体，会应用固体废物处理方法；
2. 学会固体废物的特性调查与分析；
3. 学会固体废物破碎、分选、含水率、污泥比阻、生物降解度、废衣物热解、餐厨垃圾油水分离等的测定技能；
4. 学会焚烧厂 3D 软件、生活垃圾堆肥工艺软件、垃圾填埋场 3D 软件、生活垃圾智能垃圾房等的操作与运行技能。

实训 1 固体废物特性调查与分析

固体废物污染的种类主要有城市生活垃圾、工业固体废物、农业固体废物和危险废物四大类。目前，城市居民的生活垃圾、商业垃圾、市政维护和管理中产生的垃圾，以及工业生产排出的固体废物，数量急剧增加，成分日益复杂。世界各国的垃圾以高于其经济增长速度 2~3 倍的平均速度增长。

固体废物呆滞性大，扩散性小，它对环境的影响主要是通过水、气和土壤进行的，侵入人体的具体途径随废物的丢弃方式和其性质不同而异。工矿业固体废物所含化学成分能形成化学物质型污染。其中，有害的化学物质可从弃置堆存处随地表径流进入江、河、湖、海及地下水体之中，也可通过土壤进入食物链，粉尘则进入大气来危害人体健康。人畜粪便和生活垃圾是各种病原微生物的滋生地和繁殖场，能形成病原体型污染，它主要是进入水体和食物链危害人类健康。固体废物的种类繁多，成分复杂，有必要对固体废物特性进行调查与分析。

1.1 实训目的

（1）进一步理解固体废物的概念、种类、数量、污染特点和危害等知识。

（2）了解固体废物处理的方法在生活中的应用。

（3）学会固体废物特性调查与分析。

1.2 实训内容

以所在城市或所在学校为调查范围，从固体废物的种类、污染特点、污染途径和污染的危害等方面进行调查后，进行系统分析。从而深刻认识固体废物的概念、种类、数量、污染特点、危害等，更好地理解对固体废物的处理方法和在生活中的应用。

1.3 实训步骤

（1）明确调查任务，确定调查内容，设计出调查表。

（2）以小组为单位，根据调查表，分配衔接好各子任务。

（3）选择地点和人群开始调查。

（4）收集调查表并进行系统分析。

（5）提出相应的固体废物处理方法及资源化利用方法。

（6）小组协作写出调查与分析报告。

1.4　实训注意事项

每组独立完成本实训。

1.5　实训报告要求

（1）设计调查表。

（2）调查完成后，小组协作写出调查与分析报告。

简述固体废物的污染途径与危害。

实训2　固体废物破碎机的破碎实验

为了使进入焚烧炉、填埋场、堆肥系统等废物的外形减小，必须预先对固体废物进行破碎处理，经过破碎处理的废物，由于消除了大的空隙，不仅尺寸大小均匀，而且质地也均匀，在填埋过程中更容易压实。固体废物的破碎方法很多，主要有冲击破碎、剪切破碎、挤压破碎、摩擦破碎等。此外，还有专有的低温破碎和湿式破碎等。通过固体废物破碎机的破碎实验，掌握固体废物的破碎技术。

2.1　实训目的

（1）掌握固体废物破碎的过程。

（2）了解破碎机的内部构造和操作。

（3）计算破碎后不同粒径范围内的固体废物所占的含量（质量分数）。

2.2　实训设备与原理

利用破碎工具对固体废物施力而将其粉碎，所得产物根据粒度的不同，利用不同筛孔尺寸的筛子将物料中小于筛孔尺寸的细物粒透过筛面，大于筛孔尺寸的粗物粒留在筛面上，从而完成粗、细分离的过程。

破碎的目的包括：

（1）为固体废物的分选提供所要求的入选粒度，以便有效地回收固体废物中的某种成分；

（2）使废物的容积减少便于运输、贮存和高密度填埋；

（3）使固体废物的表面积增加，提高焚烧、热分解、熔化等作业的稳定性和热效率；

（4）为固体废物的下一步加工作准备；

（5）有利于后续最终的处理与处置；

（6）防止粗大锋利的固体废物损坏分选、焚烧和热解等设备和炉膛。

2.3　主要仪器设备

（1）破碎机。

（2）标准筛一套。

（3）电子天平。

（4）电热鼓风干燥箱。

2.4　实 训 步 骤

（1）称取物料（建筑垃圾）1kg 左右，加入破碎机破碎，破碎后的固体保存待用。

（2）将标准套筛，按筛目由大至小的顺序排列，筛分 5min。

（3）分别称取不同筛孔尺寸筛子的筛上产物质量，记录数据。

（4）数据处理，写出实训结果。

2.5　实训注意事项

（1）每组独立完成本实训。

（2）操作破碎机时注意检查设备安全和操作安全。

2.6　实训报告要求

计算破碎后不同粒径范围内的固体废物含量（质量分数）。

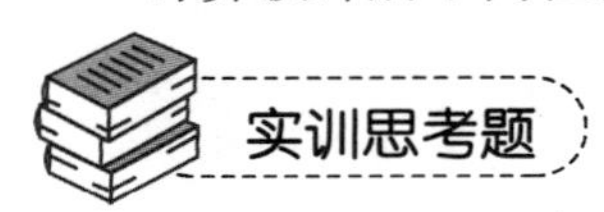

常用的破碎机械有哪些？破碎原理和适用领域各有何不同？

实训3　生活垃圾分选机的分选实验

城市生活垃圾的产生量、来源、成分比较复杂，要经过一定的处理后才能处置，其中城市垃圾必须经过预处理技术。

固体废物分选技术是实现固体废物资源化、减量化的重要手段，通过分选将有用的组分选出来加以利用，将有害的组分分离出来；另一种是将不同粒度级别的废物加以分离，分选的基本原理是利用物料的某些性方面的差异，将其分离开。例如，利用废物中的磁性和非磁性差别进行分离；利用粒径尺寸差别进行分离；利用比重差别进行分离等。根据不同性质，可设计制造各种机械对固体废物进行分选，分选包括手工拣选、筛选、重力分选、磁力分选、涡电流分选、光学分选等。

3.1　实训目的

（1）通过本实训，加深对预处理技术分选方法、机理的进一步理解。

（2）了解分选筛（机）的内部构造。

（3）会计算分选的筛分效率。

（4）熟悉分选筛工作方法，运转过程。

3.2　实训原理

滚筒筛是被广泛选用的筛分机械。它是利用做回转运动的筒形筛体将垃圾按粒度进行分级的机械，其筛面一般为编织网或打孔薄板，工作时，筒形筛体倾斜安装，倾角一般为4°~8°。被筛分的垃圾进入筛体内部后随筛体的转动做螺旋状翻动，粒度小于筛孔的物料被筛下成为筛下物，而留在筛体上的物料为筛上物，从筛体底端排出。通常筒形筛体通过圆环体支撑于机架上的支撑滚轮上，并由轴承、链、皮带或摩擦轮进行驱动。

其工艺流程图如下图3-1所示。

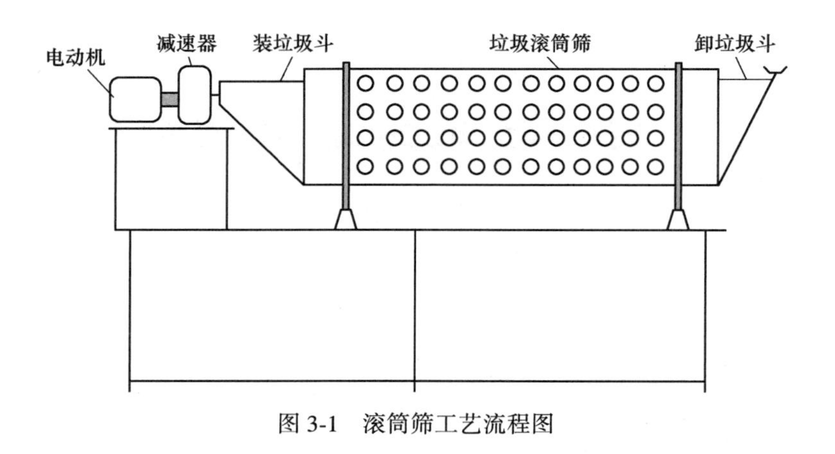

图 3-1　滚筒筛工艺流程图

3.3　实 训 内 容

废塑料、废纸的分选。

3.4　实 训 步 骤

（1）采样：准备 3~10cm 各种形状的废纸屑、塑料屑等适量。

（2）称重：将各种不同形状的废物分别称重，并记录于表中。

（3）检查仪器：首先检查滚筒分选机各部件是否装配齐全，传动轴承加少量润滑机油，接上电源，开启电动机（简称电机），正常转动 8r/min 左右。

（4）将滚筒上垃圾进料斗的门打开，将要分筛的生活垃圾倒入斗内，斗内放满后，关紧活动门，开动电机进行转动分筛。大于 ϕ60mm 的垃圾从滚筒尾部（底部）转出（要把活动门打开）。

（5）再关闭电机，（要等进料斗口朝上）后重复前一步步骤工作。

3.5　实训注意事项

（1）电机、减速器、调压器的定期维护。

（2）不用时滚动筛垃圾一定要排放出。

3.6　实训报告要求

（1）请写出分选筛（机）的内部构造、工作方法和运转过程。

（2）请写出分选筛（机）筛分效率的影响因素。

（3）计算分选筛（机）的筛分效率。

1. 常用的分选方法还有哪些？
2. 分选原理和设备适用领域各有何不同？

实训 4　污泥含水率的测定

污泥是污水处理后的产物，是一种由有机残片、细菌菌体、无机颗粒、胶体等组成的极其复杂的非均质体。污泥的主要特性是含水率高（可高达 99%以上），有机物含量高，容易腐化发臭，并且颗粒较细，密度较小，呈胶状液态。它是介于液体和固体之间的浓稠物，可以用泵运输，但它很难通过沉降进行固液分离。

污泥处理的目的是降低水分、减少体积，便于后续处理、利用和运输，使污泥卫生化和稳定化。污泥含水率决定了污泥比阻的测定。

4.1　实验目的

（1）理解污泥中所含水分及分离方法。

（2）学会污泥中含水率的测定方法。

4.2　实验原理及内容

污泥是水处理过程中形成的以有机物为主要成分的泥状物质。其有机物含量高，容易腐化发臭，颗粒较细，密度较小，含水率高且不易脱水，是呈胶状结构的亲水性物质。

污泥中所含水分大致分为颗粒间的间隙水、毛细水、颗粒的吸附水、内部水四类。间隙水存在污泥颗粒间，占污泥水分的 70%左右，一般用浓缩法分离；毛细水占污泥水分的 20%左右，一般用高速离心法分离；颗粒的吸附水是吸附在颗粒表面的水分，占污泥水分的 7%左右，一般用加热法分离；内部水占污泥水分的 3%左右，一般用生物法分离。

4.3　主要仪器设备

（1）抽滤装置。

（2）分析天平。

（3）滤纸。

（4）电热鼓风干燥箱。

4.4　实验步骤及记录

（1）将滤纸烘干 2h，使其质量不再变化。

（2）称滤纸的质量，记录于表中。

（3）布氏漏斗中放置滤纸，用水喷湿。打开真空泵，使量筒中成为负压，滤纸紧贴漏斗，关闭真空泵。

（4）取 50mL 污泥，称量，过滤，烘干后，称量。平行做 2 次，分别记录于表中。

（5）记录并整理数据。

4.5　实验报告要求

把实验结果整理到表 4-1 中。

表 4-1　实验数据记录表　（g）

次数	过滤前滤纸的质量	过滤后滤纸的质量	污泥的总质量	干固体质量
1				
2				

求出污泥含水率的值（具体计算写在实验报告中）。

污泥的含水率会对污泥比阻产生怎样的影响？

实训 5　污泥比阻实验

污泥比阻测定虽是小型实验，对工程实践却具有重要意义。通过这一实验能够测定污泥脱水性能，并以此作为选定脱水工艺流程和脱水机械型号的根据，也可作为确定药剂种类、用量及运行条件的依据。

5.1　实 验 目 的

（1）进一步加深理解污泥比阻的概念。
（2）评价污泥脱水性能。

5.2　实验原理及内容

污泥经重力浓缩或消化后，含水率在97%左右，体积不大便于运输，因此多采用机械脱水，以减小污泥体积。常用的脱水方法有真空过滤、压滤、离心等方法。污泥机械脱水是以过滤介质两面的压力差作为动力，达到泥水分离、污泥浓缩的目的。影响污泥脱水的因素较多，主要包括以下因素。

（1）原污泥浓度，取决于污泥性质及过滤前浓缩程度。
（2）污泥性质、含水率。
（3）污泥预处理方法。
（4）压力差大小。
（5）过滤介质种类、性质等。经过实验推导出过滤基本方程式为：

$$\frac{t}{V}=\frac{\mu\gamma\omega V}{2PA^2} \tag{5-a}$$

式中　t——过滤时间，s；
V——滤液体积，m^3；
P——真空度，Pa；
A——过滤面积，m^2（或 cm^2）；
μ——滤液的动力黏滞度，Pa · s；
ω——滤过单位体积的滤液在过滤介质上截流的固体质量，kg/m^3；
r——比阻，s^2/g（或 m/kg）。

式（5-a）给出了在压力一定的条件下过滤，滤液的体积 V 与时间 t 的函数关系，指出了过滤面积 A、压力 P、污泥性能 μ、r 值等对过滤的影响。污泥比阻 r 值是表示污泥过滤特性的综合指标。其物理意义是：单位重量的污泥在一定压力下过滤时，在单位过滤面积上的阻力，即单位过滤面积上滤饼单位干重所具有的阻力。

其大小根据过滤基本方程有：

$$\gamma = \frac{2PA^2b}{\mu\omega} \tag{5-b}$$

由此可见，比阻是反映污泥脱水性能的重要指标。但由于式(5-b)是实验推导而来，b、ω 均要通过实验测定，不能用公式直接计算。而 b 为过滤基本方程式中 $t/v-v$ 直线斜率。故以定压下抽滤实验为基础，测定一系列的 $t-V$ 数据，即测定不同过滤时间 t 时滤液量 V，并以滤液量 V 为横坐标，以 t/V 为纵坐标，所得直线斜率即为 b。根据定义，ω 值的计算公式为：

$$\omega = \frac{(Q_0 - Q_y)C_b}{Q_y} \tag{5-c}$$

式中　Q_0——过滤污泥量，mL；

Q_y——滤液量，mL；

C_b——滤饼浓度，g/mL。

则据此可求得 r 值，一般认为比阻为 $10^8 \sim 10^9\ s^2/g$ 的污泥为难过滤的，在 $(0.5 \sim 0.9) \times 10^9 s^2/g$ 的污泥为中等，比阻小于 $0.4 \times 10^9 s^2/g$ 的污泥则为易于过滤。

5.3　主要仪器设备

（1）污泥比阻测定装置。

（2）水分快速测定仪。

（3）秒表、滤纸。

（4）电热鼓风干燥箱。

5.4　实验步骤及记录

（1）测定污泥的含水率，求其污泥浓度。

（2）布氏漏斗中放置滤纸，用水喷湿。打开真空泵，使量筒中成为负压，滤纸紧贴漏斗，关闭真空泵。

（3）把 100mL 污泥倒入漏斗，再次打开真空泵，使污泥在一定条件下过滤脱水。

（4）记录不同过滤时间 t 的滤液体积 V 值。

（5）记录当过滤泥面出现龟裂，或滤液达到 85mL 时，所需要的时间 t。此指标也可以用来衡量污泥过滤性能的好坏。

（6）测定滤饼浓度。

（7）记录并整理数据。

5.5　实验注意事项

（1）布氏漏斗中的滤纸一定要紧贴不能漏气。

（2）污泥倒入布氏漏斗内有部分滤液流入量筒，所以在正常开始实验时，应记录量筒内的滤液体积 V。

5.6　实验报告要求

5.6.1　实验原始数据

（1）原污泥含水率。
（2）滤饼浓度。

5.6.2　实验结果整理

把实验结果整理到表 5-1 中。

表 5-1　实验数据记录表

时间/t · s^{-1}	计量筒内滤液/mL	滤液量（$V=V_1-V_2$）/mL	$\frac{t}{V}$/s · mL^{-1}

以 V 为横坐标，以 t/V 为纵坐标绘图，求 b；再根据公式 $\omega=(Q_0-Q_y)\cdot C_b/Q_y$ 求 ω；最后求出污泥比阻值（具体计算、绘图步骤写在实验报告中）。

1. 判断污泥脱水性能好坏的依据及用途。
2. 绘制自由沉降曲线的意义。

实训6 焚烧厂3D软件的操作与运行

焚烧法是固体废物高温分解和深度氧化的综合处理过程，该处理方法可以把大量有害的废料分解，从而变成无害的物质。由于固体废物中可燃物的比例逐渐增加，采用焚烧方法处理固体的废物，利用其热能已成为必需的发展趋势。固体废物焚烧后占地少，处理量大，焚烧厂多设在10万人以上的大城市，并设有能量回收系统。焚烧过程获得的热能可以用于发电，利用焚烧炉生产的热量，可以供居民取暖，用于维持温室室温等。但是焚烧法也有缺点，如投资较大、焚烧过程排烟造成二次污染、设备锈蚀现象严重等。

焚烧技术的实际岗位地在垃圾焚烧发电厂，垃圾焚烧发电厂是指将垃圾焚烧产生的热能用于发电的工厂。垃圾焚烧发电厂的建设需要有较完善的垃圾分类收集和转运系统、较高的城市生活垃圾热值、较强的经济实力以及先进的焚烧技术，同时还要有焚烧炉、余热锅炉、烟气净化系统等主要设备。

6.1 实训目的

（1）了解垃圾焚烧厂工作安全规范。

（2）了解护具的分类及选择。

（3）会正确选择佩戴并使用各种护具。

（4）熟悉并操作软件各车间工艺流程。

（5）会操作和运行焚烧工艺及控制条件。

6.2 实训原理

焚烧是一种高温热处理技术，被处理的有机废物与空气在焚烧炉内进行氧化燃烧反应，废物中有毒有害物质在高温下氧化、热解而被破坏的过程。工艺流程主要包括前处理系统、进料系统、焚烧炉系统、空气系统、烟气系统、废水处理系统、排渣系统等。

6.3 实训内容

垃圾焚烧厂3D软件的操作与运行。

6.4　实 训 步 骤

（1）打开电脑，在桌面打开垃圾焚烧处理厂 3D 虚拟软件，登录账号。

（2）进入软件后查看软件整体组成和工艺流程。

（3）操作焚烧厂安全操作规范：垃圾焚烧厂工作安全规范；护具的分类及选择；常见标识牌及其含义。

（4）操作焚烧厂焚烧工艺流程，如焚烧原理、焚烧系统工艺流程，理解“三化”原则；垃圾焚烧效果影响条件；焚烧烟气处理系统；垃圾焚烧系统异常现象控制。

（5）软件操作完成后，关闭软件，关闭电脑，合上电脑桌盖。

6.5　实训注意事项

（1）进入机房请保持安静，不能随意乱动机房设备。

（2）软件进入后，不要频繁退出和进入。

6.6　实训报告要求

请写出垃圾焚烧厂 3D 软件的具体操作与运行过程。

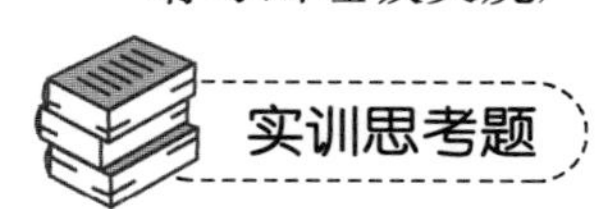

焚烧系统主要包括哪几个系统？

实训7　热解管式炉的操作与运行

目前，随着我国经济的快速发展和人民生活水平的不断提高，废塑料、废橡胶、有机生活垃圾、污泥、有机餐厨垃圾等有机固体废物产生量不断增加，该现象已经成为我国生态环境不断恶化的重要诱因，引起了全社会的共同关注。废塑料、废橡胶、有机生活垃圾、污泥、有机餐厨垃圾等有机固体废物进行热解炭化，生产燃料油、燃料气及生物炭，可以实现其减量化、无害化和资源化利用，也是妥善解决有机固体废物环境污染的有效途径之一。

热解是一个复杂的化学反应过程，是有机物的分解与缩合共同作用的化学转化过程，不仅包括大分子的化学键断裂、异构化，也包括小分子的聚合反应。在热解过程中，原料中的纤维素、木质素等物质发生了热解过程，产生生物炭（固相物质）、生物油（液相物质）和气体（气相物质）。

7.1　实训目的

（1）学会连接氮空一体机和热解管式炉装置。

（2）熟悉热解管式炉装置的使用和操作。

（3）会调节合适的升温速率和热解温度。

（4）学会对废物进行资源化制备高附加值材料。

7.2　实训原理

炭化反应的产物为三相物质，其反应过程可以表示为：

生物质（含有纤维素、木质素等）⟶生物炭+生物油+气体

生物质炭具有很好的热稳定性和抗生物化学分解特性，发达的孔隙结构和巨大的比表面积，表面含有多种官能团。热解管式炉如图7-1所示。

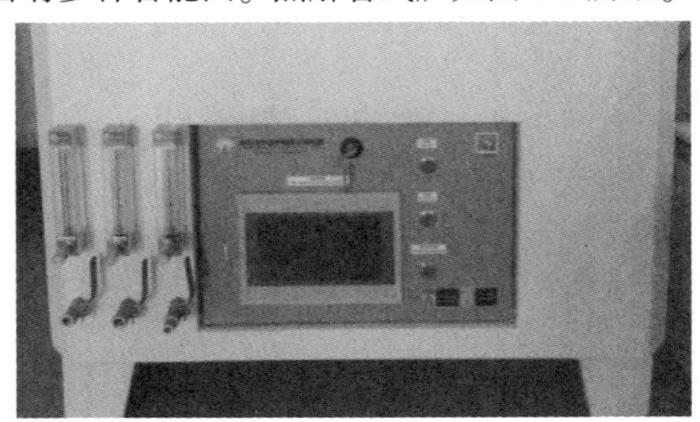

图7-1　热解管式炉

7.3　实训内容

热解管式炉的操作与运行。

7.4　主要仪器设备

（1）热解管式炉。

（2）氮空一体机。

（3）石英舟。

（4）电热鼓风干燥箱。

（5）小型破碎机。

7.5　实训步骤

（1）取一定量的废衣物（棉或麻）用超声波清洗干净后，烘干，剪成各种形状的碎片。

（2）将剪碎的废衣物置于粉碎机中进行粉碎，过 0.85mm（20 目）的筛子，备用。

（3）称取一定量的过筛的废衣物粉末，置于石英舟中。

（4）将石英管置于热解管式炉中，将步骤（3）准备好的石英舟置于石英管中心，合上热解管式炉，并将石英管两端的螺纹管安装好（注意，有压力表的一端为进口）。

（5）在氮空一体机中加入干燥剂和溶液后，氮气出口软管与热解管式炉进口相连，打开氮空一体机，开始产生惰性气体氮气。

（6）打开热解管式炉的开关，调节热解温度和热解时间，废衣物粉末在氮气的保护下进行热解制备生物炭。

（7）热解完成后，关闭氮空一体机，等热解管式炉的温度降到 100℃以下时，打开热解管式炉的盖子后，继续降温。

（8）当热解管式炉温度降到 40℃左右时，打开石英管两端的螺纹管，取出石英舟。热解实验完成，清洗石英管，整理热解管式炉装置。

7.6　实训注意事项

（1）氮空一体机在使用时，需要配置专用的溶液和装入干燥剂。

（2）热解管式炉完成热解后，温度还是较高的，需要降到 40℃左右时进行后续操作。

7.7　实训报告要求

实验得到的生物炭产率的计算公式为：

$$P = \frac{m}{M} \times 100\% \tag{7-a}$$

式中　P——制备出的生物炭产率,%；

m——实验得到的生物炭质量，g；

M——实验中原料的质量，g。

分析生物炭产率与哪些因素有关?

实训 8 生物降解度的测定

生物处理技术是利用微生物对有机固体废物的分解作用使其无害化，可以使有机固体废物转化为能源、食品、饲料和肥料，还可以用来从废品和废渣中提取金属，是固体废物资源化的有效的技术方法。

目前，该处理技术应用比较广泛的有堆肥化、沼气化、废纤维素糖化、废纤维饲料化、生物浸出等。固体废物是否能够采用生物处理技术，就需要测定生物降解度的含量。

8.1 实 训 目 的

垃圾中含有大量天然的和人工合成的有机物质，有的容易生物降解，有的难以生物降解。此实验可以在室温下对垃圾生物降解度进行适当估计。

8.2 实训原理及试剂

（1）硫酸亚铁氨溶液浓度 $c=0.5\text{mol/L}$；

（2）指示剂为二苯胺指示剂，配方是：小心地将 100mL 浓硫酸加到 20mL 蒸馏水中然后加入 0.5g 二苯胺。

8.3 实 训 内 容

生物降解度的测定。

8.4 实训步骤及记录

（1）称取 0.5g 以烘干磨碎的试样于 500mL 锥形瓶中。

（2）准确量取 20mL $c(1/6K_2Cr_2O_7)=2\text{mol/L}$ 重铬酸钾溶液加入样品瓶中并充分混合。

（3）用另一只量桶量取 20mL 硫酸加到样品瓶中。

（4）在室温下将这一混合物放置 12h 且不断摇晃；加入大约 15mL 蒸馏水；再一次加入 10mL 磷酸，0.2g 氟化钠和 30 滴指示剂，每加一种试剂后必须混合。

（5）用标准的硫酸亚铁铵溶液滴定，在滴定过程中颜色的变化是从棕绿-绿蓝-蓝-绿，在等当点时出现的是纯绿色。

（6）用同样的方法在不放试样的情况下做空白试验；如果加入指示剂时已经出

现绿色，则试验必须重新做，必须加入 30mL 重铬酸钾溶液。

8.5 实训报告要求

生物降解物质的计算公式为：

$$BOM = (V_2 - V_1)Vc \cdot \frac{1.28}{V_2} \quad (8\text{-a})$$

式中 BOM——生物降解度；

V_1——滴定体积，mL；

V_2——空白试验滴定体积，mL；

V——重铬酸钾的体积，mL；

c——重铬酸钾的浓度，mol/L。

注意：在以上计算中，假定 1mL $c(1/6\ K_2Cr_2O_7)$ = 1mol/L 的 $K_2Cr_2O_7$，将 3mg 碳氧化成 CO_2，则在生物降解中碳的总含量为 47%。

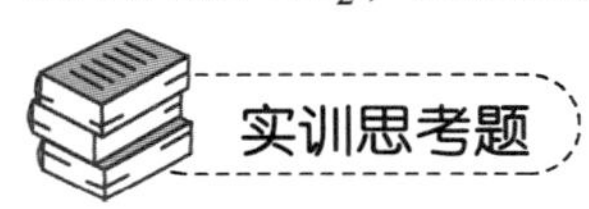

1. 淀粉测定法的基本原理是什么？
2. 生物降解度如何获得，堆肥的生物降解度有何意义？

实训9　生活垃圾堆肥工艺软件的操作与运行

通过本实训，使学生理解好氧堆肥是在通气条件好、氧气充足的条件下，好氧菌对废物进行吸收、氧化以及分解的过程。通常情况下，好氧堆肥的堆温较高，一般在55~60℃时较好，所以好氧堆肥也称高温堆肥。高温堆肥可以最大限度地杀灭病原菌，同时对有机质的降解速度快，堆肥所需天数短，臭气发生量少，是堆肥化的首选。

好氧堆肥是生活垃圾处理技术中重要的技术之一，其不仅可以实现三化原则，而且可以得到有机肥料。

9.1　实训目的

（1）了解生活垃圾堆肥厂的工作安全规范。

（2）熟悉并操作软件中各车间工艺流程。

（3）会操作和运行好氧堆肥工艺及控制条件。

9.2　实训原理

好氧堆肥是在有氧条件下，好氧菌对废物进行吸收、氧化、分解。微生物通过自身的生命活动，把一部分被吸收的有机物氧化成简单的无机物，同时释放出可供微生物生长活动所需的能量，而另一部分有机物则被合成新的细胞质，使微生物不断生长繁殖，产生出更多生物体的过程。堆肥分成起始阶段、高温阶段和熟化阶段三个阶段。堆肥过程的影响因素包括生物挥发性固体、通风供氧、水分、温度、碳氮比等。通常要经过物料预处理、一次发酵、二次发酵和后处理过程。

9.3　实训内容

生活垃圾堆肥厂软件的操作与运行。

9.4　实训步骤

（1）打开电脑，在桌面打开生活垃圾堆肥厂软件的操作与运行软件，登录账号。

（2）进入软件后查看软件整体组成和工艺流程。

（3）操作堆肥厂安全操作规范。

（4）操作好氧堆肥工艺流程。

（5）软件操作完成后，关闭软件，关闭电脑，合上电脑桌盖。

9.5　实训注意事项

（1）进入机房请保持安静，不能随意乱动机房设备。

（2）软件进入后，不要频繁退出和进入。

9.6　实训报告要求

请写出生活垃圾堆肥厂软件的操作与运行。

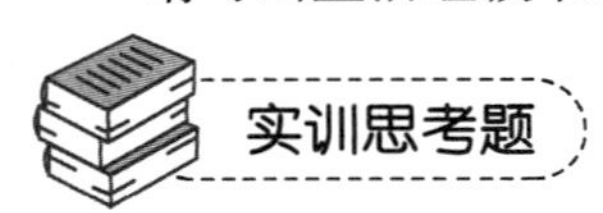

好氧堆肥的工艺主要包括哪几个过程？

实训 10　垃圾填埋场 3D 软件的操作与运行

垃圾填埋场是采用卫生填埋方式的垃圾集中堆放场地，一般采用分层覆土填埋的方式对垃圾进行处理，堆积一层垃圾后再覆盖一层黄土，这样很容易降低垃圾的污染。垃圾卫生填埋场因为技术简单、处理量大、风险小、建设费用少、成本低、卫生程度好，在国内被广泛应用，是我国大多数城市解决生活垃圾出路的最主要方式。越来越多城市建设垃圾填埋场处理生活垃圾，企业对相关方向的人才需求也越来越大，越来越重视。

10.1　实训目的

(1) 了解垃圾填埋场的工作安全规范。

(2) 熟悉软件的工具间、垃圾进场、填埋区等区域。

(3) 学会操作和运行垃圾填埋场的各区域。

10.2　实训原理

垃圾填埋采用单元填埋法，将垃圾处理的场地划分为小单元，分别进行填埋，填埋顺序为：垃圾卸料→垃圾铺平→垃圾压实→表面覆盖。日覆盖选择 HDPE 膜进行覆盖，每日填埋作业结束后进行覆膜作业。采用 HDPE 膜可有效减少雨水渗入，减少异味的散发，并且后期加强膜厚度和硬度，减少破损的可能性。最终覆盖选择土壤覆盖，后期进行植被修复等工作。

10.3　实训内容

垃圾填埋场 3D 软件的操作与运行。

10.4　实训步骤

(1) 打开电脑，在桌面打开生活垃圾堆肥厂软件的操作与运行软件，登录账号。

(2) 进入软件后查看软件整体组成，并查看填埋场安全操作规范。

(3) 了解垃圾填埋场概况，学习培训室、工具间、垃圾进场、生活垃圾填埋区、飞灰填埋区、生活垃圾未填埋区、污泥填埋区、封场区、渗滤液调节池、RTO

系统和控制室相关知识。

（4）软件操作完成后，关闭软件，关闭电脑，合上电脑桌盖。

10.5　实训注意事项

（1）进入机房请保持安静，不能随意乱动机房设备。

（2）软件进入后，不要频繁退出和进入。

10.6　实训报告要求

请写出垃圾填埋场 3D 软件的操作与运行的过程。

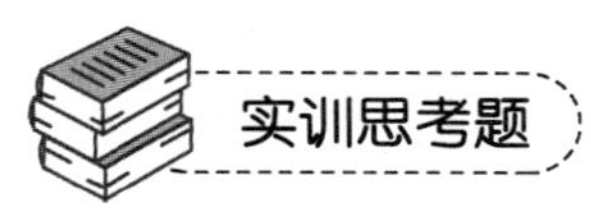

垃圾填埋场中的渗滤液如何收集和处理？

实训 11　生活垃圾智能垃圾房的使用与操作

日常生活垃圾是指人们在日常生活中或为日常生活提供服务的活动中产生的固体废物，以及法律、行政法规规定视为城市生活垃圾的固体废物。垃圾分类可以提高垃圾的资源价值和经济价值，减少垃圾处理量和处理设备的使用，降低处理成本，减少土地资源的消耗，具有社会、经济、生态等几方面的效益。

智能分类垃圾房是智能垃圾箱的一种，其功能有垃圾分类投放、提示分类、自动开门。垃圾体积重量测量并实时发送给指挥中心，可以快速清运垃圾，提高作业质量，降低运营成本、降低安全事故。智能垃圾箱可延长资产/部件使用寿命、提高市民满意度，从而改善环境问题。

智能分类垃圾房是利用物联网、互联网融合技术，实现垃圾投放的有源可溯。智能垃圾箱主要通过云服务平台、微信平台可手持终端，通过 GPRS、GPS，将智能垃圾箱的位置信息、重量体积数据，实时传送到环卫指挥中心，通过智能技术手段实施垃圾分类投放、回收。使垃圾做到减量化、资源化、无害化，确保垃圾分类效果。

11.1　实 训 目 的

(1) 理解生活垃圾分类回收的意义。
(2) 认识和学习智能垃圾房的使用。
(3) 会对生活垃圾进行分类和回收利用。

11.2　主要仪器设备

智能分类回收垃圾房、手机。

11.3　实 训 内 容

生活垃圾智能垃圾房的使用和操作。

11.4　实 训 步 骤

(1) 明确实训的目的及要求。
(2) 采样：主要采集常见的可回收物玻璃、金属、塑料、纸张四种材质的垃圾。

（3）下载“爱分类” APP→注册→生成二维码→扫码→选择要分类的垃圾类型→积分。

（4）在后台运行管理系统中查看名单的生成。

（5）分类投放垃圾后的积分进行累积后，在后台运行系统中制定积分规则能够实行兑换工作。

（6）制定各类材质垃圾奖品兑换设定值、奖品兑换方法及奖品类型等。

（7）定期对垃圾分类房的垃圾清理和回收利用。

11.5　实训注意事项

（1）请保持安静，认真理解智能垃圾房的使用和操作过程。

（2）通过下载 APP 形成的二维码进行扫码投放垃圾时，注意远离垃圾门以防夹手。

11.6　实训报告要求

请详细写出采样的垃圾类型、处理方法和资源化利用；智能垃圾房的使用和操作过程；投放垃圾的类型和质量。

实训过程中智能垃圾房的缺点是什么，如何完善？

实训 12　餐厨垃圾油水分离实验

具有高有机物含量、高含水率、高油、高盐分的特性，直接破碎排入下水道会增加管路的压力，堵塞甚至腐蚀下水道，也会使污水处理厂的压力增大。餐厨垃圾是城市生活垃圾中有机相的主要组成部分，因而也是极宝贵的有机资源；餐厨垃圾易腐烂、发酵、发臭等，处置不当会造成环境污染，给人们的生活带来危害。由于餐厨垃圾含高有机物和高油脂属于较高的资源型废物。餐厨垃圾的有效处理能够避免地沟油重回餐桌，保证食品卫生安全和人民身体健康，同时能利用其油脂及其他有机物，降低餐厨垃圾对环境的污染，将其变废为宝，实现餐厨垃圾“资源化、无害化、减量化”的目标。

例如，能合理处理利用餐厨垃圾中油水、废水、废渣及其他有机物，将其变废为宝，就可以降低餐厨垃圾对环境的污染，提高城市环境的质量，保证食品安全，实现餐厨垃圾减量化、无害化和资源化利用，因此需要合理处理餐厨垃圾中的油水分离及实现餐厨垃圾的减量化和资源化利用。

12.1　实 训 目 的

（1）理解餐厨垃圾处理回收的意义。

（2）学会磷酸脱胶水洗法进行油水分离。

（3）学会对餐厨垃圾中的油水进行分离。

12.2　主要仪器设备

（1）所用化学试剂：磷酸为分析纯，水为去离子水，工业盐。

（2）主要仪器：彩屏混凝试验搅拌仪器 MY3000-6M、电热鼓风干燥箱，温度控制器、pH 计、电子天平、分析天平（十万分之一）等。

12.3　实训原理及内容

实验采用磷酸脱胶水洗法。磷酸脱胶水洗法是在油中加入定量的磷酸、柠檬酸或硫酸等，以破坏疏水性磷脂，使磷脂的亲水性增大，亲油性减少，与油分离。具体过程是在油水中加入 10%~40%的水，加热到 70~85℃，开启搅拌，缓慢滴加磷酸使 pH 值为 2~3，搅拌 15~30min，加入 0.5%~2%的工业用盐，再搅拌 20min 后静置分层。得到的分离油进行称重。

12.4 实 训 步 骤

（1）将取来的新鲜半固态餐厨垃圾手工分拣去除骨头、鱼刺、筷子等。

（2）过滤分离固态物质和油水，分离后的油水手工再过0.85mm（20目）筛子去除辣椒、花椒等残渣后，装入瓶中备用。

（3）在油水中加入10%~40%的水，加热到70~85℃。

（4）开启搅拌，缓慢滴加磷酸使pH值为2~3，搅拌15~30min。

（5）加入0.5%~2%的工业用盐，再搅拌20min后，装入分液漏斗中静置分层。

（6）分层后得到的分离油进行称重。

（7）在加水量40%，pH值为3.0，工业盐用量为2.0%，加热温度为80℃条件下，进行实验。

12.5 实训注意事项

（1）实验过程中，注意戴手套和口罩，注意干净整洁。

（2）一定要取新鲜的餐厨垃圾。

12.6 实训报告要求

实验采用磷酸脱胶水洗法进行油水分离：在油水中加入10%~40%的水，加热到70~85℃，开启搅拌，缓慢滴加磷酸使pH值为2~3，搅拌15~30min，加入0.5%~2%的工业用盐，再搅拌20min后，装入分液漏斗中静置分层。分层后得到的分离油进行称重。含油量的计算公式为：

$$C = \frac{m}{V} \times 100\% \tag{12-a}$$

式中 C——餐厨油水中所含油量，g/L；

m——餐厨油水中油的质量，g；

V——所取油水的体积，L。

实训思考题

餐厨垃圾中油水分离方法还有哪些？

参 考 文 献

[1] 解强．城市固体废弃物能源化利用技术 [M]. 北京：化学工业出版社，2018.
[2] 刘海春，赵敏娟．固体废弃物处理与利用 [M]. 大连：大连理工大学出版社，2021.
[3] 赵由才，牛冬杰，柴晓利．固体废弃物处理与资源化 [M]. 北京：化学工业出版社，2019.
[4] 周凤霞，白京生．环境微生物 [M]. 北京：化学工业出版社，2014.
[5] 王敦球．固体废弃物处理工程 [M]. 北京：中国环境出版社，2015.
[6] 王攀，任连海．有机固体废弃物资源化利用技术 [M]. 北京：化学工业出版社，2021.
[7] 任芝军．固体废弃物处理处置与资源化技术 [M]. 哈尔滨：哈尔滨工业大学出版社，2010.
[8] 周立详．固体废弃物处理与资源化 [M]. 北京：中国农业出版社，2007.
[9] 汪群慧．固体废弃物处理与资源化 [M]. 北京：化学工业出版社，2004.
[10] 聂永丰．三废处理工程技术手册——固体废弃物卷 [M]. 北京：化学工业出版社，2002.
[11] 李国鼎．环境工程手册——固体废弃物污染防治卷 [M]. 北京：高等教育出版社，2003.
[12] 庄伟强．固体废弃物处理与利用 [M]. 北京：化学工业出版社，2002.
[13] 李金惠．危险废物管理与处理处置技术 [M]. 北京：化学工业出版社，2003.
[14] 赵由才．固体废弃物处理与资源化技术 [M]. 上海：同济大学出版社，2015.
[15] 赵由才．生活垃圾处理与资源化 [M]. 北京：化学工业出版社，2016.
[16] 唐雪娇，沈伯雄．固体废弃物处理与处置 [M]. 北京：化学工业出版社，2018.
[17] 赵天涛，梅娟，赵由才．固体废弃物堆肥原理与技术 [M]. 北京：化学工业出版社，2017.
[18] 宇鹏，赵树青，黄魁．固体废弃物处理与处置 [M]. 北京：北京大学出版社，2016.
[19] 陈德珍．固体废弃物热处理技术 [M]. 上海：同济大学出版社，2020.
[20] 边炳鑫，赵由才，乔艳云．农业固体废弃物的处理与综合利用 [M]. 北京：化学工业出版社，2018.
[21] 陈德珍．固体废弃物热处理技术 [M]. 上海：同济大学出版社，2020.
[22] 胡华锋，介晓磊．农业固体废弃物处理与处置技术 [M]. 北京：中国农业大学出版社，2009.
[23] 张弛，柴晓利，赵由才．固体废弃物焚烧技术 [M]. 北京：化学工业出版社，2017.
[24] 赵由才，赵天涛，宋立杰．固体废弃物处理与资源化实验 [M]. 北京：化学工业出版社，2018.
[25] 梁继东．固体废弃物处理、处置与资源化实验教程 [M]. 西安：西安交通大学出版社，2018.
[26] 张大磊，孙英杰，袁宪正．固体废弃物处理处置实验技术 [M]. 北京：中国电力出版社，2017.
[27] 赵由才，赵敏慧，曾超．农村生活垃圾处理与资源化利用技术 [M]. 北京：冶金工业出版社，2018.
[28] 李全林．新能源与可再生能源 [M]. 南京：东南大学出版社，2008.
[29] 刘盛萍．生物垃圾快速好氧堆肥的研究 [D]. 合肥：合肥工业大学，2006.
[30] 周继豪，沈小东，张平，等．基于好氧堆肥的有机固体废物资源化研究进展 [J]. 化学与生物工程，2017 (2)：13-18.
[31] 刘宁宁，简晓彬．国内外城市生活垃圾收集与处理现状分析 [J]. 国土与自然资源研究，2008 (4)：67-68.
[32] 谢伟雪，张永合，王维，等．餐厨垃圾油水分离工艺条件优化试验研究 [J]. 能源环境保护，2020，34 (3)：24-28.
[33] 谢伟雪．基于物联网智能平台的学院垃圾分类回收系统实践 [J]. 中国资源综合利用，

2021，39（7）：76-78.

［34］谢伟雪，赵由才，刘孝敏，等．一种纤维状生物炭及其制备方法和应用［P］. 中国：CN105970359A，2016. 09. 28：1-5.

［35］谢伟雪，刘孝敏，魏蒙恩．关于含高淀粉和高油脂的餐厨垃圾智能处理系统浅议［J］. 四川环境，2020，39（5）：175 -178.

［36］谢伟雪，何碧红．改性废纺织基生物炭的性能及其吸附特性研究［J］. 安徽农业科学，2022，50（6）：50-52，59.

［37］谢伟雪．废纺织品制备生物炭的方法及其性质分析［J］. 环境保护与循环经济，2021，41（4）：17-20.

［38］谢伟雪．高职院校“固体废物处理与利用”课程的教学改革与实践［J］. 教育教学论坛，2021（15）：96-99.

［39］谢伟雪，刘孝敏，王维，等．多孔膨胀土和废纺织品协同对餐厨有机废水的吸附研究［J］. 环境科技，2020，33（3）：6-11.

［40］谢伟雪，刘孝敏，赵文青，等．基于“互联网+”生活垃圾分类回收的调查分析研究［J］. 环境保护与循环经济，2019，39（12）：7-10.

［41］谢伟雪，刘孝敏，胡敏哲，等．干垃圾中角蛋白基有机质制备生物炭的性能研究［J］. 环境工程，2018，36（5）：128-131.

［42］谢伟雪，刘孝敏，李小东，等．废毛发生物炭的特性及其对 Ni(Ⅱ) 和 Zn(Ⅱ) 的吸附研究［J］. 环境工程技术学报，2018，8（6）：656-661.

［43］谢伟雪，刘孝敏，赵由才，等．废毛发角蛋白基的热解炭化及热动力学分析研究［J］. 环境科技，2017，30（3）：13-16.

［44］谢伟雪，胡敏哲，刘孝敏，等．角蛋白基生物炭对废水中重金属 Ni(Ⅱ) 的吸附性能研究［J］. 四川环境，2017，36（6）：23-27.

［45］谢伟雪，李小东，刘孝敏，等．废毛发制备角蛋白基生物炭工艺条件的优化［J］. 环境保护与循环经济，2018，38（10）：26-29.

［46］谢伟雪，李小东，刘孝敏，等．废纺织基生物炭的表征及其对亚甲基蓝废水的吸附研究［J］. 能源化工，2021，42（5）：68-72.

［47］谢伟雪，刘孝敏，宋元文，等．一种餐厨垃圾油水分离及餐厨废水的处理方法［P］. 中国：CN112028271A，2020. 12. 04：1-6.

［48］谢伟雪，刘孝敏，南有禄，等．一种基于生活垃圾炭吸附材料的制备方法和应用［P］. 中国：CN110075792A，2019. 08. 02：1-5.

［49］谢伟雪，刘孝敏，魏蒙恩，等．一种餐厨有机废水的处理装置［P］. 中国：CN212832933U，2021. 03. 30：1-5.

［50］谢伟雪，刘孝敏，南有禄，等．一种固体废物热解炭化降温减排装置［P］. 中国：CN210528864U，2020. 05. 15：1-5.

［51］谢伟雪，刘孝敏，万家秀，等．一种餐厨垃圾处理系统［P］. 中国：CN210523370U，2020. 05. 15：1-5.